ERGEBNISSE DER ANATOMIE UND ENTWICKLUNGSGESCHICHTE

REVIEWS OF ANATOMY EMBRYOLOGY AND CELL BIOLOGY REVUES D'ANATOMIE ET DE MORPHOLOGIE EXPÉRIMENTALE

HERAUSGEGEBEN VON

A. BRODAL·OSLO · C. ELZE·MÜNCHEN · R. ORTMANN·KÖLN
E. SCHARRER·NEW YORK · G. TÖNDURY·ZÜRICH · E. WOLFF·PARIS

SCHRIFTLEITUNG
G. TÖNDURY·ZÜRICH

SONDERDRUCK AUS 37. BAND

ZUR KAUSALEN HISTOGENESE DES KNORPELS
W. ROUXS THEORIE UND DIE EXPERIMENTELLE WIRKLICHKEIT

VON

KURT ALTMANN

MIT 68 ABBILDUNGEN

Springer-Verlag Berlin Heidelberg GmbH
1964

ISBN 978-3-662-37576-1   ISBN 978-3-662-38355-1 (eBook)
DOI 10.1007/978-3-662-38355-1
Softcover reprint of the hardcover 1st edition 1964

I. Zur kausalen Histogenese des Knorpels

W. Rouxs Theorie und die experimentelle Wirklichkeit

Von

KURT ALTMANN, Heidelberg[1,2]

Mit 68 Abbildungen

Inhalt

Literatur

⟨Ich ersuche zugleich die Herren bequemen Abschreiber..., dasjenige, was sie für meine Ansichten ausgeben wollen, ebenso wenig aus den Schriften H. DRIESCHs wie aus denen O. HERTWIGs zu entnehmen, sondern bitte sie, *hartes Holz zu bohren und die Originale zu studiren.*⟩
W. ROUX: Arch. Entwickl.-Mech. Org. Bd. 3, S. 428 (1896).

ALTMANN, K.: Experimentelle Untersuchungen über mechanische Ursachen der Knochenbildung. Z. Anat. Entwickl.-Gesch. 114, 457—476 (1949).
— Untersuchungen über Frakturheilung unter besonderen experimentellen Bedingungen. Z. Anat. Entwickl.-Gesch. 115, 52—81 (1950).
AXHAUSEN, G.: Die histologischen Grundlagen der freien Osteoplastik auf Grund von Tierversuchen. Langenbecks Arch. klin. Chir. 88, 23—145 (1909).
BAJARDI, D.: Über Bildung und Rückbildung des Callus bei Brüchen der Röhrenknochen. Moleschotts Unters. Naturlehre 12, 429—454 (1881).
— Über die Neubildung von Knochensubstanz in der Markhöhle und über die Regeneration des Knochenmarkes in den Röhrenknochen. Moleschotts Unters. Naturlehre 13, 140—152 (1883).
BENNINGHOFF, A.: Über den funktionellen Bau des Knorpels. Verh. anat. Ges. 31, 250—267 (1922).

---

[1] Aus dem Anatomischen Institut der Universität Heidelberg (Direktor: Prof. Dr. med. H. FERNER).
[2] Mit Unterstützung der Deutschen Forschungsgemeinschaft.

  1

BENNINGHOFF, A.: Experimentelle Untersuchungen über den Einfluß verschiedenartiger mechanischer Beanspruchung auf den Knorpel. Verh. anat. Ges. **33**, 194—215 (1924).
— Der funktionelle Bau des Hyalinknorpels. Ergebn. Anat. Entwickl.-Gesch. **26**, 1—54 (1925).
— Form und Bau der Gelenkknorpel in ihren Beziehungen zur Funktion. Z. Zellforsch. **2**, 783—862 (1925a).
BERTALANFFY, L. v.: Kritische Theorie der Formbildung. Berlin: Gebr. Borntraeger 1928.
BONOME, A.: Zur Histogenese der Knochenregeneration. Virchows Arch. path. Anat. **100**, 293—341 (1885).
BUCHHOLZ, R.: Einige Versuche über künstliche Knochenbildung. Virchows Arch. path. Anat. **26**, 78—106 (1863).
COHNHEIM, J., u. H. MAAS: Zur Theorie der Geschwulstmetastasen. Virchows Arch. path. Anat. **70**, 161—171 (1877).
FICK, L.: Über die Ursachen der Knochenformen. Göttingen: Georg H. Wigand 1857.
FICK, R.: Handbuch der Anatomie und Mechanik der Gelenke, Teil 2. In: Handbuch der Anatomie des Menschen, Bd. 2. Jena: Gustav Fischer 1910.
GEBHARD, W.: Auf welche Art der Beanspruchung reagiert der Knochen jeweils mit der Ausbildung einer entsprechenden Architektur? Wilhelm Roux' Arch. Entwickl.-Mech. Org. **16**, 377—410 (1903).
GOERTTLER, K.: Funktion und Form. Dtsch. med. Wschr. **1958**, 905—911.
GROHE, B.: Die vita propria der Zellen des Periosts. Virchows Arch. path. Anat. **155**, 428—464 (1899).
HAMBURGER, V.: Die Entwicklung experimentell erzeugter nervenloser und schwach innervierter Extremitäten von Anuren. Wilhelm Roux' Arch. Entwickl.-Mech. Org. **114**, 272—363 (1928).
HASCHE-KLÜNDER, R., u. H. GELBKE: Tierversuche zur Histomechanik der Callusbildung als Kritik der Lehre Krompecher's. Langenbecks Arch. klin. Chir. **274**, 62—87 (1952).
HERTWIG, O.: Zeit- und Streitfragen der Biologie, H. 2: Mechanik und Biologie. Jena: Gustav Fischer 1897.
HIS, W.: Die Häute und Höhlen des Körpers. Wiederabdruck eines akademischen Programmes vom Jahre 1865. Arch. Anat. u. Physiol., Anat. Abt. **1903**, 368—404.
— Untersuchungen über die erste Anlage des Wirbelthierleibes. Leipzig: F. C. W. Vogel 1868.
— Unsere Körperform und das physiologische Problem ihrer Entstehung. Leipzig: F. C. W. Vogel 1875.
— Das Prinzip der organbildenden Keimbezirke und die Verwandtschaften der Gewebe. Arch. Anat. u. Physiol., Anat. Abt. **1901**, 307—337.
HOFMOKL, J.: Über Callusbildung. Wien. med. Jb. **1874**, 349—373.
DE JOSSELIN DE JONG, R., u. PH. EYKMAN VAN DER KEMP: Experimentelle Untersuchungen über die Autotransplantation von Knochengewebe. Beitr. path. Anat. **79**, 268—332 (1928).
KAPSAMMER, G.: Zur Frage der knorpeligen Callusbildung. Virchows' Arch. path. Anat. **152**, 157—162 (1898).
KASSOWITZ, M.: Die normale Ossification und die Erkrankungen des Knochensystems bei Rachitis und hereditärer Syphilis. Wien. med. Jb. **1879**, 145—224, 293—457.
— Die normale Ossification. Wien: Ludw. Braumüller 1881. (Anm.: Letzteres ist ein fast wörtlicher Wiederabdruck der Originalarbeiten von 1879.)
KOCH, H.: Experimentelle Studien über Knochenregeneration und Knochencallusbildung. Bruns' Beitr. klin. Chir. **132**, 364—440 (1924).
KORFF, K. v.: Über den Geweihwechsel der Hirsche, besonders über den Knorpel- und Knochenbildungsprozeß der Substantia spongiosa der Baststangen. Anat. H. **51**, 691—732 (1914).
KROMPECHER, ST.: Experimentelle Beeinflussung der Art der regenerativen Knochenbildung durch mechanische Einwirkungen. Verh. anat. Ges. **43**, 138—148 (1935).
— Die Entstehungsbedingungen des Faserknorpels. Verh. anat. Ges. **45**, 229—236 (1937a).
— Die Knochenbildung. Jena: Gustav Fischer 1937b.
— Die Beeinflußbarkeit der Gewebsdifferenzierung der granulierenden Knochenoberflächen, insbesondere die der Callusbildung. Langenbecks Arch. klin. Chir. **281**, 472—512 (1956).

Krompecher, St., u. K. Goerttler: Die Grundlagen einer experimentellen Gelenkbildung. Verh. anat. Ges. 46, 43—55 (1938).

Kummer, B.: Bauprinzipien des Säugerskeletes. Stuttgart: Georg Thieme 1959a.

— Biomechanik des Säugetierskelets. In: Handbuch der Zoologie (Kükenthal), Bd. 8, 24. Liefg. Berlin: W. de Gruyter & Co. 1959b.

Lauche, A.: Die Zusammenhangstrennung der Knochen. In: Handbuch der speziellen pathologischen Anatomie und Histologie, Bd. IX/3, S. 204—308. Springer: Berlin 1937.

Levi, O.: Über den Einfluß von Zug auf die Bildung faserigen Bindegewebes. Wilhelm Roux' Arch. Entwickl.-Mech. Org. 18, 184—246 (1904).

Maas, H.: Über das Wachstum und die Regeneration der Röhrenknochen mit besonderer Berücksichtigung der Callusbildung. Langenbecks Arch. klin. Chir. 20, 708—770 (1877).

Maximow, A.: Tissue-cultures of young mammalian embryos. Contr. Embryol. No 80, 49—113 (1925).

Mollier, G.: Beziehungen zwischen Form und Funktion der Sehnen im Muskel-Sehnen-Knochen-System. Morph. Jb. 79, 161—199 (1937).

Morpurgo, B.: Die vita propria der Zellen des Periosts. Virchows Arch. path. Anat. 157, 172—183 (1899).

Partsch, F.: Studien zur Knochenregeneration. Dtsch. Z. Chir. 187, 145—215 (1924).

Pauwels, F.: Grundriß einer Biomechanik der Frakturheilung. Verh. dtsch. orthop. Ges. 34, 62—108 (1940).

— Die Struktur der Tangentialfaserschicht des Gelenkknorpels der Schulterpfanne als Beispiel für ein verkörpertes Spannungsfeld. Z. Anat. Entwickl.-Gesch. 121, 188—240 (1960a).

— Eine neue Theorie über den Einfluß mechanischer Reize auf die Differenzierung der Stützgewebe. Z. Anat. Entwickl.-Gesch. 121, 478—515 (1960b).

Ploetz, E.: Funktioneller Bau und funktionelle Anpassung der Gleitsehnen. Z. Orthop. 67, 212—234 (1938).

Pohl, R. W.: Einführung in die Mechanik, Akustik und Wärmelehre. Berlin: Springer 1942.

Rathke, P.: Über die Ursache des gelegentlichen Auftretens von Knorpel bei der Myositis ossificans. Wilhelm Roux' Arch. Entwickl.-Mech. Org. 7, 398—404 (1898).

Rehn, E.: Fraktur und Muskel. Langenbecks Arch. klin. Chir. 127, 640—666 (1923).

Ribbert, H.: Über Anpassungsvorgänge am Knorpel. Wilhelm Roux' Arch. Entwickl.-Mech. Org. 20, 125—129 (1906).

Röhlich, K.: Bildung neuer Knochensubstanz in abgetöteten Knochentransplantaten. Z. mikr.-anat. Forsch. 50, 132—145 (1941).

Roulet, F.: Studien über Knorpel- und Knochenbildung in Gewebekulturen. Arch. exp. Zellforsch. 17, 1—42 (1935).

Roux, W.: Gesammelte Abhandlungen, Bd. I u. II. Leipzig: Wilhelm Engelmann 1895.

— Für unser Programm und seine Verwirklichung. Wilhelm Roux' Arch. Entwickl.-Mech. Org. 5, 1—80, 219—342 (1897).

— Terminologie der Entwicklungsmechanik. Leipzig: Wilhelm Engelmann 1912.

Ruppricht, W.: Über einen gemeinsamen Kalkaneo-Navicularknorpel. Anat. H. 54, 527—558 (1917).

Schaffer, J.: Die Verknöcherung des Unterkiefers und die Metaplasiefrage. Arch. mikr. Anat. 32, 266—377 (1888).

— Über die Fähigkeit des Periostes Knorpel zu bilden. Wilhelm Roux' Arch. Entwickl.-Mech. Org. 5, 343—351 (1897).

— Über das vesikulöse Stützgewebe. Anat. Anz. 23, 464—479 (1903).

— Die Stützgewebe. In: Handbuch der mikroskopischen Anatomie, Bd. II/2, S. 1—390. Springer: Berlin 1930.

— Lehrbuch der Histologie und Histogenese, 3. Aufl. Berlin u. Wien: Urban & Schwarzenberg 1933.

Spemann, H.: Experimentelle Beiträge zu einer Theorie der Entwicklung. Berlin: Springer 1936.

Strasser, H.: Zur Entwicklung der Extremitätenknorpel bei Salamandern und Tritonen. Morph. Jb. 5, 240—315 (1879).

Wehner, E.: Versuche über Frakturheilung am frei transplantierten Diaphysenknochen. Langenbecks Arch. klin. Chir. 113, 932—956 (1920).

Wieder, H.: Univ. Penn. med. Bull. **20**, 109, 156, 205 (1908). Zit. nach Haschke-Klünder u. Gelbke 1952.

Wurmbach, H.: Histologische Untersuchungen über die Heilung von Knochenbrüchen bei Amphibien. Z. wiss. Zool. **129**, 253—358 (1927).

— Histologische Untersuchungen über die Heilung von Knochenbrüchen bei Säugern. Z. wiss. Zool. **132**, 200—256 (1928).

Zawisch-Ossenitz, Carla: Über Inseln von basophiler Substanz in den Diaphysen langer Röhrenknochen. Z. mikr.-anat. Forsch. **10**, 473—526 (1927).

— Die basophilen Inseln und andere basophile Elemente im menschlichen Knochen. Z. mikr.-anat. Forsch. **17**, 41—110 (1929a); 18, 393—486 (1929b).

Ziegler: Über das mikroskopische Verhalten subkutaner Brüche langer Röhrenknochen. Dtsch. Z. Chir. **60**, 201—228 (1901).

Der Gegenstand dieser Abhandlung hat zwei gleichwertige Seiten: eine experimentelle und eine rein mechanisch-theoretische.

Elastizitäts- und Spannungsprobleme lassen sich nur sehr begrenzt vereinfachen. Der Versuch, sie trotzdem anschaulich auseinanderzusetzen, konnte nur mit ausführlicher Beschreibung erkauft werden.

Des Verfassers innigster Dank gilt dem Lehrer, dessen Arbeiten und Erfahrungen, dessen Anregungen und Fragen zum Anlaß dieser Experimente und Untersuchungen geworden sind: Professor Friedrich Pauwels. Ihm ist diese Abhandlung in Verehrung zugeeignet.

Seine eigenen Ableitungsversuche zu veröffentlichen hätte der Verfasser nie gewagt, ohne sich vorher der Zustimmung eines Fachmannes zu vergewissern. Dankbar gedenkt er der stets bereitwilligen Hilfe, die ihm Herr Ing. N. Hermes (Aachen) oftmals gewährt hat.

An der Alleinverantwortlichkeit des Verfassers ändert dies freilich nichts.

Einführung und Fragestellung

Das breite Spektrum von Entwicklungsmöglichkeiten, das einem Keimgewebe von Mesenchymcharakter eignet; ferner die große Formenmannigfaltigkeit, zu der sich die einzelnen Arten der reifen Binde- und Stützsubstanzen noch einmal auseinanderfächern: das alles mußte schließlich einmal Anlaß geben zu der Frage, was denn die Ursachen derartiger Entwicklungs- und Formverschiedenheiten sind.

In seiner Schrift „Über die Häute und Höhlen des Körpers" aus dem Jahre 1865 äußert sich W. His hierzu folgendermaßen:

⟨Wenn eine Substanz, die durch Druck der Verdichtung, durch Zug der Auflockerung fähig ist, stellenweise den einen oder anderen Einfluß erfährt, so wird im Allgemeinen aus der stattgehabten Einwirkung auf die Dichtigkeit, und umgekehrt wiederum aus letzterer auf erstere zurückgeschlossen werden können. Eine solche Substanz stellt nun unzweifelhaft das Bindegewebe dar; um nur eines hervorzuheben, so wird die quellungsfähige Grundsubstanz an solchen Stellen, die einen constanten Druck erfahren, weniger Flüssigkeit aufnehmen, als da, wo der Druck fehlt, und schon dadurch an jenen dichter erscheinen, als an diesen. ...⟩ Weiter:

⟨Die Verfolgung der Entwickelungsverhältnisse des Bindegewebes ergibt im Wesentlichen folgende Beziehungen. Überall, wo das Bindegewebe einer dauernden, oder einer oft wiederholten Zugwirkung ausgesetzt ist, da bildet sich ein fibröses Band, bzw. eine Sehne, deren Faserrichtung mit der Zugrichtung zusammenfällt; wo eine Bindegewebsschicht anhaltenden, oft wiederholten Druck erfährt, da bildet sich eine fibröse, mehr oder minder dicke Platte von geschichtetem Bau, mit einer in der Regel gekreuzten Faserung, deren Fasern in Ebenen verlaufen, welche senkrecht zur Druckrichtung stehen. ... Wo endlich das Bindegewebe Zerrungen mäßigen Grades erfährt, die bald in der einen, bald in der anderen Richtung erfolgen, da treten lockere Bindegewebslagen auf, mit gekreuzter Faserrichtung und mit reichlich eingestreuter Schleimsubstanz oder Fett. Nach dieser Darstellung also erzeugt sich der Muskel seine Sehnen sowohl, als seine Fascien, d.h. er bestimmt das angrenzende Bindegewebe, sich zur Sehne oder Fascie umzuwandeln, es erzeugt sich der wachsende Knorpel sein Perichondrium, das Auge seine Capsel und das Blutgefäß seine Scheide.⟩

Es ist in diesen Sätzen zwar nicht die Rede von einem pluripotenten, bindegewebigen *Blastem*; genauso wenig wird gesagt, daß die *Differenzierung* eines Gewebes *von bestimmten mechanischen Momenten* verursacht oder gesteuert werde. W. His spricht lediglich von der *Ausrichtung* eines bereits gegebenen, und zwar faserigen Gewebes. Es ist aber hier — und wohl zum ersten Male — deutlich ausgesprochen, daß eine typische Anordnung bindegewebiger Strukturen nicht das Werk eines geheimnisvollen Nisus formativus ist, sondern daß diese Anordnung das materielle Abbild einer gerichteten mechanischen Beanspruchung eben dieser Strukturen darstellt.

Damit hatte W. His einer kausalen Morphologie die Fundamente gelegt.

Es heißt dann weiter: ⟨Daß wirklich das mechanische Moment das bedingende sei, das geht nicht allein daraus hervor, daß die betreffende Entwicklungsform, ihrer quantitativen Ausbildung nach, der Größe des mechanischen Momentes correspondirt, sondern daß auch überall die Verfolgung der Entwickelung das mechanische Moment als das frühere ausweist, und zugleich zeigt, daß mit verändertem mechanischem Moment auch der Effect sich ändert. So haben wir bereits hervorgehoben, daß das Bindegewebe schon in seinen embryonalsten Formen überall da, wo es auf selbständig vegetirende und dadurch ihre Umgebung verdrängende Gebilde stößt, auch sofort in ihrer Umgebung zu einer concentrisch geschichteten Capsel sich gestaltet, so sehen wir es bei der Chorda, so bei den Skeletknorpeln, so beim Auge; ...⟩

Worauf es hierbei ankommt, das läßt sich etwa so wiedergeben: „Selbständig vegetierende", d.h. wachsende oder sich vermehrende „Gebilde" nehmen an Volumen zu. Auf das Bindegewebe ihrer Umgebung wirken sie dabei in doppelter Hinsicht ein:

1. Je stärker sie sich ausdehnen, desto mehr zwingen sie die Bindegewebsfasern ihrer Umgebung sich umzuordnen, bis diese schließlich der stetig anwachsenden Oberfläche des „Gebildes" membranartig, d.h. parallel anliegen (Tangentialdehnung!). Damit werden die Fasern *ausgerichtet*.

2. Sie drängen die Bindegewebsfasern in konzentrische Schichten zusammen, d.h. sie „verdichten" das Gewebe zur Kapsel.

Da hierbei die Expansionskraft des wachsenden Gewebes auf die umhüllende Kapsel überall senkrecht (radiär) auftrifft, spricht W. His mit Recht von „anhaltendem, gleichgerichtetem *Druck*" (s. o.).

Ganz ähnliche Folgen für das Gewebe hat es, wenn ein locker gefügtes, wirres Faserbündel einachsigen Zugkräften ausgesetzt wird. Auch in diesem Falle wird das Gewebe verdichtet und seine Fasern werden ausgerichtet; nur daß diesmal der Faserverlauf mit der Kraftrichtung zusammenfällt.

Bei aller Verschiedenheit der wirksamen Kräfte (radiärer Expansionsdruck oder einachsiger Längszug) ist beiden Fällen folgendes gemeinsam: die Fasern werden ausgerichtet und im Sinne von *Dehnung* beansprucht.

In beiden Fällen darf man sagen: Der Faserverlauf ist von der Dehnungs*richtung*, die Größe der Faserabstände (die Gewebsdichte) ist von der Dehnungs*größe* bestimmt.

In diesem Sinne nämlich ist es zu verstehen, daß W. His von einer ,,*quantitativen* Ausbildung" spricht, die ⟨der Größe des mechanischen Momentes correspondirt⟩; denn hiermit kann nur die Anzahl der Fasern pro Querschnittseinheit gemeint sein.

Von einem *qualitativ-differenzierenden* Einfluß mechanischer Momente dagegen, d. h. von einer Entstehungsursache der Bindegewebsfasern selber, ist in dieser Abhandlung nirgends die Rede.

Abgesehen davon, daß W. His also immer nur von der Anordnung oder der Ausrichtung eines bereits faserig differenzierten Gewebes ausgeht, macht er noch folgenden, sehr wesentlichen Einwand:

⟨Allein es gestaltet sich die Sache beim Bindegewebe weit complicirter, als bei den todten Substanzen, mit denen die Physik zu thun hat, daß die äußere Einwirkung, neben Hervorbringung von mechanischen Effecten, in ihm auch die Vegetationsvorgänge zu beeinflussen, und dadurch eine Reihe von secundären Veränderungen einzuleiten vermag. Selbst da, wo der Einfluß des mechanischen Agens auf das wachsende Gewebe augenfällig ist, wird es uns äußerst schwer, zu entscheiden, wie weit primäre, wie weit secundäre Wirkungen dem Gesammteffect zu Grunde liegen.⟩

Der Gesamteffekt, von dem hier die Rede ist, wird also auf zwei sehr verschiedene Faktoren zurückgeführt. Von diesen ist nur der eine, nämlich die ,,äußere Einwirkung", hinreichend genau zu bestimmen. Hingegen ist der andere, auf den es genauso entscheidend ankommt, eine Größe, die sich der Berechnung entzieht. Denn die ,,Vegetationsvorgänge", also Wachstum und Vermehrung, sind an die physikalischen Bedingungen des Milieus, in dem sie sich vollziehen, zwar gebunden, sie sind aber aus diesen Bedingungen selber niemals ableitbar.

Ist daher beim lebendigen Gewebe die Rede von *Mechanik*, so muß jedesmal deutlich bezeichnet sein, was als das ,,mechanische Agens" gelten soll:

Handelt es sich um eine *äußere Einwirkung*, so ist das Gewebe ,,Material", für das die Regeln der physikalischen Mechanik zunächst und insofern gelten, als das Gewebe dieser Einwirkung entsprechend beansprucht, d. h. verformt wird.

Handelt es sich dagegen um eine Mechanik, die sich *aus Wachstum und Vermehrung* herleitet, so ist das Gewebe tätiges Subjekt. Und in diesem Falle ist das — im wörtlichen Sinne — mechanische Agens selber eine Causa, die aus den Regeln der Mechanik nicht abgeleitet werden kann. Infolgedessen kann die Überlegung immer nur und erst an den Bedingungen ansetzen, die von den Wachstums- oder Vermehrungsvorgängen: d. h. von der Massenzunahme selber *verursacht* sind.

Dieser beiden grundverschiedenen Wurzeln, denen die Mechanik im Bereiche des lebendigen Gewebes entstammt, muß sich W. His genau bewußt gewesen sein; er schreibt nämlich an anderer Stelle:

⟨... es ist mir nie eingefallen, die Eigenschaften der sich entwickelnden Gewebe „rein mechanisch" erklären zu wollen. Was ich mechanisch abzuleiten versucht habe, das sind die Einflüsse von Druck, Zug usw. auf wachsende Gewebe. ... *Der Wachsthumstrieb embryonaler Zellen ist mechanisch nicht ableitbar*[1], wohl aber läßt sich verstehen, daß wachsende Zellen in ihrer Ausbreitung und Gestaltung den gegebenen Raumverhältnissen sich anpassen, und daß sie da, wo sie zusammentreffen, sich gegenseitig beeinflussen⟩ (W. His 1901).

Die Abhandlung, die W. His (1865) als „Akademisches Programm" bezeichnet hat, schließt folgendermaßen: ⟨Wenn nun dieselbe Zelle (sc. des mittleren Keimblattes) ein Mal zur Muskelfaser, ein anderes Mal zum Blutkörper, ein drittes Mal zum Gefäßbestandteil wird, wenn dieselbe ferner ein Mal Glutin, ein anderes Mal Chondrin, ein drittes Mal elastische Substanz ausscheidet, so liegt darin die Aufforderung, zu untersuchen, warum denn eigentlich hier das eine, dort das andere Gewebe entsteht, und es erwächst für die Physiologie geradezu die Aufgabe, einerseits die Gesetze der Abhängigkeit des Zellenlebens von den äußeren Lebensbedingungen genau zu präcisiren, andererseits aber jenes System gegenseitig sich auslösender Reize zu ermitteln, das beim Aufbau der einzelnen Gewebe, sowie bei dem des Körpers überhaupt in Kraft tritt. Diese Aufgabe ... ist zwar sehr schwierig, aber unangreifbar ist sie sicherlich nicht.⟩

Als Wege, diese Aufgabe anzugehen, werden bezeichnet: pathologischanatomische, experimentelle und embryologische Beobachtung.

Man sieht: sowohl Gegenstand als auch Methode dessen, was später mit der Bezeichnung „Entwicklungsmechanik" belegt wurde, hatte bereits W. His (1865!) deutlich umrissen. Es war aber nicht W. His, der dieses Programm weiter verfolgt und schließlich mit unbeirrter Beharrlichkeit zum System ausgebaut hat, sondern W. Roux.

Eine spezielle Entwicklungsmechanik der Binde- und Stützsubstanzen, d.h. eine geschlossene Darstellung ihrer kausalen Histogenese, hat Roux nicht hinterlassen. Seine diesen Gegenstand betreffenden Ansichten, Vermutungen, Verknüpfungen gewisser Sachverhalte: kurz seine „kausal-analytischen Ableitungen", wie er es gerne benennt, liegen vielmehr weit verstreut über seine zahlreichen und umfänglichen Schriften, und sie stehen dort oft mit den unterschiedlichsten Dingen in Zusammenhang. Es ist daher notwendig, Rouxs wichtigste und bezeichnende Sätze einmal zusammenzusuchen und miteinander zu vergleichen.

Es wird sich hierbei allerdings nicht vermeiden lassen, außer dem Knorpel auch das faserige Bindegewebe und den Knochen in den Kreis der Betrachtung mit einzubeziehen. Was Roux über die kausale Differenzierung dieser drei Mesenchymabkömmlinge geschrieben hat, ist nämlich so eng miteinander verquickt, daß es beinahe unmöglich ist, seine den Knorpel allein angehenden Sätze wörtlich, aber trotzdem sinngerecht und verständlich anzuführen.

In seiner Schrift „Der züchtende Kampf der Theile im Organismus" (1880) äußert sich Roux folgendermaßen: ⟨Die im Organismus wirksamen *mechanischen Reize*, welche theils durch die Muskelthätigkeit, theils durch die Schwerkraft producirt, theils auch in anderer Weise *von außen her*[1] übertragen werden und die

---

[1] Im Original nicht hervorgehoben.

Theile bald auseinander zu ziehen, bald zu comprimiren streben, sind mannig-
faltig ... und können danach verschiedene Reactionen des Organismus ausgebildet haben. Denn wo constant eine bestimmte Combination dieser Eigenschaften vorkommt, wird sie im Stande sein, eine bestimmte Qualität zu züchten,
wie wir das bei denjenigen Geweben, welche rein mechanischen Reizen ausgesetzt
sind, bei den Bindesubstanzen sehen. Es wird ein anderer Reiz sein, welcher
Knochen bildet, als der, welcher die Rippenknorpel und Gelenkknorpel am Leben
erhält und vor der Zerstörung und Verknöcherung schützt. Und ebenso wird es
ein anderer Reiz gewesen sein, welcher das leimgebende Bindegewebe und welcher
die elastischen Fasern auf dem Wege der Züchtung im Kampfe der Theile gebildet
hat. Es sollen hier keine Hypothesen über die Charakterisirung der Reize für
jede dieser Gewebsqualitäten ausgesprochen werden, aber sicher wird sie früher
oder später versucht werden müssen, wenn die zu Grunde liegende Auffassung,
daß *der functionelle Reiz identisch mit dem ursprünglichen differenzirenden ist*
oder wenigstens gegenwärtig trophisch erhaltend wirkt, Anerkennung findet.⟩
(ROUX 1895, Bd. I, S. 342f.)

Der Kerngehalt dieser Sätze ist die Anwendung der Darwinschen Selektions-
lehre auf die Gewebedifferenzierung: Äußere Reize, und zwar mechanische Einwirkungen von bestimmter Art und Größe, die *von außen her* an dem Gewebe
angreifen, veranlassen dessen reaktionsfähige Elemente, gerade die Grundsubstanz
zu erzeugen, die der gegebenen mechanischen Inanspruchnahme entspricht. Die
spezifische Grundsubstanz „schützt" die an sich widerstandsunfähige Zelle vor
roher Gewalteinwirkung oder gar Zerstörung und macht sie dadurch erst „dauer-
fähig" (vgl. ROUX 1895, Bd. II, S. 227). Untergang anpassungsunfähiger Gewebsbestandteile auf der einen Seite und Erhaltenbleiben angepaßter Zellen und
Strukturelemente auf der anderen: das ist der Vorgang, der die spezifische und
zugleich zweckmäßige Binde- oder Stützsubstanzqualität auswählt, d.h. also
„züchtet".

Es ist wichtig, sich grundsätzlich klarzumachen, daß ROUX hiermit *alle*
Ursachen, die der Züchtung einer spezifischen Binde- oder Stützsubstanz zugrunde liegen, *nach außen* verlegt, d.h. daß er den Vorgang eindeutig als abhängige
Differenzierung auffaßt. Von Gestaltungstendenzen, die in einem Blastem selber
wirksam sind; von einer Differenzierung „aus inneren Ursachen" (Selbstdifferenzierung) ist beim Binde- oder Stützgewebe also nicht die Rede.

Obwohl eine spezifische „funktionelle" Beanspruchung erst jenseits der
embryonalen Entwicklungsperiode denkbar ist, weil erst dann von einer ⟨Aus-
übung der sog. Erhaltungs- oder Betriebsfunktion⟩ (ROUX 1912) vernünftiger-
weise die Rede sein kann, so darf dieses Prinzip der „Züchtung durch Teilauslese"
doch und durchaus auch für die Embryonalentwicklung und die (im engeren
Wortsinne) afunktionelle Differenzierungsperiode des Binde- und Stützgewebes
geltend gemacht werden; nämlich:

Die „Selbstdifferenzierung" (als Ausdruck ⟨vererbter Entwickelungsfähigkeit⟩),
d.h. die Unabhängigkeit von „funktionellen" Reizen, gesteht ROUX allerdings nur
den Epithel- und den Muskelgeweben zu; jedoch können ⟨andere Gewebe, so
vielleicht großen Theils die Stützsubstanzen, secundär durch Einwirkung seitens
der ersteren aus dem embryonalen Blastem differenzirt werden⟩. Oder genauer:
⟨Einige Gewebe, wohl die epithelialen und Muskeln, entwickeln sich mehr durch

„Selbstdifferenzirung", andere, vielleicht die Stützsubstanzen, entwickeln sich mehr durch von den ersteren „abhängige Differenzirung".⟩ (Roux 1895, Bd. I, S. 333.)

Mit anderen Worten: ein bindegewebiges Blastem formt oder gestaltet nicht von sich aus, sondern es wird von fremden, d.h. von äußeren Einwirkungen „geprägt": die „Selbstdifferenzierungsgebilde" können es entweder infolge ihrer wachstumsbedingten Massenzunahme verdrängen, verschieben, zusammendrücken (Epithelgewebe), oder sie können es dank ihrer Kontraktionsfähigkeit einer Dehnungs- oder Zugbeanspruchung unterwerfen (Muskelgewebe).

Mit dieser Theorie, die Roux in seinem 30. Lebensjahr aufgestellt und fortan in ihren Grundzügen unverändert beibehalten, verteidigt und schließlich auch durchgesetzt hat, werden wir uns im folgenden auseinanderzusetzen haben.

Ist daher von nun an die Rede von mechanischen Ursachen, Faktoren oder Bedingungen, so muß dies immer und ausschließlich *im Sinne Rouxs* verstanden werden. Gemeint sind also stets nur solche mechanischen Einwirkungen, die *von außen her* im Sinne einer „direkten Bewirkung" auf ein Gewebe oder auf ein zelliges Blastem Einfluß nehmen.

Freilich gibt es auch eine Mechanik, die von äußeren Einflüssen (z. B. Kompression oder Dehnung) ganz unabhängig ist. Sie hat ihre Ursache in der Tätigkeit *des Gewebes oder der Zellen selber* (Expansion infolge von Wachstum oder Quellung, s. u. S. 158ff.; Pauwels 1940 und besonders 1960b). Diese „innere" Mechanik bleibt aber vorerst ganz außer Betracht.

Rouxs Darstellung aus dem Jahre 1880 dürfte wohl mehr als Grundriß einer Problemstellung gedacht gewesen sein. Denn genauere Angaben darüber, was für „funktionelle" Reize für die einzelnen Binde- oder Stützsubstanzarten spezifisch sein sollen, sind darin noch nicht gemacht. Das geschieht erst 5 Jahre später, und zwar im Rahmen der „Beiträge zur Entwickelungsmechanik des Embryo" (1885). Roux äußert sich dort folgendermaßen:

⟨Zum Beispiel könnten an Stellen, wo öfters Zug einwirkt, von verschiedenen, daselbst befindlichen Zellen vielleicht blos solche sich zu erhalten vermögen, welche sich durch Bildung zugfester Grundsubstanz, also *faserigen Bindegewebes*, gegen die Einwirkung zu schützen vermögen; während da, wo neben Druck und Zug auch starke Verschiebung der Substanzschichten gegen einander (Abscheerung) stattfindet, blos Zellen übrig bleiben, welche durch Bildung von *Knorpelgrundsubstanz*, als des geeigneten Mittels, sich dagegen genügend zu schützen im Stande sind. Noch empfindlichere Zellen können sich durch Bildung starrer Intercellularsubstanz *von Knochengrundsubstanz* Ruhe verschaffen, aber nur an Stellen, wo sich bereits die für die Bildung dieser Substanz nöthigen Vorbedingungen: ein gewisser Schutz vor Abscheerung bei Wirkung reinen Druckes oder des Wechsels von reinem Druck und Zug vorfinden.⟩ (Roux 1895, Bd. II, S. 227.)

Weiter: ⟨Ein noch halb flüssiges Gewebe (d.h. ein rein zelliges Blastem, d. Ref.) kann weder rein auf Zug noch rein auf Druck in Anspruch genommen werden; denn die weiche Substanz wird bei den Einwirkungen nachgeben, und es wird starke Verschiebung benachbarter Substanzschichten gegen einander, *Abscheerung*, eintreten. Jede Einwirkung wird sich dabei in unendlich viele Beanspruchungsrichtungen zerlegen. Es muß daher bei *Zugwirkung* zunächst ein *faseriges Gewebe mit verwirrten Fasern* in dem weichen Grundgewebe entstehen; und nur bei von Anfang an immer derselben Zugrichtung ... konnte relativ früh ein rein in der directen Zugrichtung als der Richtung *stärkster* Beanspruchung gelegenes specifisches Gewebe sich bilden.

Ebenso entsteht *bei Druck* auf ein *weiches* Gewebe zugleich starke Abscheerung, also ist die Bedingung für Knorpel gegeben.⟩ (ROUX 1895, Bd. II, S. 230.)

Obwohl diese zweite Formulierung gegenüber der allgemeinen Problemstellung aus dem Jahre 1880 wesentlich deutlichere Züge trägt und schon ziemlich präzise Aussagen enthält, scheint es doch ROUXs Absicht gewesen zu sein, sich noch nicht endgültig festzulegen. Die Satzeinleitung mit „könnte" und das einschränkende „Vielleicht" deuten darauf hin. Die letzte Fassung dagegen, die ROUX anläßlich der Herausgabe seiner Gesammelten Abhandlungen (1895) niedergeschrieben hat, erweckt schon ganz den Eindruck des Unbedingten und Endgültigen. Es heißt dort (ROUX 1895, Bd. I, S. 808): ⟨Die funktionellen Reize, welchen zugleich solche trophische Wirkungen zukommen, sind:

a) für faseriges Bindegewebe: Zug, primärer oder secundärer (durch Umsetzung von Druck in Zug entstehender);

b) für Knorpel: Druck oder Zug mit starker Abscheerung verbunden;

c) für Knochen: Druck (mit Zug wechselnd oder ohne Zug) aber ohne oder nur mit minimaler Abscheerung.⟩

Angesichts des beherrschenden Einflusses, den ROUXs Ideen und Folgerungen auf das Denken der Histologen seitdem erlangt und bis jetzt behauptet haben; angesichts der allgemeinen Anerkennung, die der Rouxschen Lehre dank immer wieder behaupteter Bestätigungen seither gezollt worden ist: mag es dem überzeugten Anhänger dieser Lehre müßig erscheinen, die oben zitierten Kernsätze auf ihren Sinn- oder Wahrheitsgehalt hin ausdrücklich zu untersuchen.

Trotzdem soll dies im folgenden versucht werden. Es wird sich dabei nämlich herausstellen, daß jene Thesen weit weniger eindeutig oder gar selbstverständlich sind, als ihr lapidarer Stil vermuten läßt, und daß sie zur Wirklichkeit in einem ganz anderen Verhältnis stehen, als dies gemeinhin angenommen wird.

Als erstes ist es angebracht, sich über die von ROUX in den obigen Sätzen verwendeten Begriffe: Druck, Zug und Abscherung Klarheit zu verschaffen.

Wird ein Körper zwei gleich großen, aber einander entgegengerichteten Kräften unterworfen, d.h. beansprucht, so wird er verformt. Dabei ergeben sich folgende Möglichkeiten (s. Abb. 5): Kraft und Gegenkraft suchen die elementaren Materialteilchen des Körpers

a) in der Richtung der Verbindungslinie ihrer Mittelpunkte einander zu nähern;

b) in der Richtung der Verbindungslinie ihrer Mittelpunkte voneinander zu entfernen;

c) senkrecht zur Verbindungslinie ihrer Mittelpunkte gegeneinander zu verschieben.

Im ersten Falle spricht man von Druck-, im zweiten von Zug- und im dritten Falle von Schub- oder Schereinwirkung. (Vgl. hierzu auch S. 20 f.)

Verharrt ein Körper nach dem Aussetzen der verformenden Kräfte weiterhin in seinem deformierten Zustand, so bezeichnet man sein Material als plastisch.

Hat dagegen das Material elastische Eigenschaften, so werden in dem Körper unter der Verformung innere Kräfte — man nennt sie auch Zwangskräfte — wachgerufen, die der Deformation entgegenwirken und die deshalb den Körper nach Aussetzen der äußeren, verformenden Kräfte in seine ursprüngliche Gestalt zurückzuführen streben. Diese *inneren Kräfte* werden als *Spannungen* bezeichnet und nach Druck-, Zug- und Schub- (oder Scher-) Spannungen unterschieden.

Das letztere ist denn auch gemeint, wenn im allgemeinen Sprachgebrauch von Druck, Zug und Schub (oder Scherung) die Rede ist. Ebenso besagt der Ausdruck, ein Körper sei z. B. „auf Druck beansprucht", daß dieser Körper Kräften ausgesetzt ist, die in ihm Druckspannungen erzeugen (s. auch KUMMER 1959a, S. 22f.).

Aus Gründen, die weiter unten ersichtlich werden, ist es erforderlich, gleich in diesem Zusammenhange einige Grundbegriffe klar herauszustellen:

1. Die Spannungen, die in einem elastisch verformten Körper vertreten sind, bleiben selbstredend so lange bestehen, wie der Verformungszustand andauert.

2. Ob die Verformung des Körpers von einer einmaligen Einwirkung erzwungen und danach festgehalten wird (wobei der Körper „in Ruhe" verbleibt), oder ob die Verformung in sich wiederholenden, etwa rhythmisch einander ablösenden Beanspruchungen und Entlastungen vollzogen wird: das bedeutet weder für die Qualität noch für die Größe der dabei auftretenden Spannungen einen Unterschied.

3. Was für Arten oder *Qualitäten* von Spannungen in einem elastisch verformten Material auftreten, das hängt davon ab, wie die Richtungen der Kraft und der Gegenkraft (oder des Kraftwiderstandes) zueinander und zu dem Körper stehen (s. Abb. 5), d. h. in welchem Sinne der Körper verformt wird. So z. B. wird das Material von Druck- und Gegendruckkraft in der Druckrichtung abgeplattet (und quer dazu verbreitert), von Zug- und Gegenzugkraft wird es in der Zugrichtung gedehnt (und quer dazu verschmälert). Für die Druckverformung sind Druck-*Spannungen* charakteristisch, für die Zugverformung Zugspannungen.

4. Die *Größe* der Spannungen hängt von zwei Faktoren ab: nämlich 1. von der Größe der einwirkenden Kraft (oder was dasselbe ist: von der Größe der Verformung) und 2. von der Größe des spezifischen Widerstandes, den das Material der Verformung entgegensetzt (Elastizitätsmodul, s. S. 15). Entsprechend den verschiedenen Arten der elastischen Verformung unterscheidet man zwischen Druck-, Zug- und Schubelastizitätsmodul.

5. Die Art der *Beanspruchung*, der ein Material ausgesetzt ist, richtet sich nach der Qualität der Spannungen, unter denen dieses Material steht. Handelt es sich z. B. ausschließlich um Druckspannungen, so ist das Material ausschließlich oder rein druck-*beansprucht*. Sind dagegen mehr als eine, z. B. Druck- und Schubspannungen zugleich vertreten, so bezeichnet man das Material als druck- und schubbeansprucht.

6. Sind in einem elastisch verformten Körper mehrere, z. B. Druck- und Schubspannungen oder gar Druck-, Zug- und Schubspannungen gleichzeitig gegeben, so kann eine einzelne davon (z. B. die Schubspannung) sich nicht ändern, ohne daß damit auch eine grundsätzliche Veränderung des Gesamtspannungszustandes verbunden wäre. Oder anders ausgedrückt: bei gleichbleibender Art und Größe der elastischen Verformung (d. h. der Beanspruchung) eines Körpers sind auch die in ihm herrschenden Spannungen unveränderlich.

Entsprechend diesen Begriffen wären die oben (S. 10) angeführten Sätze ROUXs folgendermaßen auszulegen: Aus einem undifferenzierten, mesenchymähnlichen Gewebe entsteht

a) faseriges Bindegewebe, wenn die Matrix unter Zugspannungen steht;

b) Knorpelgewebe, wenn in der Matrix Druck- oder Zugspannungen herrschen, deren jede mit hohen Schub- oder Scherspannungen kombiniert ist;

c) Knochengewebe, wenn die Matrix unter Druckspannungen (oder unter alternierenden Druck- und Zugspannungen) steht, wobei aber keine Schub- oder Scherspannungen auftreten dürfen.

Rouxs Vorstellung erscheint verblüffend einfach und außerordentlich einleuchtend: einer bestimmten Spannungsqualität oder der Kombination bestimmter Spannungsarten wird jedesmal eine spezifisch darauf abgestimmte, d.h. angepaßte Grundsubstanzspecies zugeordnet.

Diese scheinbare Klarheit und Eindeutigkeit wird indessen mehr und mehr verwischt und schließlich von einer ganzen Reihe sich steigernder Schwierigkeiten und Verwicklungen abgelöst, sobald man jenen Zusatz ins Auge faßt, den Roux der ersten seiner berühmt gewordenen Thesen wie eine selbstverständliche Ergänzung angehängt hat (s. S. 10, Satz a). Roux spricht in jenem fraglichen Satze nämlich nicht schlechtweg von Zug, sondern er unterscheidet ausdrücklich zwischen „primärem" und „sekundärem" Zug.

Was ist damit gemeint?

Um verständlich zu machen, was man sich unter diesen beiden — nebenbei typisch Rouxschen — Begriffen vorzustellen hat, ist es schon notwendig, die dazugehörigen Definitionen in vollem Wortlaut anzuführen. Es heißt:

⟨Der Zug verlängert durch seine direkte oder *primäre* Wirkung das Gebilde in der Richtung des Zuges und *verdünnt es sekundär* zugleich, letzteres am stärksten rechtwinkelig zur Richtung des Zuges. ... Da diese Verjüngung also eine „Näherung" der betreffenden Teile zur Folge hat, so ist dabei zugleich sekundär Druckwiderstand zu überwinden. Druck ist also notwendig *sekundäre Beanspruchung* des primären Zuges. Er findet auch schon statt, wenn keine sichtbare Dehnung eintritt, sondern wenn diese Deformation durch die Zugwirkung also nur angestrebt wird.⟩ (Roux 1912, S. 457.)

Weiter: ⟨Selbst reiner primärer Druck auf ein Gebilde bewirkt in ihm *sekundär* in anderen Richtungen auch Zugbeanspruchung, den *sekundären* Zug, dazu noch Schubspannung.⟩ (Roux 1912, S. 110.)

Roux hätte noch hinzufügen können, daß der „reine primäre" Zug insofern die genau gleichen Folgen hat wie der „reine primäre" Druck, als auch hierbei neben den entsprechenden Normalspannungen immer und gleichzeitig auch Schubspannungen auftreten müssen (s. auch unten, S. 24f.).

Aus diesen Definitionen folgt, daß es — immer nach Roux — eine „reine" Beanspruchung eines Körpers (vgl. oben S. 9) gar nicht geben kann. Denn wenn ⟨selbst reiner primärer Druck auf ein Gebilde⟩ dieses immer gleichzeitig und „*notwendig*" auch auf Zug und Schub beansprucht; wenn hierzu analog selbst „reiner" Zug eine sekundäre Druck- und Schubbeanspruchung „notwendig" mit sich bringt: dann ergibt sich doch, daß in einem belasteten elastischen Körper immer alle drei Spannungsqualitäten gleichzeitig auftreten müssen, gleichgültig in welcher Weise er „primär" beansprucht wird. Dasselbe gilt selbstverständlich auch für sein kleinstes Materialelement als pars pro toto.

Das kleinste reaktionsfähige Einzelelement eines Gewebes oder eines Blastems ist die Zelle. Und hier erhebt sich nun die grundsätzlich wichtige Frage: Von welcher der drei, bei jeder Druck- oder Zugbelastung immer gleichzeitig auftretenden Spannungsqualitäten soll sich die Zelle denn dann „getroffen fühlen"? Wie kann die Zelle aus dieser Kombination verschiedener Spannungen die „richtige" auswählen, damit sie sich auch wirklich entsprechend der „primären" Beanspruchung differenziere?

Der in Roux Schriften Bewanderte wird hier zwar sofort antworten: Für die Differenzierung ist selbstverständlich die „primäre" Beanspruchung richtunggebend; hat doch Roux hierzu selber festgestellt: ⟨Die Beanspruchung ist zu scheiden in primäre, welche direkt durch die Einwirkung entsteht, und die sekundäre, *stets schwächere*[1], welche als Folge der primären Einwirkung unter innerer Umordnung und wirklicher oder nur angestrebter äußerer Deformation entsteht.⟩ (Roux 1912, S. 43f.)

Man wird aber nach folgerichtigem Durchdenken all dieser Zusammenhänge trotz dieser willkommen erscheinenden Zusatzhypothese sich alsbald eingestehen müssen, daß man in beträchtliche Schwierigkeiten und schließlich in ein wahres Labyrinth von Widersprüchen hineingeraten ist, wie sich aus dem Folgenden gleich ergeben wird. Zunächst zwei praktische Beispiele:

1. Nach Roux (1895, Bd. II, S. 227) entsteht Knochengrundsubstanz ⟨nur an Stellen, wo sich bereits die für die Bildung dieser Substanz nöthigen Vorbedingungen: ein gewisser *Schutz vor Abscherung* bei Wirkung *reinen Druckes* oder des Wechsels von reinem Druck und Zug vorfinden⟩.

Wie kann nun aber ein Gewebe auf „reinen" Druck (oder Zug) beansprucht werden, wenn ⟨selbst reiner Druck (oder Zug) auf ein Gebilde⟩ in diesem gleichzeitig und notwendig ⟨dazu noch Schubspannung … bewirkt⟩?

Man könnte einwenden, daß Rouxs „Abscherung" wahrscheinlich doch etwas anderes ist als Schub, so daß ein Körper, der unter Schub*spannung* steht, gar nicht auf „Abscherung" beansprucht zu sein braucht (s. S. 19ff.).

Dieser Einwand ist jedoch leicht zu entkräften, und zwar mit Rouxs eigenen Aussagen. Nach Roux differenziert sich ein Muttergewebe (Blastem) entsprechend seiner Beanspruchung; und die funktionelle Beanspruchung, auf die das Gewebe z. B. mit Knochenbildung reagiert, ist ⟨Druck … ohne Abscheerung⟩. Nun kann aber — nach Roux — ⟨ein noch halbflüssiges Gewebe (und was ist ein Blastem anderes?) weder rein auf Zug noch rein auf Druck in Anspruch genommen werden; denn die weiche Substanz wird bei den Einwirkungen nachgeben, und es wird *starke Verschiebung* benachbarter Substanzschichten, *Abscheerung*, eintreten⟩ (Roux 1895, Bd. II, S. 230).

Mit anderen Worten: zu Knochen differenziert sich ein Blastem — nach Roux — auf einen „funktionellen" Reiz hin, der — ebenfalls nach Roux — bei Blastemen gar nicht verwirklicht werden kann.

2. Um gutartige, aber stärker expansiv wachsende Geschwülste herum entstehen bekanntlich bindegewebige, rein faserige Kapseln. Das gleiche beobachtet man bei Cysten, deren flüssiger oder gallertiger Inhalt mehr und mehr zunimmt.

Nach Rouxs Aussage (s. S. 12) handelt es sich dabei um „reinen primären Druck" (Expansion), der das umgebende Gewebe in radiär-zentrifugaler Richtung zusammenschiebt. Die hierzu senkrechte Beanspruchung der Hülle (Zirkulärdehnung), nach Roux der tangentiale „Zug", ist hierbei eindeutig „sekundärer" Natur.

Wie kommt es dann aber, daß in diesen Fällen ausschließlich Fasern entstehen? Warum ist jetzt das nach Roux Schwächere: der „sekundäre" Zug das allein Bestimmende, während das Stärkere: der „primäre" Druck offenbar ganz wirkungslos bleibt?

---

[1] Im Original nicht hervorgehoben.

Doch nun zu unserem eigentlichen Gegenstand. Soll ein Bildungsgewebe dazu veranlaßt werden Knorpel hervorzubringen, so müssen nach Roux folgende mechanischen Einwirkungen als „funktionelle" Reize gegeben sein:

a) entweder „Druck und starke Abscherung" (Roux 1895, Bd. II, S. 230); oder

b) „Druck und Zug, dazu starke Abscherung" (ebenda); oder

c) „Druck oder Zug mit starker Abscherung verbunden" (Roux 1895, Bd. I, S. 808); oder

d) „Abscherung verbunden mit Druck und (resp. oder) Zug" (ebenda, S. 810).

Das sind nicht weniger als vier unterschiedliche Versionen. Da aber hierbei allein die „Abscherung" als konstanter Faktor vertreten ist, während die anderen, mit ihr zusammenwirkenden mechanischen Einflüsse ganz verschieden sein und offenbar gegeneinander ausgetauscht werden können, so ist es eindeutig die „Abscherung", in welcher Roux den wesentlichen Differenzierungsfaktor des Knorpels erblickt: Erst die „Abscherung" gibt den ⟨specifischen Thätigkeitsreiz der Chondroblasten⟩ ab. Ebenso ist die „Abscherung" die allein maßgebliche Komponente, die ⟨erhaltend und Wachsthum anregend auf den Knorpel wirkt⟩.

Man wird bereits bemerkt haben, daß Roux nicht dem üblichen Sprachgebrauch folgt; er spricht nicht schlichtweg von Scherung oder Schub, sondern er bedient sich immer des Ausdruckes „Abscherung".

Was ist „Abscherung"?

Nach Roux ⟨die Verschiebung der Theile in zueinander annähernd parallelen Schichten⟩; oder wie es an anderer Stelle heißt: ⟨Unter Abscherung, Scherung oder Schub versteht man die „Verschiebung" der Substanzschichten gegen einander „parallel" der Berührungsfläche resp. der Ausdehnung der Schichten.⟩

Hierbei scheint irgendeine Zustandsänderung innerhalb des Materials, die als „Abscherung" bezeichnet wird, dem Vorgang oder dem Zustand der „Verschiebung" zu entsprechen. Denn „stärkste Verschiebung" bedeutet — ebenfalls nach Roux (1895, Bd. I, S. 811) — soviel wie „stärkste Abscherung".

Was soll man sich darunter vorstellen? Versuchen wir es mit einem praktischen Beispiel!

Wird ein Körper entsprechend der Abb. 1 von Schub- oder Scherkräften (S) erfaßt, so erleidet er eine Gestaltsänderung, der eine Verformung und eine Verlagerung seiner Materialteilchen im Innern entspricht. Das heißt: waren seine Elementarpartikeln vor der Einwirkung Kugeln, deren Mittelpunkte auf senkrechten Geraden gelegen waren (a), so sind sie danach Ellipsoide, deren Mittelpunkte auf nun schrägen Verbindungsgeraden liegen (b).

Tatsächlich ist hierbei die Winkelabweichung γ der Größe der Verschiebung, und diese letztere der Größe der Schubkräfte S proportional — womit indessen nichts anderes ausgesagt ist, als daß „starke" Schubkräfte auch entsprechend „starke" Schubverformungen hervorrufen: also eine Selbstverständlichkeit.

Sollte Roux mit „Abscherung" jedoch einen für die Schubverformung charakteristischen *Spannungszustand* gemeint haben, dann fehlt seiner Aussage (starke „Abscherung" bei starker Verschiebung) das wesentliche Bestimmungsstück, nämlich der Materialwiderstand. Denn: ist dieser Materialwiderstand groß, so können kleinste Verschiebungen zu beträchtlichen Schubspannungen führen. Ist er dagegen sehr klein, so werden selbst beträchtliche Verschiebungen nur geringe Spannungen hervorrufen. Mit anderen Worten: in Materialien von verschiedenen elastischen Eigenschaften können die genau gleich großen Verschiebungen ganz verschieden große Spannungen erzeugen.

In Wirklichkeit sagt also die Größe der Verschiebung — für sich allein betrachtet — über die Spannungsgröße noch gar nichts aus. Angaben hierüber sind erst möglich, wenn die Materialbeschaffenheit — in diesem Falle der Schubwiderstand oder der Schubelastizitätsmodul Φ — mitberücksichtigt ist (s. S. 24).

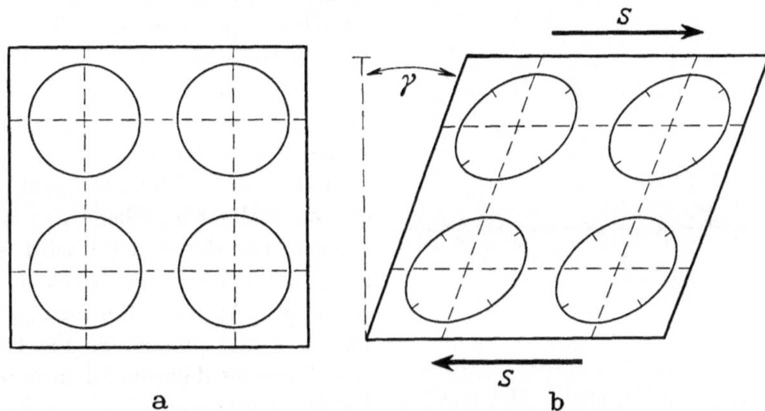

Abb. 1. a Flächenparalleler Vertikalschnitt durch einen unbelasteten Würfel aus elastischem Material. Die kugelförmig gedachten Materialteilchen erscheinen als Kreise, deren Mittelpunkte auf den Schnittpunkten eines Quadratnetzes und senkrecht übereinanderliegen. b Wird dieser Würfel Schubkräften ausgesetzt (Pfeile), so wird das Quadratnetz rhombisch verzogen. Sämtliche Punkte der Kreisperipherien verändern ihre gegenseitigen Lagebeziehungen. Die Kreise werden zu Ellipsen, deren Mittelpunkte schichtweise und in den Schubrichtungen gegeneinander verschoben sind. Die elliptische Verzerrung der Kreise und die rhombische Verziehung des Quadratnetzes ist proportional der Winkelabweichung γ (der Schiebungsgröße, vgl. Abb. 6 und dazugehörigen Text)

Da Roux nicht von einem konkreten Modellfall ausgeht, sondern nur ganz allgemein von „stärkster Abscherung" bei „stärkster Verschiebung" spricht, so weiß man sich weder von dem einen noch von dem anderen eine rechte Vorstellung zu machen. Wir müssen uns daher im folgenden und vorläufig damit helfen, daß wir *in einem gegebenen Verformungszustand* nach den „Ebenen stärkster Verschiebung" suchen. Zu diesem Zweck vergleichen wir einen verformten Körper mit seinem ursprünglichen Zustand, um aus den Weglängen der Teilchen eine Vorstellung von ihrer Verschiebung *zwischen Ausgangs- und Endlage* zu erhalten.

Nach Roux soll Knorpel dort entstehen, wo „starke Abscherung" entweder mit Druck allein gepaart ist, oder wo sie im Verein mit Druck und Zug zugleich auf ein Bindegewebe oder ein mesenchymähnliches Keimgewebe einwirkt.

Man wird nun zunächst an praktischen Beispielen zu prüfen haben, inwieweit diese theoretischen Möglichkeiten mit den Tatsachen übereinstimmen.

a) Druck und Abscherung

Die Abb. 2a stellt einen axialen Schnitt durch einen Zylinder aus homogenem, elastisch verformbarem Material dar. Seine kugelförmig gedachten Elementarteilchen erscheinen auf der Schnittfläche als Kreise, deren Mittelpunkte in gleichen Abständen auf den Schnittpunkten eines orthogonalen Liniennetzes gelegen sind. Die ebenen Stirnflächen des Zylinders seien mit zwei Backen fest verbunden (z. B. festgeklebt).

Wird der Zylinder nun axialen Druckkräften ausgesetzt (Abb. 2b), so nimmt er an Höhe ab, an Umfang aber zu, weil das Material senkrecht zur Druckrichtung ausweicht (s. die zentrifugal gerichteten Querpfeile). Dabei werden sämtliche Materialteilchen zu Ellipsoiden verformt. Gleichzeitig werden die nun zu Ellipsenmittelpunkten gewordenen Kreismittelpunkte von der Zylinderachse weg zentrifugal verschoben, jedoch in den verschiedenen Querschnittshöhen des Körpers verschieden stark: je näher eine Elementarpartikel der queren Halbierungsebene des Körpers gelegen ist, desto mehr wird sie aus ihrer ehemaligen Lage nach lateral gedrängt. An den Berührungsebenen zwischen den pressenden Flächen und dem Zylinder dagegen ist diese Zentrifugalverschiebung gleich Null; denn hier kann das Material — infolge seiner festen Verbindung mit den Klemmbacken — nicht ausweichen.

Ebenfalls gleich Null ist die Zentrifugalverschiebung entlang der ganzen vertikalen Mittelachse des Körpers: hier werden bei der Abplattung die Teilchenmittelpunkte ausschließlich *in ihrer Verbindungsrichtung*, nicht aber senkrecht dazu verschoben.

Die Verschiebung der Teilchenmittelpunkte *senkrecht zu ihrer Verbindungslinie* (Abscherung) wird erst in einiger

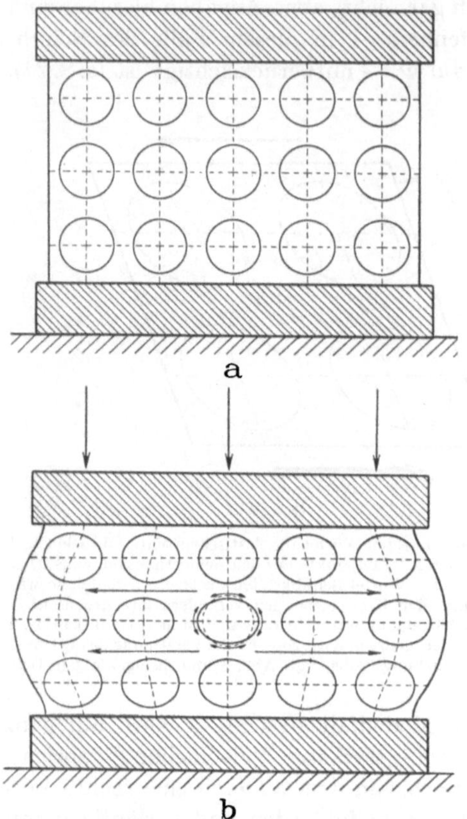

Abb. 2. a Axialschnitt durch einen unbelasteten elastischen Zylinder. b Dasselbe nach der Verformung durch axiale Druckkräfte. Nähere Erklärung im Text. In Anlehnung an PAUWELS (1940)

Entfernung von der Mittelachse bemerkbar, und sie wird um so deutlicher, je weiter peripherwärts wir uns dabei bewegen (s. die lateral zunehmenden Ausbauchungen der ehemaligen Senkrechten).

Bei der beschriebenen Pressung eines elastischen Körpers wäre demnach an den druckaufnehmenden Grenzflächen des Materials und entlang seiner ganzen Mittelachse „reiner" Druck gegeben, während die „stärkste Abscherung" in den peripherischen Bezirken der mittleren Querschnittsebene, d.h. in halber Höhe des Körpers zu suchen wäre (genauere Ableitung s. S. 87 ff.).

Diese Verhältnisse lassen sich auf eine einfache Querfraktur übertragen. Die Bruchenden mit den angebauten Spongiosakegeln (s. Abb. 13—15 und S. 46 f.) sind den pressenden Backen vergleichbar, dem elastisch deformierten Zylinder entspricht der Zwischencallus.

Nach Roux müßte nun die Verknorpelung des Callusblastems dort einsetzen, wo die stärksten Verschiebungen stattfinden; und zu unterbleiben hätte die Verknorpelung dort, wo die Verschiebungen gleich Null oder nur minimal sind.

Dieser Voraussage widersprechen die Tatsachen: Am frühesten verknorpelt das Callusgewebe nämlich gerade an seinen knöchernen Auflagern (Bruchflächen oder Basen der Spongiosakegel, s. u. S. 66). Bis zur Mitte des Callus rückt der Knorpel erst später und schrittweise vor. Es ist also gerade die Ebene „stärkster Verschiebung", in welcher der Callus zuletzt verknorpelt. Mehr noch: hier entsteht sogar oft ein zunächst rein kollagenes Bindegewebe, dessen Fasern senkrecht zur Druckrichtung angeordnet sind und dazu noch den Callus in ganzer Breite durchsetzen (s. Abb. 14, untere Bildhälfte).

Außerdem wäre — entsprechend der Abb. 2b und eine ruhig stehende Fraktur vorausgesetzt — doch anzunehmen, daß entlang der ganzen Mittelachse des Callus keine Verschiebungen stattfinden. Wie kommt es dann aber, daß hier nicht sofort Knochen entsteht, obwohl der „funktionelle" Reiz: nämlich ⟨Druck ... ohne oder nur mit minimaler Abscherung⟩ (s. o. S. 10) dazu gegeben wäre?

Das Folgende läßt sich mit Rouxs Theorie ebensowenig in Einklang bringen: Wo die Bruchflächen oder die Stirnflächen der Spongiosakegel nischen- oder buchtenförmige Vertiefungen haben (s. Abb. 8), da ist der Zwischencallus mit dem Knochen verzahnt. Ein seitliches Ausweichen des Materials, eine „Verschiebung paralleler Substanzschichten" innerhalb dieser Lakunen gibt es nicht. Trotzdem reifen die Zellen des Zwischencallus hier am schnellsten und am vollständigsten zu Chondronen aus.

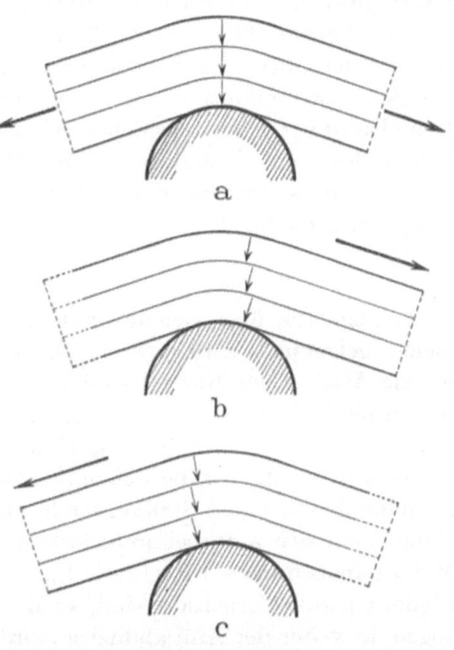

Abb. 3. Schematischer Vertikalschnitt durch eine schichtweise zusammengesetzte Platte, die über ein Hypomochlion gebogen und gleich starken Zugkräften in entgegengesetzten Richtungen ausgesetzt ist (a). Über dem Hypomochlion werden die Schichten gegeneinandergedrückt (senkrechte Pfeile). Wird diese Platte über ihr gewölbtes Widerlager hinweg nach rechts (b) oder nach links (c) verschoben, so rücken die in der Ausgangsstellung (a) in einer Geraden liegenden Pfeile fächerförmig auseinander, d. h. die Materialteilchen der Platte werden „in parallelen Schichten" gegeneinander verschoben. Diese Verschiebung wird um so ausgeprägter, je stärker die Platte über das Hypomochlion gebogen wird

b) Druck und Zug, dazu Abscherung

Diese Bedingungen sind z. B. bei einer Gleitsehne verwirklicht. Denn in diesem Falle werden die Sehnenfasern längs gedehnt (Zug), quer gepreßt (Druck) und — bei der Sehnenverschiebung über das Hypomochlion hinweg — „in parallelen Schichten" gegeneinander verschoben (Abb. 3).

Nach Roux wäre also zu erwarten, daß die über das Hypomochlion geführte Sehnenstrecke *durch ihren gesamten Querschnitt hindurch* verknorpelt. Das ist aber nicht der Fall.

PLOETZ (1938) hatte eine reine Zugsehne experimentell in eine Gleitsehne verwandelt. Dabei hatten sich die Zellen der Sehne nach einer gewissen Zeit tatsächlich gekapselt und hyaline Grundsubstanz ausgeschieden; aber nur in dem Querschnittsanteil der Sehne, der dem Hypomochlion anlag, d. h. in der Konkavität der Sehnenkrümmung. In je größerer Entfernung nämlich die Sehnenfasern über ihre knöcherne Unterlage hinwegzogen, desto weniger wirkte sich ihre veränderte Beanspruchung auf die zwischen ihnen gelegenen Zellen aus: jenseits der Mitte des Sehnenquerschnittes, vollends aber auf der Konvexseite der Sehnenkrümmung war die Kapselung der Zellen und die Hyalinisierung der Grundsubstanz ganz ausgeblieben; hier hatte sich das histologische Bild der Sehne also nicht verändert (s. auch PAUWELS 1940).

Weshalb ist hier die Knorpelbildung trotz Druck, Zug und „starker Abscherung" ausgeblieben ?

c) Zug und Abscherung

Sehnen, die über Gelenke mit großem Aktionsradius hinweglaufen und zugleich gelenknah inserieren (z. B. proximaler Ansatz des M. rectus femoris, distale Ansätze der Mm. latissimus dorsi, teres maior, pectoralis maior), erfahren bei großen Gelenkausschlägen sicherlich eine beträchtliche Umstellung ihres inneren Gefüges. Die Sehnenfaserbündel werden umso ausgiebiger gegeneinander verschoben, je stärker die Sehne (als Radius) um ihre Insertionsstelle (als Kreismittelpunkt) bei der Stellungsänderung des Gelenkes herumgeschwenkt wird. Denkt man sich z. B. bei adduziertem Arm auf die breite, bandartige Sehne des M. latissimus dorsi ein Rechteck aufgetragen, dessen Längsseiten zu den Sehnenrändern parallel orientiert sind, so wird dieses um so stärker rautenförmig verzogen, je weiter der Arm abduziert wird (Näheres hierzu s. bei G. MOLLIER 1937). Das Zusammenwirken von „Zug und Abscherung" wäre also gegeben.

Die grundsätzlich gleichen Verhältnisse sind übrigens auch in jedem Muskel verwirklicht. Erfolgt doch bei jeder Kontraktion (oder Dehnung) eine mehr oder weniger ausgiebige Parallelverschiebung der Muskelfasern gegeneinander. Überflüssig darauf hinzuweisen, daß im normalen Muskel von Knorpelbildung keine Rede sein kann, obwohl gerade hier die Bedingung von „Zug und Abscherung" ideal verwirklicht wäre (vgl. aber P. RATHKE, unten S. 66).

Es ist ganz unwahrscheinlich, daß ROUX dieser „Abscherung", die in Sehne und Muskel gleichermaßen (und bei gleichzeitiger Zugwirkung) stattfindet, nicht gedacht haben sollte. In einer später aufgestellten Definition der „Abscherung" (ROUX 1912, S. 355 f.) heißt es denn auch, sie sei (unter anderem) gegeben ⟨in einem Muskel bei ungleichzeitiger oder ungleichstarker Kontraktion seiner Fasern⟩.

Daß in diesem Falle trotz „Zug und Abscherung" kein Knorpel entsteht, darauf nimmt ROUX keinerlei Bezug. Statt dessen wird nun der gleiche „funktionelle Reiz" plötzlich für etwas ganz anderes verantwortlich gemacht: jetzt leitet ROUX davon die Entstehung der sogenannten „Abscherungsfaserpaare" ab (ROUX 1912, S. 356 und unten S. 38).

Als ob dieser auffällige Wandel funktionellen Deutens begründet werden sollte, heißt es im Anschluß an die oben zitierte Textstelle: ⟨Scherung kombiniert mit Druck ist ... der Bildungs- und Erhaltungsreiz des Knorpels.⟩

Hier ist nämlich nur noch von *Druck* und Abscherung die Rede. Die früher (Roux 1895) als ebenso wirksam bezeichnete Beanspruchungskombination „Zug und Abscherung" wurde also offensichtlich, aber stillschweigend fallengelassen.

Dies ist zugleich ein Beispiel für eine besondere Art von Schwierigkeit, mit der ein Leser Rouxscher Schriften häufig zu rechnen hat: nämlich daß Roux den selben Sachverhalt in späteren Abhandlungen plötzlich ganz anders deutet oder ableitet als früher, aber ohne seine früheren Aussagen ausdrücklich außer Kraft zu setzen oder zu berichtigen.

So ist es nicht verwunderlich, wenn man bei Rouxs Nachfolgern den unterschiedlichsten, ja sogar gegensätzlichen Aussagen zur gleichen Sache begegnet, wobei sich jeder einzelne trotzdem getrost auf Roux berufen darf.

Nun könnte man sich zwar einigen auf die letzte Formel (Roux 1912), nach welcher der Knorpel nur bei *Druck* und Abscherung entsteht. Aber auch dann ist Rouxs Theorie mit der Erfahrung nicht in Einklang zu halten, wie folgendes Beispiel nach Pauwels (1940 und 1960b) beweist:

Die Abb. 4 stellt einen pseudarthrotisch verheilten Schrägbruch der Tibia dar. Die in der Knochenlängsachse wirkende Belastung (Diagonale des Parallelogramms) zerfällt in zwei Komponenten. Die eine (D) steht auf der Bruchspaltebene senkrecht; sie beansprucht das Gewebe zwischen den beiden Fragmenten daher auf reinen Druck. Die andere Komponente (S) fällt in die Richtung des Spaltes hinein, so daß sie das obere Fragment entlang der unteren Bruchfläche wie auf einer schiefen Ebene nach links unten zu verschieben trachtet. Der mit den beiden Knochenstümpfen verbundene Zwischencallus steht demnach unter einer Einwirkung, die aus den Teilkräften reinen Druckes (D) und reinen Schubes (S) zusammengesetzt ist; und da der Bruchspalt zur Knochenlängsachse sehr schräg steht, so überwiegt die Schubkomponente deutlich die Druckkomponente. Der Zwischencallus ist infolgedessen eindeutig auf „Druck und starke Abscherung" (s. S. 14) beansprucht.

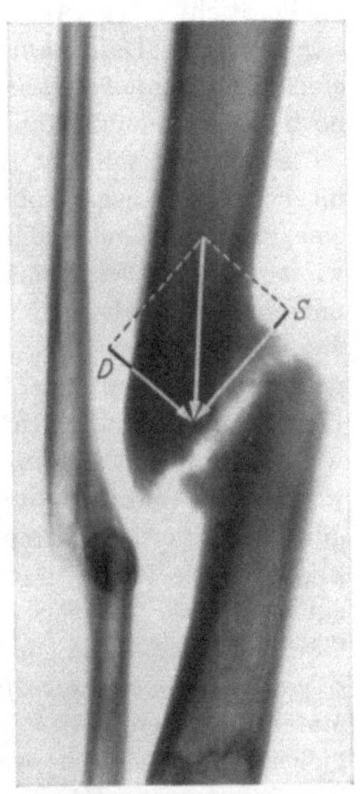

Abb. 4. Röntgenbild einer Tibiapseudarthrose mit schrägstehendem Spalt. In dem eingezeichneten Parallelogramm ist die einwirkende äußere Kraft (Hypothenuse) zerlegt in eine Teilkraft reinen Druckes (D), die auf dem Pseudarthrosenspalt senkrecht steht, und in eine Teilkraft reinen Schubes (S), die dem Spalt parallel gerichtet ist. Nach Pauwels (1960b)

Nach Roux wäre hier also ausgiebige Knorpelbildung zu erwarten. Da außerdem Druck und Schub in allen Ebenen, die man parallel zu S durch den Zwischencallus hindurchlegt, gleich stark auf das Gewebe einwirken, so müßte der Zwischencallus durch und durch verknorpeln.

In Wirklichkeit aber besteht fast der ganze Pseudarthrosencallus aus kollagenen Bindegewebsfasern (s. Pauwels 1940 und 1960b).

Man könnte im Zweifel darüber sein, ob die soeben mit Schub oder Scherung bezeichnete Einwirkung mit Rouxs „Abscherung" identisch ist. Nach Rouxs Definitionen (s. S. 14) bedeutet „Abscherung" nämlich so viel wie ⟨Verschiebung der Teile in parallelen Schichten⟩. Der Zwischencallus in der Abb. 4 kann nun

aber schub- oder scher*beansprucht* sein, d. h. unter Schub*spannung* stehen, ohne
daß dabei die geringste „Verschiebung" im wörtlichen Sinne stattzufinden brauchte.

Ist daher der Begriff „Abscherung" vielleicht falsch ausgelegt, weil ganz anders
zu verstehen? Man wird sich vergewissern müssen, ob ROUX irgendwo eindeutig
definiert hat, was er unter „Abscherung" in Wirklichkeit verstanden wissen will.

Das Nächstliegende ist, in ROUXs „Terminologie der Entwicklungsmechanik"
(1912) nachzuschlagen. Dabei wird sich allerdings gleich herausstellen, daß die
an die Stichwörter „Abscherung", Scherung und Schub angeschlossenen Legenden
sich mit den Definitionen des Physikers nicht decken. So z. B. macht ROUX
einen Unterschied zwischen Scherung und Schub, und das ist weder in der Physik
noch in der Technik üblich.

Außerdem: schreibt ROUX „Schub" oder „Scherung", so kann man durchaus
im Zweifel sein, was damit gemeint sein soll. Diese Bezeichnungen können nämlich
eine ganz verschiedene Bedeutung haben: „Schub" kann einmal soviel heißen
wie eine äußere verformende Einwirkung. In diesem Falle hätten wir es zu tun
mit einer Schub*kraft* (s. Abb. 1 und 5 c).

„Schub" kann aber auch gleichbedeutend sein mit Schub*beanspruchung*,
womit die inneren oder Zwangskräfte gemeint sind, die sich in einem elastischen
Körper unter der Einwirkung äußerer Kräfte einstellen. In diesem Falle hätten
wir es zu tun mit Schub*spannungen*.

Das sind zwei grundverschiedene Dinge, die es peinlich auseinanderzuhalten
gilt. Wohl werden in einem elastischen Material, das der Wirkung äußerer Schubkräfte ausgesetzt ist, immer auch Schubspannungen wachgerufen. Es kann aber
ein elastischer Körper auch dann unter Schubspannung (und zwar sehr hoher
Grade) stehen, wenn gar keine äußeren Schubkräfte, sondern wenn im Gegenteil
reine Druck- oder Zugkräfte auf ihn einwirken (s. Abb. 55 b und c). Wird also ein
Material oder ein Körper als schub*beansprucht* bezeichnet, so ist damit keineswegs
gleichzeitig ausgesagt, welche Qualität äußerer Kräfte die Schubspannungen in
ihm hervorruft. Hiervon wird noch ausführlich die Rede sein (s. S. 24 f. und
besonders S. 131 ff.).

Es heißt bei ROUX:

A. ⟨*Scherung*, *Abscherung* heißt diejenige primär drückende Einwirkung auf
ein Gebilde, welche Teile desselben *in der Richtung der Druckwirkung* gegeneinander zu verschieben und so in parallelen Schichten voneinander zu trennen
strebt...⟩ (1912, S. 355.) Hier ist die „Abscherung" soviel wie eine *Kraft*.

Diese Kraft als „primär drückende", d. h. als *Druck*kraft zu bezeichnen, ist
nun geradezu falsch. Denn Druck (und Zug) sind Kräfte, deren Richtungspfeile
oder Wirkungslinien auf einer Bezugsebene, die durch den belasteten Körper
hindurchgelegt ist, immer senkrecht stehen. Zeigen die Pfeile (Kraft und Gegenkraft) nach dieser Ebene hin, so spricht man von Druck; zeigen die Pfeile von
dieser Ebene weg, so spricht man von Zug (s. Abb. 5a und b).

Außerdem fallen bei Druck (oder Zug) die Richtungspfeile von Kraft und
Gegenkraft immer in denselben, zur Bezugsebene senkrechten Schnitt, so daß
sie die in der Kraftrichtung einander benachbarten Elementarteilchen des Körpers
ausschließlich einander zu nähern (Druck) oder voneinander zu entfernen (Zug).
nicht aber gegeneinander zu verschieben trachten.

Scherung oder *Schub* dagegen sind dadurch definiert, daß die einander entgegengerichteten Kräfte parallel zu der gewählten Bezugsebene angreifen (s. Abb. 5c). Ob ihre Richtungspfeile dabei nach dem Körper hin oder von dem Körper weg zeigen (vgl. Abb. 6a mit Abb. 29), ist ganz belanglos. Wesentlich ist nur, daß Kraft und Gegenkraft gegeneinander versetzt sind, so daß sie auf zwei, und zwar diesmal senkrecht zur Kraftrichtung einander benachbarte Schichten des Körpers in entgegengesetzten Richtungen einwirken. Sie werden demnach die übereinandergelegenen Elementarteilchen senkrecht zur Verbindungslinie ihrer Mittelpunkte gegeneinander zu verschieben trachten (s. Abb. 5c und 1.)

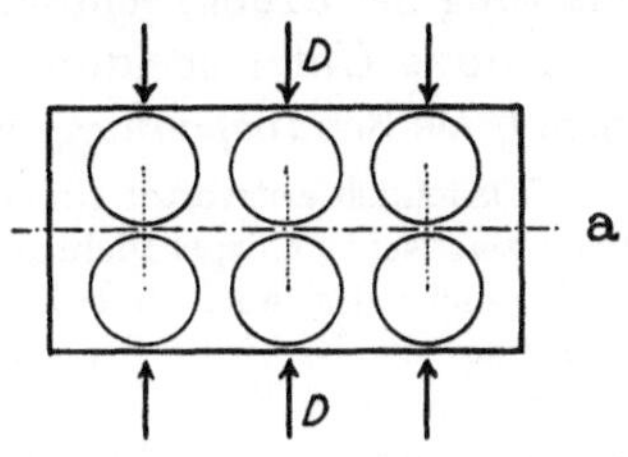

Die Charakteristik des Schubes besteht also gerade darin, daß er mit Druck oder Zug gar nichts zu tun hat, sondern etwas davon Grundverschiedenes ist.

B. ⟨Unter Abscheerung, Scheerung oder Schub, versteht man die „Verschiebung" der Substanzschichten gegen einander „parallel" der Berührungsfläche resp. der Ausdehnung der Schichten, also Verschiebung derart, wie wenn man in einem Spiele Karten die einzelnen Blätter durch seitlichen Druck ihrer Fläche nach gegen einander verschiebt.⟩ (ROUX 1895, Bd. I, S. 505.) Hier bedeutet „Abscherung" also soviel wie *Verschiebung*.

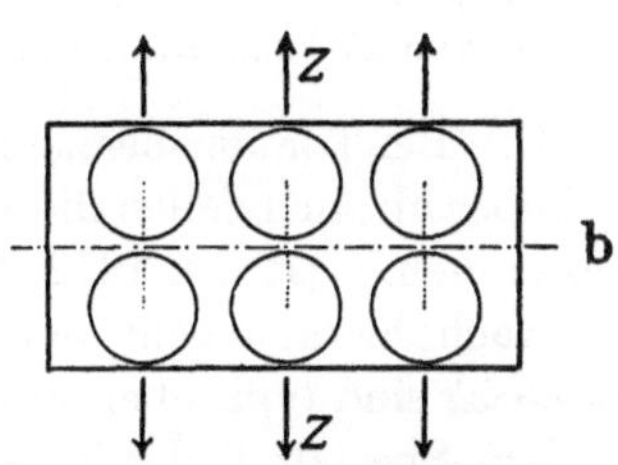

Indessen: war die erste Definition nicht richtig, so ist diese zweite nicht eindeutig. Denn es bleibt dabei offen, ob mit „Verschiebung" ein *Vorgang* gemeint ist, oder ob man sich darunter einen *Zustand* vorzustellen hat. Tatsächlich ist diese Begriffsunklarheit später zum Anlaß grundsätzlicher Verwechslungen und Mißverständnisse geworden (s. S. 27f. und S. 67f.). Außerdem sind in dieser Definition die Begriffe „Abscherung" und Schub synonym gebraucht, so daß man sie *für identisch* hält.

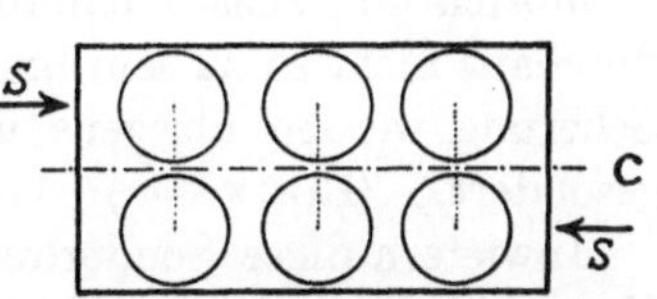

Abb. 5. Schematische Darstellung zweier Schichten mit ihren Elementarpartikeln, auf welche Druckkräfte (a), Zugkräfte (b) und Schubkräfte (c) einwirken. Die strichpunktierte Querlinie zwischen den beiden Schichten ist die gewählte Bezugsebene. Näheres s. Text

C. ⟨Schub ist diejenige Beanspruchung eines dem Druck, dem Zug, der Scherung Widerstand leistenden Körpers, welche das Material in parallelen Schichten, und zwar am stärksten unter 45⁰ zur Druck- oder Zugrichtung zu trennen strebt.⟩ (ROUX 1912, S. 357.)

Zu dieser Definition ist folgendes zu sagen: 1. Entgegen Satz B sind hier Schub und Scherung *nicht identisch*. Denn in diesem Falle ist Schub gleich Schub*beanspruchung* (d.h. Schubspannung), während Scherung gleichbedeutend mit Schub*kraft* ist.

2. Nach Satz A wird die Trennung paralleler Schichten *in der Richtung der Druckwirkung* angestrebt, nach Satz C dagegen in einem Winkel von 45⁰ zur Druckrichtung.

Dieser Widerspruch läßt sich nur dadurch auflösen, daß man — entsprechend ROUXS Sprachgebrauch (vgl. S. 12) — folgendermaßen unterscheidet:

Scherung ist eine „primäre" Beanspruchung, bei der die Richtungspfeile von Kraft und Gegenkraft den Verschiebungsebenen parallel verlaufen (vgl. Satz A).

Schub dagegen ist eine „sekundäre" Beanspruchung, die sich aus einer „primären" Druck- oder Zugeinwirkung nebenher mitergibt. Die Ebenen, in denen das Material sich am meisten zu verschieben strebt, liegen zur Richtung der einwirkenden Kraft und damit zur „primären" Deformationsrichtung (z. B. Abplattung bei Druck) schräg.

ROUXs Unterscheidung zwischen Scherung als Schub- oder Quer*kraft* und Schub als Schub*spannung* wird hier recht deutlich.

Tatsächlich antwortet ein von „reinen" (d. h. einachsigen) Druck- oder Zugkräften getroffener elastischer Körper nicht nur mit den entsprechenden Normalspannungen, sondern immer und gleichzeitig auch mit Schub- oder Scherspannungen, deren längste Richtungspfeile (Maxima) die Richtung der „primär" einwirkenden Kraft unter 45⁰ schneiden.

Es gibt zwei Scher- oder Schubspannungs-Hauptrichtungen. In der graphischen Darstellung eines Spannungszustandes (Spannungsellipse) liegen diese auf einem orthogonalen Achsenkreuz, dessen Schenkel mit der Richtung der (einachsigen) Druck- oder Zugkraft einen Winkel von 45⁰ einschließen (s. PAUWELS 1960b und unten Abb. 55b und c).

D. ⟨Bei Torsionsbeanspruchung schert sich das Material in der Richtung des Schubes ab; hier fallen die Richtung stärkster Abscherung und stärksten Schubes zusammen.⟩ (ROUX 1912, S. 357.)

Auch hieraus geht hervor, daß bei ROUX „Abscherung" und Schub *nicht identisch* sind (vgl. oben unter C.) Denn aus der ausdrücklichen Feststellung, daß in dem Spezialfall der Torsionsbeanspruchung die Abscherungsrichtung mit der Schubrichtung zusammenfällt, muß man schließen, daß das in anderen Fällen durchaus nicht so zu sein braucht. Folgerichtig heißt es denn auch: ⟨Schub und Scherung werden übrigens in der Biologie und oft auch in der Technik nicht gesondert.⟩ (ROUX l. c.)

Inwiefern diese Sonderung gerechtfertigt sein soll oder worin der angebliche Unterschied zwischen Schub und Scherung besteht, das hat ROUX nirgends begründet. Aber daß das für ihn tatsächlich zwei verschiedene Begriffe gewesen sein müssen, geht eindeutig aus dem Folgenden hervor:

E. ⟨*Schubspannungen* sind Spannungen, welche dem bei Druck- Zug- oder Schereinwirkungen, bei ersteren am stärksten unter einem Winkel von 45⁰ zur Richtung der primären Beanspruchung, entstehenden Gleitbestreben Widerstand leisten. Bei Scherung ist die stärkste Gleitwirkung in der Richtung der primären Druckwirkung gelegen.⟩ (ROUX 1912, S. 358.)

Demnach unterscheidet ROUX offensichtlich folgendermaßen: Fällt die Verschiebungsrichtung der Materialteilchen *nicht* zusammen mit der Richtung der einwirkenden Kraft (vgl. Abb. 2b, Querpfeile und senkrechte Kraftpfeile), so handelt es sich um *Schub.* Dieser Schub ist eine „sekundäre" Beanspruchung des Materials, die sich aus dessen „primärer" Inanspruchnahme (entweder Kompression oder Dehnung) mit ergibt. Ursache sind entweder Druckkräfte oder Zugkräfte. Sie rufen in dem Material außer Normalspannungen immer auch Schubspannungen hervor, *aber keine „Abscherung"* (s. S. 26).

Fällt dagegen die Richtung, in der eine Schicht gegen ihre Nachbarschicht verschoben oder „zu verschieben tendiert wird" (ROUX) mit der Richtung der einwirkenden Kraft zusammen (s. Satz A auf S. 20 und Abb. 5c), so handelt es

sich um Scherung oder „Abscherung". Diese „Abscherung" ist einer „primären"
Beanspruchung (analog dem „primären" Druck oder Zug, s. S. 12) gleichzu-
setzen. Ihre Ursache ist eine *Schubkraft* (s. Abb. 1 und 5c) oder eine Schrägkraft
mit einer *Schubkomponente* (s. Abb. 26d).

Daß Roux diese Scher- oder Schubkraft als „primäre Druckwirkung" bezeichnet, ist
freilich irreführend (s. die Erläuterung zu Rouxs Definition A auf S. 20); denn bei Roux
bedeutet „primärer Druck" einmal soviel wie komprimierende Kraft, das andere Mal dagegen
ist — wie in dem vorliegenden Falle — damit *seitlicher Druck*, in Wirklichkeit also eine Schub-
oder Querkraft gemeint (vgl. Satz B, S. 21).

Es ist auch auffallend, daß Roux die Richtung der Schubspannungen immer nur dann
angibt, wenn diese Schubspannungen von einer „primären" Druck- oder Zugeinwirkung
herrühren. Handelt es sich dagegen um „primäre Scherung", so tut er das nie.

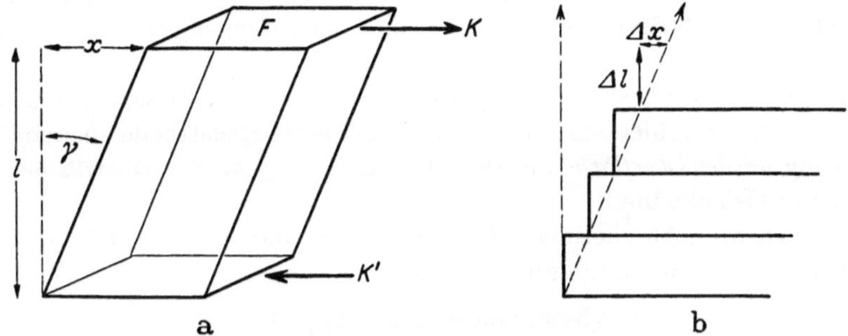

Abb. 6. a Eine vorher rechtwinkelige quadratische Säule ist von reinen Schubkräften (K und K') „in parallelen
Schichten" verschoben, d. h. zum schiefwinkeligen Prisma verformt worden. b Schematische Darstellung ihrer
stufenweise gegeneinander verschobenen Elementarschichten. Das Produkt aus Stufenhöhe Δl und dem Tangens
des Schiebungswinkels γ — die Schiebungsgröße Δx — ist in jeder beliebigen Querschnittshöhe gleich groß

„Primäre" oder „reine" Scherung erhielte man nach dem Obigen also dann,
wenn der Körper deformiert wird von Kräften, die ausschließlich parallel zu
seinem Querschnitt angreifen (s. Abb. 6a.) ⟨Man denke sich diesen Körper
modellmäßig ähnlich einem Packen Spielkarten zusammengesetzt. Dann wird
der Körper durch die Kräfte K abgeschert, seine zuvor senkrechten Kanten
werden um den Winkel γ gekippt. In diesem Fall definiert man als „Gleitung"
oder „Schiebung" das Verhältnis

$$\frac{x}{l} = \mathrm{tg}\,\gamma \approx \gamma. \tag{1}$$

Das Verhältnis

$$\tau = \frac{\text{zum Querschnitt } F \text{ parallele Kraft}}{\text{Querschnitt } F \text{ des Körpers}} \tag{2}$$

nennen wir zunächst Schub und später allgemeiner Schubspannung.⟩ (Pohl
1942, S. 107.)

Führt man an dem Modellkörper (Abb. 6a) die gleiche Verschiebung, nun aber
stufenweise und bei jeder Schicht um den Betrag Δx durch (Abb. 6b), so erscheint
der gleiche Winkel γ bei jeder einzelnen Stufe als das Verhältnis von $\Delta x : \Delta l$.
Verkleinern sich nun Δx und Δl zu infinitesimalen Grenzwerten, so ist die Gesamt-
verschiebung x in Abb. 6a gleich der Summe aller Einzelverschiebungen in den
unendlich benachbarten parallelen Schichten.

Hieraus geht hervor, daß die *absolute* Verschiebung einer Schicht *gegen die
Grundfläche* kein Maß für die Größe der Schubspannungen sein kann; maßgeblich

hierfür ist vielmehr allein die *relative* Lageänderung aller Massenpunkte einer Schicht gegenüber der nächstunteren, und diese *relative Schiebungsgröße* ist in jeder Querschnittshöhe gleich groß. Mithin muß auch die Schubspannung zwischen der oberen und der unteren Grenzfläche des Körpers in jeder Querschnittshöhe die gleiche Größe haben.

Dasselbe drückt die Gleichung (2) und die Gleichung

$$\tau = \gamma \cdot \varPhi \tag{3}$$

aus, wonach die Größe der Schubspannung τ entweder als das Verhältnis der Schubkraft K_S zur Fläche F oder als das Produkt des Kippungswinkels γ und einer Materialkonstanten $\varPhi$ (Schubmodul) definiert ist. Eine Querschnittshöhe l, von der die *absolute* Verschiebungsgröße einer einzelnen Schicht *gegenüber der Grundfläche* allein abhängt, geht in die beiden Gleichungen (2) und (3) also gar nicht ein.

Ganz anders verhält sich dies bei ROUX, nach dessen Aussage (1895, Bd. I, S. 810) ⟨bei den Verschiebungen der sich berührenden Scelettheile aneinander die Abscheerung *an der Oberfläche am stärksten*[1] ist...⟩. („an der Oberfläche" heißt soviel wie: in Gelenknähe.)

Was ROUX als „Abscherung" definiert, dürfte daher aus der Gleichung (1) hervorgehen, und man könnte anschreiben

$$\text{Abscherungsgröße} = \operatorname{tg}\gamma \cdot l,$$

und das ist dasselbe wie in der Abb. 6a die Strecke x, die tatsächlich an der Oberfläche des Körpers am größten und an seiner Grund- oder Haftfläche gleich Null ist. Damit wäre die „Abscherung" aber eindeutig gleich einer *absoluten Verschiebung* und nicht etwa gleich Schubspannung!

Zur Ergänzung wäre noch zu fragen, ob eine reine Schubkraft auch eine „reine" Schub- oder Scher*beanspruchung* erzeugt. Die Frage ist zu verneinen. Denn: ⟨Von Sonderfällen (z.B. dem Modellkörper in Abb. 6a!) abgesehen, kann man Schubspannungen und Normalspannungen nicht unabhängig voneinander herstellen...⟩ (POHL 1942, S. 108.)

In der Praxis gibt es wohl kaum eine Gestaltsänderung eines elastischen Körpers, die in diesem ausschließlich Schubspannungen erzeugen könnte, ohne gleichzeitig auch Druck- und Zugspannungen hervorzurufen (s. Abb. 55d und PAUWELS 1960b, S. 489ff.).

Umgekehrt treten in einem beanspruchten elastischen Körper — selbst wenn er ausschließlich Normalkräften, d.h. reinen Druck- oder Zugkräften ausgesetzt ist — neben den Normalspannungen immer und zwangsläufig auch Schubspannungen auf, *sobald der Körper eine Gestaltsveränderung erleidet*; oder — was dasselbe bedeutet — sobald die in unverformtem Zustand kugelig angenommenen Elementarpartikeln unter der Verformung zu Ellipsoiden geworden sind. Denn:

Bei der Kompression (Druck) weicht das Material senkrecht zur Druckrichtung aus. Der Körper erfährt neben seiner Längsverkürzung eine Querausdehnung. Dem entspricht eine doppelte *Verschiebung* seiner Materialteilchen im Innern: nämlich 1. zur mittleren Querschnittsebene hin und 2. von der vertikalen Mittelachse weg (zentrifugal, s. Abb. 2b, Abb. 55b und S. 133ff.).

---

[1] Im Original nicht hervorgehoben.

Bei der Längsdehnung (Zug) wird der Körper in der Dehnungsrichtung länger, senkrecht dazu dünner (Querkontraktion, auch Querverkürzung genannt). Dem entspricht genauso eine doppelte *Verschiebung* der Materialteilchen im Innern: nun aber 1. von der mittleren Querschnittsebene weg und 2. nach der vertikalen Mittelachse des Körpers hin (zentripetal, s. Abb. 55c und S. 133ff.).

In beiden Fällen handelt es sich um Schrägverschiebungen mit entsprechenden *Schubwirkungen* (vgl. hierzu S. 137ff.). Diese haben in Winkeln von 45° zur Kraftrichtung ihren Höchstwert, in der Kraftrichtung selber und senkrecht dazu sind sie gleich Null (vgl. die vier möndchenförmigen, diagonal angeordneten Diagramme für σ_S in den Abb. 55b und c).

Daß in einem elastischen Körper, der von antiparallelen Kräftepaaren (Schubkräften) in sich selbst verschoben wird (s. Abb. 1 und Abb. 55d), die Materialteilchen ebenfalls verschoben werden müssen, versteht sich von selber.

Wo aber Verschiebungen eintreten, da müssen unter der Voraussetzung, daß das Material Widerstand leistet, auch Schubspannungen auftreten. Infolgedessen steht ein „rein" (d.h. axial) druckbelasteter Körper (s. Abb. 2b) stets unter Druck- *und* Schubspannung, ein „rein" zugbelasteter Körper stets unter Zug- *und* Schubspannung *zugleich* (s. Pauwels 1960b).

Eine im wörtlichen Sinne reine Beanspruchung eines Körpers, d.h. eine Einwirkung, die diesen entweder *nur* unter Druckspannung oder *nur* unter Zugspannung versetzt, ist nur dann verwirklicht, wenn die Druck- oder Zugkräfte den Körper *von allen Seiten und mit gleicher Größe* treffen (hydrostatischer Druck oder Zug, Pauwels 1960b; s. auch unten S. 147f.). Denn in diesem Falle erleidet der Körper ausschließlich eine Volumänderung, aber keine Gestaltsverzerrung, so daß eine gegenseitige Verlagerung oder Verschiebung seiner Elementarteilchen — und damit die Schubbeanspruchung — unterbleibt.

Nehmen wir diese beiden Sonderfälle (hydrostatischen Druck oder Zug) aus — und bei Roux ist hiervon nirgends die Rede —, so bleibt uns nur folgende Überlegung: Sind in einem Körper Schub*spannungen* gegeben, so muß dieser Körper elastisch sein und eine Gestaltsverformung durchgemacht haben. Hat er aber eine Gestaltsverzerrung erlitten, so müssen auch seine Materialteilchen gegeneinander verlagert worden sein; und das wiederum heißt, daß Verschiebungen — und zwar „in parallelen Schichten" — unter allen Umständen vorauszusetzen sind. Welche Art von Kräften diese Verschiebung veranlaßt hat, ist ganz belanglos; es handle sich um Druck-, um Zug- oder um Schubkräfte: wo das Material verschoben wird, da ist auch Schubbeanspruchung oder eben — Scherung.

Ob die schubbeanspruchte Substanz „weich" oder fest ist; ob die Verschiebung „stark" oder ganz minimal und nur mit feinsten Methoden meßbar ist; ob die Materialschichten tatsächlich gegeneinander verschoben sind oder ob nur die „Tendenz" zu ihrer Verschiebung besteht: das ist doch im grundsätzlichen alles ganz dasselbe. Die Unterschiede, die es dabei gibt, können immer nur Unterschiede in der Größenordnung oder in der Richtung der Materialverschiebung (oder der Verformung der Materialteilchen), aber niemals Unterschiede im Wesen der Sache selber sein.

Ob Roux sich dessen bewußt gewesen ist, muß dahingestellt bleiben. Aber ⟨daß selbst reiner primärer Druck auf ein Gebilde in ihm … (außer Druckspannung) ... dazu noch Schubspannung bewirkt⟩, das hat er immerhin geschrieben (Roux 1912, S. 110).

Wenn daher Roux ein knochenbildendes Gewebe auf der einen Seite vor „Abscherung“ geschützt wissen will, während er auf der anderen Seite beim „reinen“ Druck — dem typischen „funktionellen“ Bildungsreiz des Knochens! — die unvermeidliche Schubspannung bewußt mit in Kauf nimmt: so kann für Roux — logischerweise — die „Abscherung“ nicht dasselbe gewesen sein wie Schubspannung (vgl. S. 22f.).

Im Gegensatz hierzu vertritt Pauwels (1960 b) die Auffassung, ⟨daß W. Roux die Bezeichnung „Abscherung“ letzten Endes im Sinne von *Schubspannung* gebraucht⟩ — und begründet dies mit wohlabgewogenen Überlegungen und unter Hinweisen auf zahlreiche wörtliche Zitate!

In der Tat: ⟨Es ist nicht leicht, Klarheit darüber zu gewinnen, welche konkrete Vorstellung Roux mit der Bezeichnung „Abscherung“ verbindet⟩ (Pauwels 1960 b).

Unsere Gegenüberstellung (s. S. 20ff.) zeigt dies deutlich genug:

Das eine Mal ist „Abscherung“ gleich Schub (Satz B), das andere Mal dagegen etwas von Schub Verschiedenes (Satz C und D). Der Schub selber erscheint in nicht weniger als drei verschiedenen Bedeutungsformen: als „Verschiebung“ (Satz B), als Schub*spannung*, d. h. als Schubbeanspruchung (Satz C) und als Schub*kraft* (Satz D). „Primärer“ Druck ist das eine Mal soviel wie eine *Druckkraft*, und zwar im Sinne der Definition auf S. 10 und der Abb. 5a. Dieser „primäre“ Druck ruft in dem gedrückten Gebilde ⟨sekundären Zug, dazu noch Schubspannung⟩, *aber keine „Abscherung“* hervor (s. o. und S. 22).

Ein anderes Mal ist eine „primär drückende Einwirkung“ dagegen keineswegs gleich Druck, sondern eine *Scher-* oder *Schubkraft* (s. Satz A und E)!

Im folgenden wird die Angelegenheit noch verworrener: In seinen Definitionen C und E (s. S. 21 und 22) stellt Roux beide Male den Schub nicht nur als Folgeerscheinung von *Scher*einwirkungen hin, sondern er bezeichnet den Schub auch als Begleiterscheinung von *Druck-* oder *Zug*einwirkungen! Er umschreibt ihn dabei mit der Wendung ⟨... in parallelen Schichten ... zu trennen strebt⟩, oder er bezeichnet ihn als „Gleitbestreben“ oder als „Gleitwirkung“. Das ist aber beides gleichbedeutend mit *Verschiebung*!

Sollte man vielleicht unterstellen, daß für Roux bei „reinem“ Druck oder Zug gar keine „Verschiebung“ stattfindet, weil diese letztere nur bei „Abscherung“ verwirklicht und deshalb auch ausschließlich für die „Abscherung“ charakteristisch ist?

Das geht nicht an. Denn: in der Definition B (s. S. 21) ist Schub mit „Abscherung“, und beide zusammen sind mit „Verschiebung“ gleichgesetzt! An anderer Stelle heißt es vollends: ⟨... die weiche Substanz wird bei den (wohlgemerkt: *reinen* Druck- oder Zug-) Einwirkungen nachgeben, und es wird *starke Verschiebung* benachbarter Substanzschichten, *Abscheerung*, eintreten⟩. Oder: ⟨Ebenso entsteht *bei Druck* auf ein weiches Gewebe starke Abscheerung...⟩ (Roux 1895, Bd. II, S. 230.)

Wir erinnern uns: nach Roux kann unter „Druck mit Schubspannung“ Knochen durchaus entstehen, dagegen keinesfalls unter „Druck mit Abscherung“ (s. S. 13). Infolgedessen muß in Rouxs Vorstellung „Druck mit Schubspannung“

etwas grundsätzlich anderes gewesen sein als „Druck mit Abscherung". Indessen: Was soll diesen grundsätzlichen Unterschied ausmachen?

Rouxs Definitionen verraten hierüber nichts. Sie können es auch gar nicht; denn wenn verschiedene Dinge mit dem gleichen Namen belegt werden — ich erinnere nur an den *„primären" Druck* —, so werden die Begriffe miteinander vermengt anstatt voneinander geschieden, und am Ende sind alle Aussagen unentwirrbar ineinander verknäuelt:

Nachdem Roux die „Scherung" mißverständlich definiert hat (s. Satz A und E); besonders aber nachdem in Satz B „Abscherung", Scherung und Schub *synonym* gebraucht sind, muß man sich von Rouxs Begriffsbestimmungen fortwährend in einem ausweglosen Kreise herumgeführt wähnen. Denn nun enthalten sie notwendig alle (vgl. die Sätze C bis E!) den zu definierenden Begriff in der Definition selber (z. B. ⟨*Schub* ist diejenige Beanspruchung eines ... der *Scherung* Widerstand leistenden Körpers...⟩), und das ist jeder echten Begriffsbestimmung von Grund aus zuwider. Wir sind wieder am Anfang:

Was Roux unter „Abscherung" verstanden wissen wollte, war aus seinen Definitionen nicht herauszufinden. Sicher ist einstweilen nur, daß Rouxs „Abscherung" etwas anderes sein muß als Schub*kraft*, Schub*beanspruchung* oder Schub*spannung*. Aber *was* anderes?

Folgender Weg steht noch offen: man wird nachforschen müssen, wo Roux in seinen zahl- und umfangreichen Schriften den Begriff „Abscherung" so angewandt hat, daß sich sein Sinn aus dem Zusammenhang ergeben muß.

Hierbei stößt man nun auf einen anderen Begriff, den Roux fast immer gleichzeitig mit dem Wort „Abscherung", aber ebenso wenig eindeutig gebraucht: nämlich die „Verschiebung in parallelen Schichten".

Was versteht Roux unter „Verschiebung"?

Ist das ein einmaliger Akt, nach dem der Körper im Zustand des Verschobenseins festgehalten und so lange „auf Abscherung beansprucht" wird, wie dieser Zustand andauert; oder hat man sich hierunter einen mechanischen Einfluß vorzustellen, der — nach Größe und Richtung wechselnd — die Elementarteile des Körpers fortwährend gegeneinander verschiebt, d.h. also ein sich wiederholendes Geschehen?

Diese Frage ist berechtigt. Benninghoff (1924) sah sich tatsächlich einmal vor die Notwendigkeit gestellt zu entscheiden, ob Roux das eine oder das andere gemeint habe. War nämlich Rouxs „Abscherung" nicht mit einer einmaligen, sondern mit einer intermittierenden Verformung gleichbedeutend, so durfte sich in einem stillstehenden Gewebsverband kein Knorpel bilden — trotz „Verschiebung".

An sich war diese Frage bereits entschieden, und zwar auf Grund eines Versuches, den Ribbert (1906) angestellt hatte: Wird ein Kaninchenohr in gebogener Stellung fixiert, so bringt das Perichondrium des Ohrknorpels in der Konkavität der Biegung (Druckseite) neues Knorpelgewebe hervor; also dort, wo das Gewebe „zusammengeschoben und gedrückt" ist. Benninghoff wiederholte den Versuch und erhielt das gleiche Ergebnis.

Indessen: Hatte Roux irgendwo geschrieben, daß eine *einmalige* Verschiebung oder ein fixierter Verschiebungszustand gleichbedeutend sei mit „Abscherung"? Nein!

Aber hier war doch unter eben diesen Bedingungen Knorpel entstanden! Also schrieb Benninghoff (l. c. S. 205): ⟨... wollen wir anknüpfen an die Definition von Roux, daß der spezifische Tätigkeitsreiz der Chondroblasten in Druck oder Zug, verbunden mit Abscherung, bestehe. Diese Bedingungen sind in der Tat in unserem Druckperichondrium gegeben: es wird in der Fläche gedrückt und die Fasern verschieben sich gegeneinander. *Allerdings handelt es sich nur um eine einmalige Verschiebung, die bestehen bleibt und sich nicht wiederholt, aber man könnte es auch als Abscherung bezeichnen[1].*⟩

Roux dagegen dürfte den Begriff „Verschiebung" durchaus anders aufgefaßt haben. Zwar ist das in seinen Schriften nirgends eindeutig ausgedrückt, muß aber aus folgendem geschlossen werden (s. Roux 1895, Bd. I, S. 810):

⟨Da Abscheerung (Verschiebung der Theile in zueinander annähernd parallelen Schichten) verbunden mit Druck und (resp. oder) Zug erhaltend und Wachsthum anregend auf den Knorpel wirkt, ... so ergeben sich folgende möglichen gestaltenden Wirkungen: An Stellen, wo die Abscheerungsintensität unter ein ... Minimum sinkt, verändert sich der Knorpel; er verkalkt bei noch stattfindendem Druck; ... Solche Stellen finden sich bei den „kurzen", d.h. nach allen Dimensionen annähernd gleich großen knorpeligen Gebilden im Centrum, da bei den *Verschiebungen der sich berührenden Scelettheile aneinander*[1] die Abscheerung an der Oberfläche am stärksten ist und gegen das Centrum zu stetig abnimmt.⟩

Den entscheidenden Hinweis enthält der letzte Satz; denn hier setzt Roux die Größe der Abscherung eindeutig in Beziehung zum Ausmaß *einer Bewegung*. Und da bei gelenkig verbundenen Skeletstücken die Bewegung notwendig eine in verschiedenen Richtungen wechselnde, hin- und rückläufige ist, so muß auch die Verschiebung (d.h. die Abscherung) nicht einer einmaligen Verformung des Gewebes, sondern einer abwechselnden Hin- und Herbewegung seiner Schichten gleichgeachtet werden.

Den Abscherungsbegriff umdeuten, wie Benninghoff (1924) dies versucht hat, hieße also in Wirklichkeit eine Rouxsche Grundvorstellung umstoßen.

Ob man Rouxs „Abscherung" gleichsetzen darf mit *Schubspannung* (Pauwels 1960b), dürfte aber auch zweifelhaft sein. Denn die Beanspruchung, der ein in sich verschobener, sonst aber „ruhig" stehender Körper ausgesetzt ist (einmalige Abscherung, s. Pauwels l. c.), kann Roux nach dem obigen schwerlich gemeint haben, wenn er „Abscherung" schrieb. Dies wird deutlich, wenn man folgende Aussagen Rouxs nebeneinanderhält:

a) ⟨Selbst reiner primärer Druck auf ein Gebilde bewirkt in ihm sekundär in anderen Richtungen auch Zugbeanspruchung, ... *dazu noch Schubspannung.*[1]⟩ (Roux 1912, S. 110.)

b) ⟨An Stellen, wo die Abscheerungsintensität *unter ein ... Minimum sinkt*[1], verändert sich der Knorpel; er verkalkt *bei noch stattfindendem Druck*[1] ...⟩ (vgl. oben).

Nach Satz a) ist nämlich die „sekundäre" Schubbeanspruchung eine eindeutig und einzig von dem „primären Druck" abhängige Größe. Anders ausgedrückt: der Druck ist hierbei die unabhängige, der Schub die abhängige Variable. Dies bedeutet, daß sich aus jeder Änderung der Druckbeanspruchung zwangsläufig

---

[1] Im Original nicht hervorgehoben.

auch eine entsprechende Änderung der Schubbeanspruchung ergeben müßte (vgl. oben S. 14).

Dem widerspricht aber der Inhalt des Satzes b), dem zufolge „bei noch stattfindendem", d. h. also unverändertem Druck die „Abscherung" kleiner, und somit vom „primären Druck" offenbar unabhängig werden können soll. Dieser Widerspruch läßt sich nur dadurch aufheben, daß man den fraglichen Satz *im Rouxschen Sinne* versteht. Und dieser Sinn erhellt aus den beiden folgenden Aussagen:

c) Die Verkalkung und die enchondrale Verknöcherung der knorpeligen Epiphysen beginnt ⟨an der Stelle geringster Abscherung und *größter Ruhe*[1]...⟩ (Roux 1912, S. 132).

d) ⟨Indem der ossificirte Theil seine nächste knorpelige Umgebung *ruhig* stellt, also vor Abscheerung schützt, schreitet die Knorpelzerstörung und Verkalkung und die nachfolgende Ossification peripher fort.⟩ (Roux 1895, Bd. I, S. 811.)

Aus dieser Gegenüberstellung von „ruhig gestellt" und „auf Abscherung beansprucht" als gegensätzliche Sachverhalte dürfte endlich mit hinreichender Sicherheit herzuleiten sein, was Rouxs Abscherungsbegriff besagen will. Denn: wenn ein Körper oder ein Gewebe, dessen Elementarteile in Ruhe verharren, „vor Abscherung geschützt" ist, dann kann diese „Abscherung" selber nur gleichbedeutend sein mit *Bewegung der Elementarteile gegeneinander*.

Damit aber wären wir nach unseren mannigfachen und etwas mühsamen Umwegen bei einer Feststellung angelangt, die schon geraume Zeit vor Roux getroffen war und die viel weniger mißverständlich besagt: ⟨Die Ursache der Verknorpelung ... ist der wechselnde Druck oder die Reibung (an anderer Stelle heißt es: wechselnder Druck *und* Reibung, d. Ref.), welchem das Bildungsgewebe ... ausgesetzt ist.⟩ Sie stammt von Kassowitz (1879).

Tatsächlich ist es denn auch die „Walkung" oder die „Durchknetung" des Muttergewebes (oder des Knorpels), die allgemein als knorpelbildende (oder knorpelerhaltende) Reize angesehen werden.

Mit anderen Worten: der nach Größe und Richtung wechselnde Druck beeinflußt die Einzelzelle insofern, als er in ihr wechselnde Druckspannungen erzeugt. Auf das Gesamtgewebe wirkt sich dieser wechselnde Druck so aus, daß die Gewebsbestandteile fortwährend gegeneinander verschoben werden. Das ist aber etwas ganz anderes als das, was man hinter Rouxs Formulierung: „Scherung kombiniert mit Druck" (1912) mit gleichem Recht vermuten könnte: nämlich den latenten Spannungszustand in einem belasteten, aber unbewegten Körper (s. S. 11).

Nachdem wir nun wissen, was „Abscherung" bedeutet, sei noch einmal zurückgegriffen auf jene Sätze, denen wir diese Aufklärung eigentlich verdanken (s. S. 28 und oben). Sie enthalten nämlich 1. eine unerlaubte Umkehrung des Kausalverhältnisses und 2. einen Rouxschen Selbstwiderspruch.

Zu 1.: Nach Satz b) (S. 38) ist der Wegfall der „Abscherung" *der Grund*, weshalb der Knorpel verkalkt (und danach enchondral verknöchert). Nach Satz d (s. oben) dagegen ist die Ruhigstellung, also ebenfalls der Wegfall der „Abscherung", *die Folge davon*, daß die Verkalkung auf den Knorpel übergreift und zu dessen enchondraler Verknöcherung führt.

Zu 2.: Wenn die fortschreitende enchondrale Verknöcherung die ⟨nächste knorpelige Umgebung ruhig stellt⟩, dann muß sich dieser Verknöcherungsvorgang doch in ein Gebiet

---

[1] Im Original nicht hervorgehoben.

hinein vorschieben, in dem eben noch keine Ruhe, sondern immer noch „Abscherung“ herrscht. Das widerspricht aber jenem anderen Satze Rouxs, nach dem die Vorbedingung der Knochenbildung ⟨Schutz vor Abscherung⟩ sein soll (s. o. S. 9).

Jedoch sollte man sich dabei vergegenwärtigen, wie zwiespältig Rouxs Vorstellungen von den Voraussetzungen der Osteogenese im Grunde gewesen sind. Zwei weitere Textstellen mögen dies belegen. So schrieb Roux (1895, Bd. I, S. 357f.): ⟨Durch die Zusammenhangstrennung des Knochens ... werden an der Bruchstelle die Osteoblasten ... fortwährend kleinen Bewegungsinsulten ausgesetzt, wofür sie höchst empfindlich sein werden, da sie, fest an den Knochen geschmiegt, in fast absoluter Ruhe zu leben gewohnt sind ... Da mechanische Reize bei ihnen trophisch anregend wirken, so beginnen sie eine ungestüme Vermehrung mit allmählich nachfolgender, *gegen die Bewegung schützender*[1] Knochenabsonderung; welche letztere zunächst so lange andauern wird, bis dieser Schutz ein genügender ist, *bis die Ruhe wieder hergestellt*[1] ist...⟩

Oder an anderer Stelle (1895, Bd. II, S. 227): ⟨Noch empfindlichere Zellen können sich durch Bildung starrer Intercellularsubstanz ... Ruhe *verschaffen*[1]...⟩ (Siehe oben S. 9.)

Mit anderen Worten: Knochengrundsubstanz bilden die Zellen — nach Roux — in dem einen Falle deshalb, weil die mechanischen Voraussetzungen (oder die „funktionellen“ Reize) dazu gegeben sind: nämlich „reiner“ Druck ohne Abscherung (s. o. S. 10 und 13). In dem vorliegenden Falle dagegen erzeugen die Zellen die feste Grundsubstanz, *damit* die gestörte Ruhe wieder hergestellt werde — was auf eine rein finale Betrachtungsweise hinausläuft.

Wie Roux zu dieser Folgerung gelangt war, läßt sich aus der oben (s. S. 9) angeführten Textstelle herleiten; nämlich: zuerst stuft er die Zellen des gleichen Gewebes — des Mesenchyms — nach verschiedenen Graden der „Empfindlichkeit“ ein; danach macht er seine Annahme — nämlich das verschieden große „Schutzbedürfnis“ dieser Zellen — zur Ursache dafür, daß sie eine dementsprechende, spezifische Grundsubstanz abscheiden — was offensichtlich keine kausale, sondern eine Scheinerklärung ist. Einem ganz ähnlichen Zirkelschluß werden wir übrigens noch einmal, und zwar bei Krompecher begegnen (s. u. S. 76).

Doch kehren wir zurück zu unserem Ausgangspunkt (S. 29). Nachdem Rouxs Abscherungsbegriff nun hinreichend klargestellt sein dürfte, könnte man sagen: Knorpel entsteht unter Druckspannungen bei gleichzeitig wechselnder Gegeneinanderverschiebung der Elementarteile. Denn das bedeutet dasselbe wie „Druck und Abscherung“ (Roux) oder „wechselnder Druck und Reibung“ (Kassowitz).

Indessen geraten wir auch dann in eine weitere, und zwar in die eigentlich größte Schwierigkeit hinein. Und diesmal dreht es sich um den *Druck*, der bei Roux — und genauso bei Kassowitz — eine ausschlaggebende Rolle spielt.

Von „Druck“ — als einer spezifischen *Beanspruchung* — kann doch nur dann die Rede sein, wenn das Material eine gewisse Festigkeit besitzt, kraft deren es der Abplattung widerstrebt; d.h. in dem Material müssen Zwangskräfte (Druckspannungen) wach werden, die der einwirkenden Druckkraft proportional sind: wenn sich ein Gleichgewicht überhaupt einstellen und das Material nicht völlig zerquetscht werden soll.

Kann man nun die Formel „Druck und Abscherung“ — gleichgültig ob man die „Abscherung“ als Verschiebungsvorgang oder ob man sie als Schubspannung auffaßt — überhaupt auf ein Gewebe anwenden, das entweder nur aus Zellen besteht oder das lediglich aus Zellen und halbflüssiger Grundsubstanz zusammengesetzt ist? Sicher nicht. Denn: ⟨die weiche Substanz wird — nach Rouxs eigenen Worten! — bei den Einwirkungen nachgeben...⟩ (Roux 1895, Bd. II. S. 230).

Wenn auch der Zelle ein minimaler Verformungswiderstand nicht bestritten werden kann, denn sie ist tatsächlich ein Material von elastischen Eigenschaften

---

[1] Im Original nicht hervorgehoben.

(s. S. 131), so wird man doch ebenso unbestritten einräumen müssen, daß im Frakturbereich — und von diesen Verhältnissen waren ROUX und KASSOWITZ letztlich ausgegangen — die Beanspruchung nicht *beliebig* klein gehalten werden kann. Wenn irgendwo, so wächst hier das Mißverhältnis zwischen der einwirkenden Kraft und dem winzigen Widerstand der Zelle ins Riesenhafte, so daß von Proportionalität nimmermehr die Rede sein kann.

ROUXs Formel, nach der ⟨die Entstehungsbedingung des Gewebes die specifische Einwirkung sein würde, welcher Widerstand zu leisten (sic!) zugleich die specifische Function dieser Gewebe ist⟩, wird demnach schon der allerbescheidensten praktischen Wirklichkeit gegenüber hinfällig, und zwar nach ROUXs eigener Aussage; denn „weiche Substanz" und „Widerstand leisten" schließen einander aus, sobald es sich um eine praktisch bedeutsame „Einwirkung" handelt.

Soll daher von Widerstand als „specifischer Function der Gewebe" im strengen Wortsinne gesprochen werden, so muß es sich — notwendigerweise — um ein bereits spezifisch differenziertes Gewebe handeln — also um etwas ganz anderes als ein rein zelliges Blastem.

Die wenigen Arbeiten, welche die experimentelle Erzeugung von Knorpelgewebe zum Ziel (und damit die Prüfung der Rouxschen Druck- und Abscherungshypothese indirekt zum Gegenstand) hatten, gehen denn auch tatsächlich nicht von einem mesenchymähnlichen Blastem, sondern von einem bereits reifen Bindegewebe als Versuchsgegenstand aus. Wie problematisch es ist, aus den Ergebnissen eine eindeutige Stellung entweder für oder gegen ROUX zu beziehen, das mögen die beiden folgenden Beispiele bezeugen.

PLOETZ (1938) hatte bei Kaninchen eine Zugsehne um ein Hypomochlion herumgeführt und damit die Beanspruchung des Sehnengewebes verändert: waren die Faserbündel vorher ausschließlich längs gedehnt worden, so wurden sie danach auch noch quer gepreßt (vgl. Abb. 3).

Auf der Sehnenstrecke, die über die Knochenrolle hin- und hergezogen und gleichzeitig gegen das feste Widerlager gedrückt wurde, hatte sich nach einiger Zeit ein Gleitpolster mit massenhaft eingelagerten Knorpelzellen entwickelt. Auch zwischen den Sehnenfasern — allerdings nur bis etwa zur Mitte des Sehnenquerschnittes (s. S. 17f.) — waren reichlich gekapselte Zellen mit basophilen Höfen aufgetreten.

Der kausale Zusammenhang zwischen dem Beanspruchungswechsel der Sehne und dem Formwandel der Sehnenzellen im Sinne einer „funktionellen Anpassung" war damit bewiesen.

PLOETZ sicherte diesen Beweis auf Grund eines dazu gleichsam spiegelbildlichen Experimentes: Wurde eine normale Gleitsehne in eine Zugsehne verwandelt, so schwand nach einiger Zeit ihr physiologisches Druckpolster. Die gekapselten Zellen entdifferenzierten sich zu gewöhnlichen Sehnenzellen.

Da KROMPECHER (1938) über gleichlautende Ergebnisse bei ähnlicher Versuchsanordnung (Umlagerung des M. sartorius bei der Katze) berichtet, scheint ROUXs Hypothese wohlbegründet zu sein. Beide Autoren deuten ihre Ergebnisse auch tatsächlich im Rouxschen Sinne.

BENNINGHOFF scheint sich mit seiner Umdeutung des Rouxschen Abscherungsbegriffes (s. S. 28f.) doch nicht so ganz sicher gefühlt zu haben. Den herkömmlichen und lange eingewöhnten Vorstellungen von „Druck und Abscherung" (Walkung, Durchknetung) entsprach diese neue Spielart jedenfalls nicht.

Immerhin: bei der Biegung des Ohrknorpels war das Perichondrium auf der Konkav- oder Druckseite seitlich zusammengedrückt worden, und ROUX hatte „Abscherung" auch als „seitlichen Druck" definiert (vgl. Satz B auf S. 21). Aber: nach ROUX soll Knorpel bei „Abscherung" *und gleichzeitigem Druck* entstehen; und wenn seitlicher Druck nur gleich „Abscherung" ist, dann fehlt doch noch der „eigentliche", d.h. der senkrecht zur Fläche gerichtete Druck!

BENNINGHOFF (1924) stellte nun folgenden Versuch an, der Druck und „Abscherung" — und zwar diesmal im üblichen Sinne — verwirklichen sollte: ⟨Bei einem ausgewachsenen Hund wurde der erste freie Rippenknorpel kranialwärts umgebogen und durch die nächst höheren Rippen hindurchgeflochten. Dabei liegen also an mehreren Stellen zwei Knorpel mit ihrem Perichondrium unter Druck aufeinander und sind bei der Atmung etwas gegeneinander verschieblich[1]. Wenn also Druck und Schub an sich ... — so fährt BENNINGHOFF fort — die Bedingungen für die Knorpelentstehung herstellen würden, so müßte auch in diesem Fall perichondral Knorpel gebildet werden.⟩ (l. c. S. 206.)

Indessen wich das Versuchsergebnis beträchtlich von diesen Erwartungen ab. Wo die Knorpel sich gegenseitig gedrückt und aufeinander gerieben hatten, da waren ihre Perichondriumzellen untergegangen und das Gewebe nekrotisch geworden. Auch in den tieferen Perichondriumschichten war keine Knorpelneubildung aufgetreten. Im Gegenteil. Die sich berührenden Rippenknorpel schienen ⟨gerade in der Mitte des Druckfeldes durch gefäßhaltiges ... Bindegewebe teilweise aufgelöst⟩. Dagegen war ⟨am Rande der (gewölbten) Kontaktfläche, *wo die unmittelbare Druckwirkung aufhört*[2] ... und das junge Bindegewebe sich mit dem Perichondrium verbindet, also auf der Außenfläche des letzteren, ein kleiner Knorpelherd entstanden und damit eine experimentelle Erzeugung von Knorpel *aus jungem Bindegewebe*[2] gelungen⟩.

Knorpel hatte BENNINGHOFF mit seiner Versuchsanordnung zwar erhalten; aber nicht im Perichondrium und nicht dank einer „spezifischen" Beanspruchung: sondern aus jungem Bindegewebe und außerhalb des Bereiches der Druckwirkung.

Mit anderen Worten: wo man nach ROUX die Knorpelbildung hätte erwarten sollen, da war sie ausgeblieben; statt dessen war die Knorpeldifferenzierung gerade da eingetreten, wo — immer nach ROUX — der „funktionelle" Reiz dazu gar nicht gegeben war.

Daß ROUXs Theorie zu seinen eigenen experimentellen Erfahrungen in offenem Widerspruche stand: dies klar auszusprechen hat BENNINGHOFF jedoch sichtlich vermieden. Statt dessen versuchte er, mit Hilfe einer einschränkenden Zusatzhypothese folgendermaßen zu vermitteln: Druck verbunden mit Abscherung soll in einem faserigen Bindegewebe nur dann Knorpelbildung erzeugen, wenn ⟨das fibrilläre Material ... gestaucht und die eingeschlossenen Zellspalten eröffnet ... werden⟩ (BENNINGHOFF 1924, S. 207).

Diese Stauchung, genauer: die Zusammenschiebung eines Maschenwerkes *in der Längsrichtung seiner Fasern*, wobei ⟨den eingeschlossenen Zellen die Möglichkeit zur Expansion gegeben wird⟩, dies bezeichnet BENNINGHOFF als die

---

[1] „Bei der Atmung" heißt soviel wie: bei der Rippenbewegung. Beabsichtigt war also nicht eine einmalige, sondern eine intermittierende Verschiebung.

[2] Im Original nicht hervorgehoben.

„spezifische Deformation des Substrates“. Die „spezifische Deformation“ soll der funktionelle Reiz zur Chondrogenese sein. ⟨Solche Deformationen — schreibt Benninghoff — sind wohl meist von Abscherung begleitet, die entweder nur einmal erfolgt oder vorzugsweise eintritt, auch entstehen sie am häufigsten durch Druck, der die Fasern zusammenschiebt, nicht aber quer preßt.⟩ Denn: wo das Substrat nicht „spezifisch deformiert“ wird, ⟨sondern gerade umgekehrt so gedrückt, daß die Zellspalten noch mehr sich schließen⟩, da ⟨... bleibt auch der Druck, verbunden mit Abscherung, wirkungslos⟩ (Benninghoff, l. c. S. 207).

Jetzt war nur noch die Frage, was für Ergebnisse ein gezieltes Experiment liefern würde; und zwar ein Experiment mit einem Bindegewebe, dem man chondroplastische Fähigkeiten nicht schon sowieso zubilligt.

Benninghoff meinte: ⟨Man könnte annehmen, daß bei der Biegung einer Sehne an der Druckseite, wo die Bündel in der Längsrichtung zusammengedrückt werden, die Spalten der Sehnenzellen sich eröffneten. Von dieser Voraussetzung ausgehend, habe ich bei zwei Kaninchen und zwei Ratten die Achillessehne nach Durchtrennung des Muskels in gekrümmter Stellung fixiert.⟩ (l. c. S. 210.) Jedoch: ⟨Der Erfolg entsprach nicht den Erwartungen...⟩

Den Grund hierfür glaubte Benninghoff aus der Verschiedenheit der „Substrate“ folgendermaßen ableiten zu müssen: Die Sehnenfasern sind durch den ganzen Sehnenquerschnitt hindurch gleichmäßig gegeneinander verschieblich, die Perichondriumfasern dagegen sind einseitig im Knorpel verankert. Infolgedessen muß die Biegung der Knorpelplatte das Perichondrium wesentlich anders verformen, als die Biegung einer Sehne das Gefüge der Sehnenfasern. Benninghoff schrieb: ⟨Wenn ich ... eine Sehne zu stauchen versuche, so ist sie längst vorher eingeknickt, bevor die Inanspruchnahme stark genug gewesen wäre, um die Fasern ihrer Bündel voneinander zu entfernen. Nur an jenen Stellen, wo die Fasern an einer festen Unterlage fixiert sind, sind sie zu fassen, weil sie nicht mehr ausweichen können. So finden wir denn auch, daß die Sehnen, bei denen überhaupt eine gewisse Stauchung in Frage kommt, wie z. B. die Achillessehne, am Knochenansatz Knorpelzellen enthalten können, und es ist nicht erforderlich, sie auf foetale Reste zurückzuführen.⟩ (l. c. S. 210.)

Allein: wie sollte eine Sehne, die unter der Zugwirkung eines lebendigen Muskels — und zumal des Triceps surae — doch fortwährend gestrafft ist, jemals „gestaucht“ werden können ? Gegen Benninghoffs Hypothese sprechen außerdem schon so naheliegende Tatsachen, daß man experimentelle Gegenbeweise (z. B. Ploetz 1938; s. o. S. 31) nicht erst heranzuziehen braucht.

Zum Beispiel enthält die Sehne des M. peronaeus longus in dem Abschnitt, der über die Tuberositas cuboidea hinwegzieht, immerhin ⟨beinahe konstant Faserknorpel⟩ (Rauber-Kopsch), und bekanntlich deutet man derartige Sehnenverknorpelungen über Hypomochlien als „funktionelle Anpassung“ an gerade den Querdruck (und die „Abscherung“, s. S. 31).

In der Wachstumsperiode eines Organismus sind sehr viele Knorpel nicht nur Platzhalter für den nachfolgenden Knochen oder passive Druckpolster, sondern sie sind auch einer aktiven hydraulischen Druckwirkung (Expansion) fähig, ja geradezu hierfür bestimmt. Hierher gehören z. B. die Epiphysen- und die Fugenknorpel, die Synchondrosen der Schädelbasis und der Hüftpfanne. Das Wachstum dieser Knorpel — und genauso das der Gelenkknorpel! — findet ausschließlich gegen Widerstand statt. Die Fugen- und die Gelenkknorpel vollends expandieren sicher auch in jenen Gewebslagen, in denen die Fasern zur Skeletachse (und damit auch zur Druckrichtung) fast senkrecht verlaufen. Beim Fugenknorpel ist dies die Querfaserschicht, beim Gelenkknorpel die Tangentialfaserschicht. Die letztere wurde — dementsprechend — geradezu als „hyalinisiertes Perichondrium" bezeichnet (BENNINGHOFF 1925a). Wie aber sollten in einem Gewebe, dessen Faserlagen doch fraglos „quer gepreßt" werden, ⟨die Zellspalten sich öffnen⟩?

Mit der Annahme, daß „Freigabe von Raum" ein Knorpelbildungsreiz sei, stand BENNING-HOFF übrigens nicht allein. So z. B. glaubte KOCH (1924) gesehen zu haben, ⟨daß der Knorpel mit Vorliebe da vorkommt, wo es sich darum handelt, große Lücken (sic!) möglichst schnell mit Keimgewebe zu füllen⟩. Ähnlich hatte WURMBACH (1928) unterstellt, daß der Knorpel vorzugsweise da entstehe, ⟨wo am meisten Platz ..., d. h. das Gewebe am stärksten ent-spannt⟩ sei.

Es ist aber doch kaum vorstellbar, daß ein so hochdifferenziertes Gewebe wie der Knorpel vom Organismus als reines Füllsel verwendet oder nur deswegen angelegt wird, weil gerade viel „Platz" vorhanden ist.

BENNINGHOFF hatte gesehen: mit dem Ausgang des Ohrknorpelversuches, erst recht aber mit dem Ergebnis seines Rippenknorpel-Experimentes stimmte die ursprüngliche Lesart des Rouxschen Druck- und Abscherungsbegriffes nicht mehr überein. So suchte er nach einer neuen Formel, die auch auf diese Fälle passen sollte. In der „spezifischen Deformation" glaubte er sie gefunden zu haben. Wie diese „Spreizung der Zellspalten" erreicht wird, schien danach von untergeord-neter Bedeutung zu sein. BENNINGHOFF vermutete sogar, man könne ⟨mit ziemlicher Sicherheit voraussagen, daß auch ein Zug, der senkrecht auf der Ober-fläche des Perichondriums angreift und das Perichondrium von seiner Unterlage abzuheben strebt, den Anbaureiz abgibt⟩, doch sei ihm die einwandfreie Durch-führung eines derartigen Versuches noch nicht gelungen.

Dagegen soll das dem Perichondrium in vielen Punkten strukturell ähnliche Periost zur Knorpelbildung angeregt werden können, wenn sein Maschenwerk zur „spezifischen Deformation" gebracht werde, was allerdings nur bei Frakturen möglich sei. ⟨Dann aber sehen wir — so fährt BENNINGHOFF fort —, daß ... im Tierversuch regelmäßig an der Konkavität ... des Bruches ein periostaler Knorpel-kallus auftritt. Der spezifischen Deformation ist hier auch die Knorpelbildung gefolgt.⟩ (l. c. S. 210.) Hierauf ist folgendes zu erwidern:

1. Zwar findet sich der knorpelige Frakturcallus *in der Regel* in der Öffnung des Frakturwinkels (was indessen ganz andere Gründe hat, als BENNINGHOFF ver-mutete; s. S. 46ff.), er kann aber genauso gut auch über der Konvexität des Bruches entstehen (s. Abb. 14 und 15), wo von einer „spezifischen Deformation", d. h. von einer Spreizung der Maschen des Periosts keine Rede sein kann (s. Abb. 11 und dazugehörigen Text).

2. Die Abhebung des Periosts von seiner Unterlage kann durchaus auch ohne Durchtrennung des Knochens erreicht werden, und zwar mit einer verhältnis-mäßig einfachen Versuchsanordnung (Abspreizung der am Periost inserierenden Muskulatur, s. Abb. 45 und S. 117f.). Jedoch wird nach dieser „spezifischen Deformation" in die entfalteten Maschenräume des Periosts hinein beinahe aus-nahmslos *reiner, spongiöser Knochen* eingelagert (ALTMANN 1949). Wenn an diesen Stellen einmal tatsächlich Knorpel entsteht, so ist dies eine ausgesprochene

Seltenheit (s. u. S. 117), die nicht nur nicht „mit ziemlicher Sicherheit", sondern die überhaupt niemals vorausgesagt werden kann.

3. Ein an den Knorpel angepreßtes, d.h. an der „spezifischen Deformation" verhindertes Perichondrium ist keineswegs außerstande, neuen Knorpel entstehen

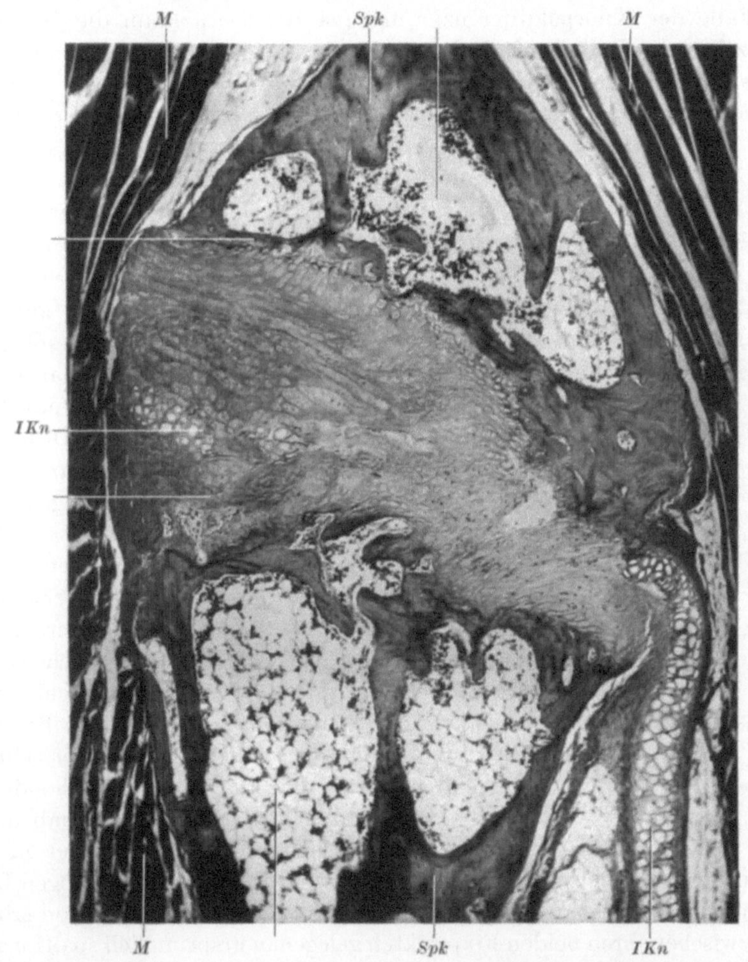

Abb. 7a. Längsschnitt durch eine Fibulafraktur, in deren Spalt eine Knorpelplatte (*IKn*) eingeklemmt worden war. Versuchsdauer: 100 Tage. — Oben und unten die Anschnitte der Spongiosakegel (*Spk*, vgl. das Röntgenbild in Abb. 7b). Dazwischen der Intermediärcallus, der zum größten Teil (linke zwei Drittel) verknorpelt ist. — Die implantierte Knorpelplatte (*IKn*) war zwischen den beiden Bruchstümpfen und deren spongiösen Anbauten (*Spk*) etwa halbmondförmig (in der Abbildung senkrecht zur Papierebene) gebogen, so daß sie im Anschnitt ein Stück weit unterbrochen erscheint. — *M* Anschnitte der umgebenden Muskulatur. Die unbezeichneten Hinweislinien sind hier ohne Bedeutung. — Abbildungsmaßstab 57.3:1, Färbung Azan. (Aus: ALTMANN 1950)

zu lassen. Dies beweist folgendes Versuchsergebnis: Bei der Ratte wurde ein beidseitig von Perichondrium bedecktes Knorpelstückchen (vom Schwertfortsatz) autoplastisch in einen entsprechend knappen Defekt der Fibula eingezwängt. Nach einiger Zeit war das Perichondrium auf beiden Seiten vollständig verknorpelt (s. Abb. 7 und 8). Ein derartiges Knorpelimplantat kann sogar so heftig aufquellen und in die Dicke wachsen, daß die Bruchenden wie von einer hydraulischen Presse auseinandergetrieben werden (s. Abb. 9, 7b und ALTMANN 1950).

3*

4. Es gibt zahlreiche Fälle von Knorpelbildung, in denen nicht nur von keiner spezifischen, sondern in denen von einer Deformation des Substrates *durch äußere Kräfte* überhaupt nicht gesprochen werden kann. Die vorliegende Abhandlung wird sich vornehmlich mit solchen Beispielen beschäftigen.

5. Im Falle der Knorpeldifferenzierung *aus Blastemen* kann die Hypothese einer „spezifischen Deformation des Substrates" genausowenig weiterhelfen. wie ROUXs Theorie der „spezifischen Einwirkung". So wenig eine Zelle von einer — wie auch immer gearteten — Einwirkung *spezifisch beansprucht* werden kann, *sobald sie eine Gestaltsverzerrung erleidet* (s. S. 24f.). so wenig kann bei einem Blastem ohne fibrilläre Grundsubstanz etwas „spezifisch" (d. h. im Sinne BENNINGHOFFs) deformiert werden: weil es in einer einheitlich-gelartigen Masse nichts zu erweitern und nichts zu „eröffnen" gibt.

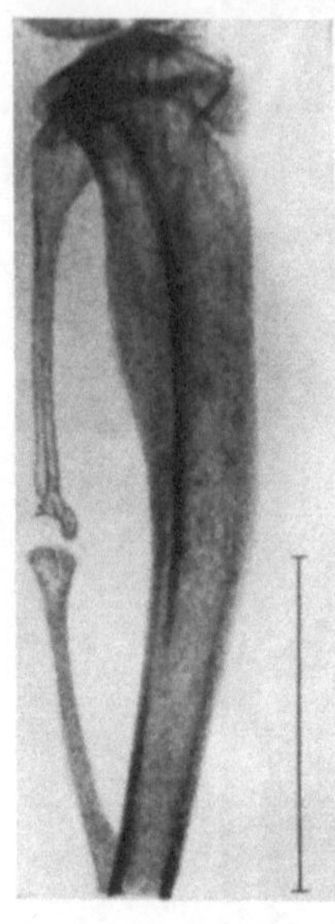

Abb. 7b. Röntgenbild zur Abb. 7a. Die rechts eingetragene Länge entspricht 10 mm. (Frühstadien dieser Fraktur sind die Abb. 9a und b)

Abschließend sei noch aufmerksam gemacht auf einen Umstand, den man ebenfalls nicht übersehen sollte. In seiner Hypothese von der „spezifischen Deformation" bezieht BENNINGHOFF — indem er unverkennbar mit ROUX in Übereinstimmung zu bleiben versucht — den Druck- und Abscherungsbegriff in seine Formulierungen zwar mit ein. Aber welchen Bedeutungswandel hat dieser Begriff dabei durchgemacht! Während ROUX den Druck *an der Zelle* angreifen und als Spannungsqualität einen formativen Reiz auf diese ausüben läßt, meint BENNINGHOFF — bei Verwendung des gleichen Wortes *Druck* — etwas völlig anderes: nämlich die Längsstauchung der Fasern eines Maschenwerkes (Perichondrium oder Periost), also die Verformung eines nicht-zelligen Substrates. In Wirklichkeit argumentiert BENNING-HOFF in krassestem Gegensatz zu ROUX, indem er schreibt: ⟨Wirkt nun ein Druck in der Fläche des Perichondriums. so werden alle Fasern, die nicht die Freiheit haben, sich quer zum Druck einzustellen, mehr oder minder in ihrer Längsrichtung getroffen. In dieser Richtung sind sie aber insuffizient gegen Druck (sic!), sie müssen sich in senkrechter Richtung vom Knorpel abheben und erhöhen damit den zwischen ihren beiden Fixpunkten gelegenen ursprünglich spaltförmigen Raum, den sie nunmehr als steilere Arkade überspannen.⟩ (BENNINGHOFF 1924. S. 205.)

In Wirklichkeit war damit der Grundgedanke der Rouxschen Theorie ins genaue Gegenteil verkehrt. Denn nun war doch nicht mehr die *Beanspruchung.* d. h. die Verwirklichung eines bestimmten Spannungszustandes, sondern gerade umgekehrt die *Entspannung* des Substrates und die *Entlastung* der Zelle die Ursache der Knorpelbildung!

Im Einzelfall zwar nie so deutlich wie hier, im gesamten aber nicht weniger gründlich hatte ROUX selber die Einheitlichkeit seiner eigenen Theorie zerschlagen. Was im Anfang so geschlossen und abgerundet ausgesehen hatte, das fiel — auf Grund stetig sich mehrender „Sonderfälle" — in immer zahlreichere und immer stärker voneinander abweichende Einzelaussagen auseinander, die — aus ihren besonderen Zusammenhängen gelöst und nebeneinandergestellt — eine Summe von Widersprüchen ergaben. Dies zeigt folgendes Beispiel:

Ausgehend von der Frage, wie die Keilform der Wirbelkörper bei der Skoliose ursächlich zu erklären sei, lenkt Roux das Augenmerk speziell auf den Knorpel und bemerkt, daß dieser als wesentliches Bauelement der Wirbelsäule nicht genügend berücksichtigt werde. Dann fährt er fort (1895, Bd. II, S. 48): 〈Der

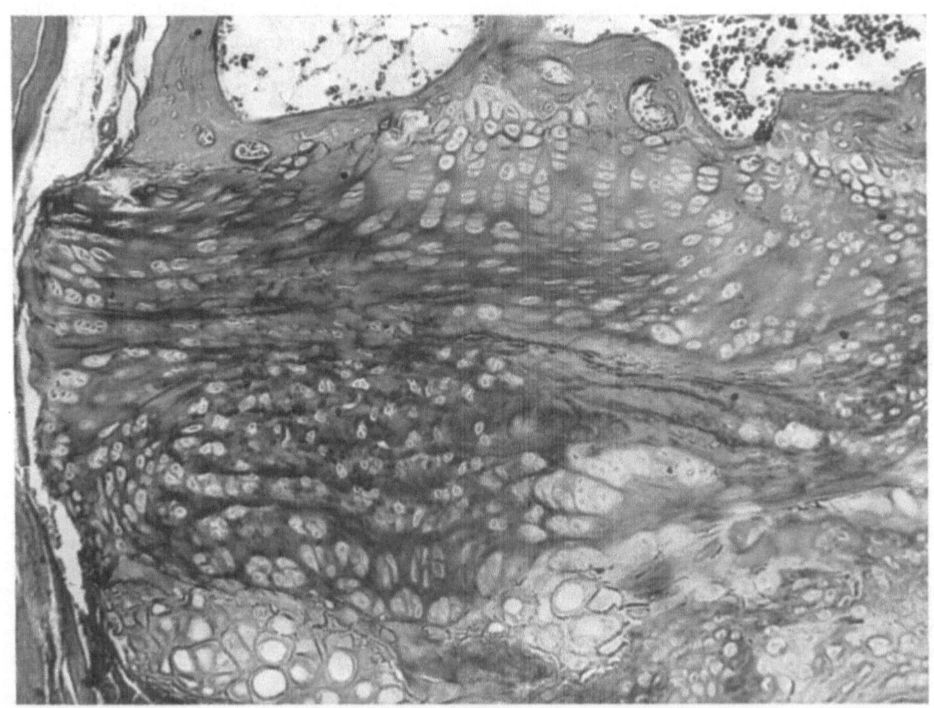

Abb. 8. Vergrößerter Ausschnitt aus der Abb. 7a. Unten die angeschnittene Knorpelplatte. Ihre Zellhöhlen sind vergrößert und leer. Darüber das weitgehend verknorpelte und stark in die Dicke gewachsene Perichondrium. In der Basis des Spongiosakegels (oben) eine nischenförmige Vertiefung, die von Knorpelzellsäulen und hyaliner Grundsubstanz ausgefüllt ist. Nach unten zu biegen diese Zellsäulen in die Horizontale um (besonders deutlich links), die unmaskierten Kollagenfibrillen in Bildmitte verlaufen quer zur Knochenlängsachse, d.h. senkrecht zur Druckrichtung (s. auch PAUWELS 1960b). Abbildungsmaßstab 141:1, Färbung Azan

primäre, und wie mir scheint, durch Druck und Zug passiv bildsamste Bestandtheil der Skelettheile ist der Knorpel. Ein knorpeliges mit eigener Wachsthumsfähigkeit versehenes Gebilde kann durch abnormen Druck *in der Druckrichtung* am Wachsthum gehemmt werden; dabei kann dieser Knorpel, in möglichster Bethätigung seiner jugendlichen, immanenten Wachsthumsfähigkeit, *compensatorisch* seitwärts herauswachsen, weiterhin an Stelle des *Wegfalles* oder der Verringerung normalen *Druckes* oder gar bei Vorhandensein abnormem Zug zu abnorm *starkem* Wachsthum veranlaßt werden.〉

Die skoliotische Wirbelsäulenform wird also — im Hinblick auf die Spannungsverhältnisse in einem gebogenen Balken (vgl. Roux 1895, Bd. I, S. 683ff.) — folgendermaßen erklärt: An der Konkavität (Druckseite) wird das Knorpelwachstum infolge abnorm starker Kompression gehemmt. An der Konvexität dagegen proliferieren die Knorpelauflagen der Wirbelkörper besonders stark, diesmal aber infolge übermäßig starken Zuges: wir befinden uns ja an der „Zugseite" eines auf Biegung beanspruchten Körpers. Wie man sieht, hat ROUX hier auf den Druck mit Betonung und auf die sonst unerläßliche „Abscherung" mit Stillschweigen verzichtet.

Hält man die letztere Ableitung mit dem zusammen, was ROUX an anderer Stelle (s. o. S. 10) zum gleichen Gegenstand geschrieben hat, so entsteht Knorpel

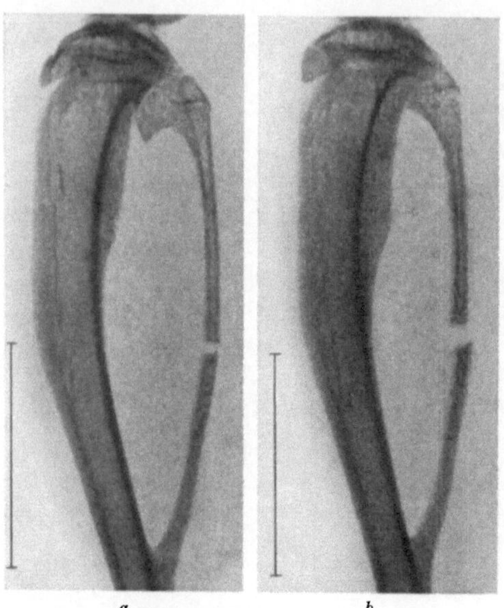

Abb. 9a u. b. Fibulafraktur, in deren Spalt Knorpel (lebensfrische Autoplastik) eingeklemmt wurde. a Nach 2, b nach 10 Tagen Versuchsdauer. Der Bruchspalt erscheint in b etwa doppelt so breit wie in a. Näheres s. Text. Eingetragene Länge = 10 mm

a) bei *Druck* und starker Abscherung; genauso gut aber auch

b) bei Wegfall normalen Druckes (s. o.);

c) bei Zug *mit starker Abscherung;* genauso gut aber auch

d) bei lediglich abnorm starkem Zug (s. o.).

Ein ähnlich widersprüchliches Resultat ergibt die Zusammenstellung dessen, was alles bei „Zug und Abscherung" entstehen soll, nämlich

e) Knorpel (s. S. 14);

f) „ein faseriges Gewebe mit verwirrten Fasern" (s. S. 9f.);

g) ein gerichtetes Bindegewebe, dessen Fasern sich unter minimalen Winkeln überkreuzen (sog. „Abscherungsfaserpaare" des Perimysium internum oder des Peritenonium internum, s. ROUX 1912, S. 356 und oben S. 18).

Aus den Beispielen a) bis d) folgt, daß das gleiche Gewebe unter ganz verschiedenen, ja sogar gegensätzlichen Bedingungen entstehen kann; und aus den Beispielen e) bis g) ergibt sich, daß ein und derselbe Reiz ganz verschiedene Differenzierungsprodukte zu erzeugen vermag.

Berücksichtigt man außerdem, daß das, was nach ROUX die Differenzierung verursachen soll — die Spannung —, überhaupt erst verwirklicht werden kann, wenn ein gewisser Verformungswiderstand des Gewebes — z. B. auf Grund zugfester Fibrillen — bereits gegeben, d.h. wenn eine Differenzierung schon eingetreten ist, so erkennt man, daß ROUXs Theorie einer spezifisch differenzierenden Wirkung der beiden Spannungsqualitäten Druck und Zug eben dort keine Antwort geben kann, wo die Frage nach den Ursachen am dringlichsten ist: nämlich bei der Einzelzelle oder bei den rein zelligen Blastemen (s. o. S. 30f.).

Nimmt man nun alles zusammen, so ist zugleich auch alles in Frage gestellt, was man von jeder Theorie billigerweise verlangen muß: nämlich unbedingte Eindeutigkeit der Definitionen und widerspruchsfreie Übertragbarkeit der gedanklichen Ableitung auf jeden praktisch angewandten Fall.

KASSOWITZ (1881) hat dies folgendermaßen ausgesprochen: ⟨Ein induktiv gefundenes Gesetz muß eben auf alle Fälle passen, oder es ist falsch.⟩ —

Ist es bei all diesen Unstimmigkeiten und Widersprüchen schon merkwürdig genug, daß Rouxs Theorie der Knorpelbildung die Gültigkeit eines Lehrsatzes erlangen konnte, so deckt das Studium der Literatur einen Sachverhalt auf, der fast noch seltsamer anmutet. Die Druck- und Abscherungshypothese erlangte ihre eigentliche Bedeutung nämlich gar nicht in der von Roux ursprünglich ausgesprochenen, sondern in einer dazu gleichsam inversen, nun aber gleich praktisch angewandten Form. Der Akzent lag nicht auf der Feststellung, daß Druck und Abscherung Knorpel erzeuge, sondern man folgerte umgekehrt indem man sagte: *Hier ist Knorpel, also müssen an dieser Stelle Druck und Abscherung gewirkt haben.*

So etwa nämlich lautet die ins Positive verkehrte Formulierung dessen, was KASSOWITZ (1879 und 1881) als negativen Regelbefund bei seinen Callusuntersuchungen folgendermaßen beschrieben hatte: ⟨... kann ich bestimmt aussagen, daß ich in keinem Stadium der Callusbildung ... an einer Stelle, die nicht dem Druck und der Reibung ausgesetzt sein konnte, eine Spur von wirklicher Knorpelbildung gefunden habe⟩.

Man wird zugeben müssen, daß sich das wesentlich anders (und erheblich vorsichtiger) anhört. Denn hier ist nicht die Rede von positiven Versuchsergebnissen, sondern von negativen Befunden.

Wie heikel, ja irreführend es sein kann, aus negativen Befunden bindende Schlüsse zu ziehen, das zeigen z. B. die Folgerungen, die BENNINGHOFF aus seinen negativen Versuchsergebnissen abgeleitet hat (s. S. 33). Auch bei ROUX findet man ein entsprechendes Beispiel. Sein berühmter Anstichversuch, bei dem er die eine Blastomere eines Zweizellenstadiums abgetötet hatte, war schließlich auch auf ein „negatives Ergebnis" hinausgelaufen: nämlich die Unfähigkeit der Schwesterblastomere, einen ganzen Embryo zu bilden. Auf Grund der Halbbildung schien die Gültigkeit der Mosaiktheorie „bewiesen". Sie war es — wie bekannt — keineswegs. H. SPEMANN (1936, S. 38 ff.) hat aus eigenen experimentellen Erfahrungen über einige vergleichbare Fälle berichtet und zur „Vorsicht negativen Ergebnissen gegenüber" ausdrücklich gemahnt.

Nie hätte man aus KASSOWITZ' negativen Befunden (bei Frakturen *ohne* Druck und Reibung *kein* Knorpel) jenen Schluß ziehen dürfen, der dann — dank ROUX — zu der apodiktischen Formulierung geführt hat: hier ist Knorpel, also müssen an dieser Stelle Druck und Abscherung gewirkt haben.

Selbst wenn in dem speziellen Falle der Frakturheilung der Callusknorpel tatsächlich regelmäßig unter „wechselndem Druck mit Reibung" entstünde: wäre damit gleichzeitig auch gesagt, daß jede Knorpeldifferenzierung, wo immer sie eingetreten sein möge, ihre Ursache in jenen beiden mechanischen Momenten gehabt haben müsse?

KASSOWITZ hatte das jedenfalls nicht behauptet; im Gegenteil: unmißverständlich hatte er selber auf Beispiele aufmerksam gemacht, die sich mit seiner eigenen Druck- und Reibungshypothese eben nicht vertrugen (s. u. S. 40 und 41).

ROUXs Lehre gewann trotzdem — und je länger desto mehr — an Boden, und schließlich galt sie als unbestritten. Vor ihrer Sinnfälligkeit, ganz besonders aber vor ihrer scheinbar nahtlosen Logik verblaßten alle Einwände. Selbst J. SCHAFFER, ein so überaus sorgfältiger und kritischer Beobachter, hat keine Bedenken getragen, sich der Lehre ROUXs uneingeschränkt anzuschließen, indem er die sog. Sekundärknorpelbildungen ganz im Sinne ROUXs ursächlich erklärte (s. S. 63 und 68).

Dabei hatte Roux selber die Gültigkeit seiner Theorie alsbald beträchtlich einschränken müssen, und zwar im Hinblick auf die embryonale Histogenese. Als habe Roux geahnt, was für Ergebnisse die experimentelle Gewebezüchtung noch zeitigen werde, trennte er die embryonale Entwicklungsperiode als Sonderfall von seinen übrigen „causalen Perioden" ab, indem er ihr Sonderbedingungen zuerkannte (vererbte, schon im Keim enthaltene Determinationsfaktoren. Selbstdifferenzierung und ähnliches mehr). Das kam einem Verzicht auf mechanisch-kausale Erklärung schon verdächtig nahe. Freilich nicht so ganz. Roux schrieb (1895, Bd. II, S. 232): ⟨Es scheinen die functionellen Reize blos noch für den Rest der Entwickelung, der in das eigentliche functionelle Leben selber fällt, nothwendig zu sein…

Unsere Ableitung über die Entstehung der verschiedenen Bindesubstanzen und die Gestaltung aus ihnen kann demnach *nur mehr eine „phylogenetische"* *Bedeutung* beanspruchen und weiterhin vielleicht für das eigentliche „functionelle Leben" des Individuums, sowie für die Heilung der Knochenbrüche den Zusammenhang der Entwickelungsvorgänge bezeichnen; während dagegen die Periode der „ersten Anlage" … von „selbständigen", d. h. den sich differenzirenden Theilen selber innewohnenden Bildungsenergien beherrscht ist, die aber wohl nur in den allgemeinen Zügen die von uns charakterisirten Bildungen nach-ahmen[1], und in den Feinheiten: in den Richtungen der Bälkchen der „*Wachs-thumsarchitektur*", in der Gestalt der Epiphysenlinien etc. mannigfache Abweichungen erkennen lassen.⟩

Mit anderen Worten: wenn ein Organismus in seiner Entwicklungsphase ortsgemäß spezifische Binde- und Stützsubstanzen zu erzeugen vermag, ohne von „spezifischen Einwirkungen" (im Sinne einer äußeren Mechanik) dazu veranlaßt worden zu sein, so handelt es sich um eine ererbte Potenz, die von seinen Ahnen ⟨phylogenetisch durch functionelle Anpassung ausgebildet worden⟩ ist (Roux 1895, Bd. II, S. 231).

Auf diese Weise hatte Roux eine Frage, die seiner Theorie höchst gefährlich zu werden drohte, gleich vorweg ausgeklammert. Denn nun war das Problem der Gegenwart entrückt, und zwar unangreifbar weit.

Den Beweis für die Stichhaltigkeit dieser „Ableitung" zu erbringen ist zwar unmöglich; es ist aber nicht weniger aussichtslos, den exakten Gegenbeweis anzutreten. Man kann also den phylogenetischen Erwerb der ortsgemäßen Knorpelbildungsfähigkeit für möglich oder gar für wahr halten, man kann ihn aber auch genauso gut ablehnen. Beides ist reine Glaubenssache.

Bemerkenswert an dieser Idee ist allenfalls, daß sie — genau wie die Druck- und Reibungshypothese selber — nicht von Roux stammt. Es hatte nämlich schon Kassowitz Schwierigkeiten bereitet, die Entstehung z. B. der Kehlkopf-, Ohr- und Nasen-Knorpel mit Druck und Reibung zu erklären, d. h. in der Ontogenese eine direkte Bewirkung zu erweisen. So schrieb er (1881, S. 79): ⟨Natürlich denken wir uns den Druck bei den gegenseitigen Verschiebungen nicht jedesmal in der embryonalen Entwicklung … wirksam, sondern die Knorpelbildung in diesen Theilen wäre eine Folge der Vererbung, und die chondroplastische Wirkung der gegenseitigen Verschiebung gewisser Theile des weichen Bildungsgewebes müßte in die früheren Stadien der phylogenetischen Entwicklung zurückverlegt werden.⟩

---

[1] Das heißt soviel wie: die unserer — Rouxs — Theorie zwar nicht in allen Einzelheiten, wohl aber im grundsätzlichen folgen.

[Roux hatte allerdings nicht ganz darauf verzichtet, die embryonale Binde-
und Stützgewebsdifferenzierung auch im ontogenetischen Einzelfall von unmittelbar wirksamen, d.h. jetzt und hier gegebenen mechanischen Einflüssen herzuleiten. Die „Wirkung" sollte dabei ausgehen von den „Selbstdifferenzierungsgebilden" (z. B. den Epithelgeweben), die dank autonomer Gestaltungsfähigkeiten
die bindegewebigen Blasteme „sekundär" unter ihren Einfluß zu zwingen vermögen, was wiederum rein mechanisch aufzufassen ist (vgl. S. 8f.): ⟨Bei unglei-
chem Wachsthum aus *eigenen* Kräften müssen … mechanische Wechselwirkungen
zwischen den Theilen entstehen und *passive Gestaltungen* dadurch hervorgebracht
werden.⟩ (Roux 1895, Bd. II, S. 208.)

In der Gewebekultur hatte Roulet (1935) tatsächlich Knorpel erhalten, nachdem er embryonales Bindegewebe mit affrontiertem Epithelgewebe gemeinsam
gezüchtet hatte. In einem anderen Falle dagegen hatte ein isoliert kultiviertes
embryonales Bindegewebe (nach Durchlaufen gewisser Zwischenstadien) einwandfreien Knorpel hervorgebracht. Über eine gleiche Beobachtung hat Maximow
(1925) berichtet.

Da es in vitro äußere mechanische Reize schwerlich geben dürfte, sind derartige Ergebnisse mit Hilfe der Rouxschen Lehre nicht zu deuten. Denn diese
schreibt für die Knorpelbildung die „Abscherung" als unerläßliche mechanische
Komponente vor, und nach Roux kann „Abscherung" ⟨nur durch *äußere* Kräfte
hervorgebracht werden⟩ (Roux 1895, Bd. II, S. 234).

Man darf allerdings nicht verkennen, daß das Ausgangsmaterial jener Versuche Roulets embryonales Bindegewebe im wörtlichen Sinne gewesen ist.
Ein Anhänger der Rouxschen Lehre könnte sich daher jederzeit entweder auf
„vererbte Faktoren" berufen, oder er könnte sich sogar auf die von Roux ausdrücklich zugestandene „kausale Exterritorialität" embryonaler Bildungsprozesse zurückziehen.

Nun gibt es aber auch Knorpelbildungen, die weder auf die chondroblastische
Potenz embryonaler Gewebe, noch auf äußere mechanische Einwirkungen zurückgeführt werden können.

Aber gerade hierzu hat Roux in seinen Gesammelten Abhandlungen nirgends
auch nur andeutungsweise Stellung genommen, und das ist erstaunlich aus folgenden Gründen: diese Dinge waren zwischen 1860 und 1880 mehrfach Gegenstand
ernsthafter Erörterungen und Auseinandersetzungen gewesen; Kassowitz
(1879 und 1881), den Roux wiederholt zitiert, ist darauf eingegangen, und zwar
nicht nur nebenbei; zum dritten mußte jedes Beispiel einer nichtembryonalen,
afunktionellen Chondrogenese der Rouxschen Theorie noch weit gefährlicher
werden, als es die embryonale Knorpelentstehung schon war.

Es handelt sich um folgendes: Beim Rotwild entwickeln sich alljährlich
nach dem Abwurf der Geweihe die neuen Baststangen, und an deren Aufbau
nimmt sowohl der hyaline als auch der Faserknorpel einen wesentlichen Anteil
(Näheres s. bei v. Korff 1914). ⟨Nach Lieberkühn (1862) — so schreibt
Kassowitz — kann man beim Hirschgeweih selbst eine Zoll hohe Knorpelschichte
finden⟩, und er fügt hinzu: ⟨… hier kann keine durch Muskelcontractionen
bewirkte Verschiebung und Reibung der gewebsbildenden Grundlage supponiert
werden⟩ (Kassowitz 1881, S. 78).

Darüber hinaus wußte man damals bereits von Tatsachen, denen gegenüber weder die „ererbten Fähigkeiten", noch die Wirkung von „Selbstdifferenzierungsgebilden" (s. S. 41), noch die „funktionelle Beanspruchung" als Ursachen der Chondrogenese glaubhaft bleiben konnten: der Knorpel *in der Markhöhle gebrochener Röhrenknochen* war inzwischen entdeckt.

Einschlägige Beobachtungen haben folgende Autoren — und zwar lange bevor ROUXs Gesammelte Abhandlungen erschienen waren — veröffentlicht:

1. HOFMOKL (1874). Ein weiterer Befund in dieser Arbeit ist nicht weniger erwähnenswert. Bei der histologischen Untersuchung einer 12 Tage alten Fraktur von einem rachitischen Kinde fand HOFMOKL ⟨im kompakten Knochen einen großen (Resorptions-) Raum gebildet, der ganz erfüllt war von knorpelähnlichen Elementen⟩. Was HOFMOKL abbildete, sieht ganz wie echtes Knorpelgewebe und nicht nur knorpelähnlich aus. Der Differenzierungsvorgang hatte sich demnach in einer tiefen, starrwandigen Höhle (Compactalakune) abgespielt. „Starke Abscherung", d.h. ausgiebige Verschiebung des Muttergewebes, dürfte infolgedessen schwerlich anzunehmen sein.

2. MAAS (1877).

3. BAJARDI (1881). Außerdem berichtet dieser Autor (1883) darüber, daß er nach Zerstörung und Ausspülung des Diaphysenmarkes ⟨in einem der untersuchten Oberschenkelknochen (Kaninchen) am 15. Tage im Centraltheile des (regenerierten) Diaphysenmarkes eine Insel von neugebildeter Knorpelsubstanz vorfand, die in directer Umwandlung zu Knochengewebe begriffen war⟩.

In diesem Zusammenhange besonders wichtig ist, daß BAJARDI sich den Zugang zur Markhöhle lediglich durch Bohrlöcher verschafft, den Knochen also nicht durchtrennt hatte.

Bei WURMBACH (1928), der den Ablauf der Frakturheilung bei Tritonen und Mäusen sehr eingehend untersucht hat, findet man weitere Literaturhinweise. Allerdings schreibt WURMBACH, daß er selber im Markraum nie Knorpel gefunden habe. Das ist verständlich, denn der Callusknorpel an dieser Stelle scheint in der Tat ein sehr seltenes Vorkommnis zu sein. In der großen Anzahl (über 50) eigener Frakturversuche, die ich an Hand lückenloser Schnittserien durchmustert habe, ist es mir nur ein einziges Mal begegnet.

Es ist aber in solchen Fällen ein positives Einzelergebnis wichtiger als noch so viele negative Befunde. Es ist sogar entscheidend. Denn: wäre es noch denkbar, daß das Markgewebe von der Stumpföffnung her unter Druck gesetzt wird, so kann man sich innerhalb eines ringsum geschlossenen Knochenzylinders ⟨starke Verschiebung der Substanzschichten gegen einander, Abscheerung⟩ (ROUX, s. o. S. 9) sicher nicht mehr vorstellen. Hatte sich der Markhöhlenknorpel zudem bei einem erwachsenen Tier entwickelt — und bei meinem Experiment war das der Fall —, so geht es auch nicht an, sich auf „embryonale Potenzen" (im wörtlichen Sinne) zu berufen; es sei denn, man leite jeden Sekundärknorpel — und der Callusknorpel gilt als solcher (s. SCHAFFER 1930) — vom primordialen Knorpelskelett ab, was tatsächlich auch schon versucht worden ist (s. hierzu SCHAFFER, l. c. S. 338ff.).

SCHAFFERs Handbuchbeitrag, ein sonst sehr gewissenhafter Katalog aller damals (1930) bekannten Tatsachen, erwähnt den knorpeligen Markcallus nicht.

Auch bei Benninghoff (1922, 1924, 1925) vermißt man jeden Hinweis in dieser Richtung. Warum? Sei es, daß man den Markhöhlenknorpel ganz übersehen, sei es, daß man ihn stillschweigend als „Selbstdifferenzierung" aufgefaßt hatte: Rouxs Lehre galt als unanfechtbar. Und daß es keine bessere kausale Erklärung gab; daß diese Erklärung in gewissen Punkten sogar unwiderleglich war (embryonale und „phylogenetische" Histogenese): das gab der Rouxschen Lehre die Kraft eines Axioms.

Gegenbeispiele findet man, dementsprechend, kaum erwähnt; geschweige denn, daß sie so in den Vordergrund gerückt worden wären, wie sie es billigerweise verdient hätten.

Und experimentelle Gegenproben? Es gab keine. Wie hätte man auch Gegen-Experimente anstellen sollen ohne die entsprechende Gegen-Idee? Man hätte es zwar darauf ankommen lassen und einmal ausprobieren können, ob ein Keimgewebe, ein Regenerationsblastem zum Beispiel, auch dann Knorpel hervorzubringen vermag, wenn jede Art mechanischer Einwirkung von ihm ferngehalten wird. Man mußte sich dabei aber eingestehen, daß dies einem Lotteriespiel verzweifelt ähnlich gesehen hätte. Allein das Beispiel des so seltenen intramedullären Callusknorpels (s. S. 42) genügt, um einzusehen, wie verschwindend gering die Erfolgsaussichten gewesen wären. Außerdem hätte sich wohl kaum jemand dazu veranlaßt gefühlt, einem vielleicht einzigen, Roux widersprechenden Ergebnis zuliebe eine Theorie fallen zu lassen, die dank einer erdrückenden Mehrzahl von Bestätigungen aufs beste gerechtfertigt zu sein schien.

Nun hat aber Roux die Richtigkeit seiner Idee auch nicht experimentell bewiesen. Er hat lediglich aus soundso vielen — und selbstredend miteinander übereinstimmenden — praktischen Beispielen rein induktiv eine Theorie abgeleitet. Es steht uns daher frei, den umgekehrten Weg zu gehen und alle Fälle zusammenzutragen, die Rouxs Theorie widersprechen. Wir können daraus ebenso induktiv und mit demselben Recht ableiten, daß die Knorpelbildung auch andere Ursachen haben kann und muß, als Rouxs Theorie sie fordert; auch dann, wenn wir diese Ursachen noch gar nicht kennen.

Die meisten Experimente, über die im folgenden berichtet wird, hatten ursprünglich etwas ganz anders, nämlich die Knochenbildung zum Gegenstand. Sie wurden daher keineswegs angestellt, um Rouxs Theorie zu überprüfen oder gar anzufechten. Es wurden dabei aber so viele Knorpelbildungen beobachtet, deren Genese mit Hilfe dieser Theorie nicht erklärt werden konnte, daß sich eine genauere Analyse ihrer Entstehungsbedingungen schließlich zwangsläufig ergab. Diese Analyse wurde später vervollständigt mit weiteren Experimenten, die nun speziell dem Problem der Knorpeldifferenzierung gewidmet waren.

Die Versuchsanordnung

muß sich bei unserer Fragestellung mit folgenden Forderungen vertragen:

1. In Betracht kommen nur ausgewachsene Tiere. Das Ausgangsmaterial muß ein reifes Gewebe sein. Embryonale Potenzen (im wörtlichen Sinne) dürfen keine Rolle spielen.

2. Die Versuchsanordnung muß so beschaffen sein, daß sie entweder die *Wirkung* beabsichtigter mechanischer Momente oder die *Ausschaltung* mechanischer Einflüsse gewährleistet.

3. Das Versuchsfeld muß an Hand lückenloser Schnittserien und in seiner ganzen Ausdehnung durchgesehen werden. Nur so ist ein vollständiges Bild der mechanischen Verhältnisse im Versuchsbereich und der geweblichen Zusammensetzung eines Regenerates zu gewinnen.

Stufenschnitte oder gar einzelne Stichproben, auf die sich Untersucher bei ausgedehnten Objekten (z. B. vom Hund) oft aus rein technischen Gründen beschränkt haben, genügen nicht. Denn gar nicht selten sind die Knorpelbildungsherde so klein, daß sie sich durch nur wenige Einzelschnitte hindurch verfolgen lassen. Für systematische Untersuchungen eignen sich daher nur kleine Versuchstiere.

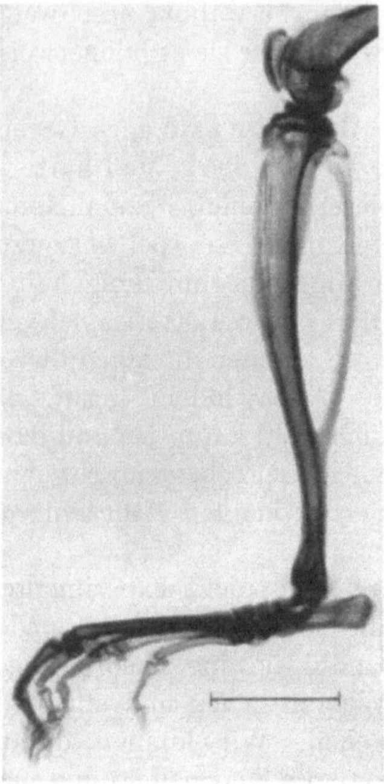

Als Versuchsobjekt habe ich vorwiegend die Rattenfibula verwendet. Man kommt hierbei im Einzelfalle mit ungefähr 200—300 Schnitten (von 6 oder 7 μ) aus, weil der Knochen sehr zierlich ist. Zahlreiche Schnittserien aus früheren Versuchen (Altmann 1949 und 1950) ermöglichten — gerade weil diese Experimente ganz anderen Fragen gegolten hatten — vielfältige und eingehende Vergleiche.

Die Rattenfibula ist für unsere Fragestellung auch aus folgenden Gründen ein besonders günstiger Versuchsgegenstand:

1. hebt sie sich von der Tibia in weitem Bogen ab, so daß sie für Eingriffe von allen Seiten her leicht zugänglich und für die röntgenologische Kontrolle in den meisten Projektionsebenen ohne Überlagerung darstellbar ist (Abb. 10):

2. ist sie mit der Tibia proximal durch eine straffe Bandhaft, distal sogar synostotisch verbunden. Infolgedessen können die Stümpfe der durchtrennten Fibula weder in der Längsachse des Gliedes einander genähert, noch um eine Querachse gegeneinander abgewinkelt werden. Unter speziellen Versuchsbedingungen (s. Abb. 16 und Text) kommen auch gegenläufige Querverschiebung der Bruchflächen oder Verdrehung der Bruchstümpfe (Torsion) nicht in Betracht. Es läßt sich demnach einrichten, daß das Callusblastem in jeder Hinsicht mechanisch entlastet bleibt.

Die Rattenfibula erscheint in den beiden Hauptebenen gekrümmt, nämlich von ventral nach dorsal (s. Abb. 10) und von lateral nach medial (s. Abb. 18a). Es ist deshalb mehr ein günstiger Zufall, wenn ein größerer Abschnitt des Knochens in die Schnittebene hineinfällt. Die lückenlose Schnittserie ist auch aus diesem Grunde unerläßlich.

Abb. 10. Röntgenbild des Knochen-Bänderpräparates eines Rattenunterschenkels. Eingetragene Länge = 10 mm

Beobachtungen von Knorpelbildung im Gefolge von Knochenbrüchen

Im Zuge der Regenerationsvorgänge, die sich an quer durchtrennten Knochen abspielen, tritt der Knorpel als Differenzierungsprodukt des Frakturblastems regelmäßig auf. Infolgedessen läßt sich mit Hilfe künstlich gesetzter Frakturen der Knorpel jederzeit und an umschriebener Stelle experimentell erzeugen.

Darüber hinaus bietet die genauere Analyse der mechanischen Verhältnisse im Frakturbereich die Möglichkeit, z. B. die Orte vorzugsweiser Entstehung, die einzelnen Reifungsstadien, die räumliche Ausdehnung und die verschiedenen Formtypen des knorpeligen Frakturcallus zu mechanisch differenten Zuständen (z. B. Bruchstellung) in Beziehung zu setzen.

Von dieser Möglichkeit hat erstmalig PAUWELS (1940) umfassenden und folgerichtigen Gebrauch gemacht. Theoretische Überlegungen, ausgedehnte klinische Beobachtung und die sinngemäße Anwendung experimentell ermittelter Tatsachen hatten schließlich das durchaus neuartige Bild einer ,,Biomechanik der Frakturheilung'' erstehen lassen.

Von grundlegender Bedeutung hierfür waren unter anderem die Untersuchungen, an Hand deren WURMBACH (1927 und 1928) den formalen Ablauf der Frakturheilung und die histologische Entwicklung des Callus beschrieben hatte.

An diese beiden Arbeiten: WURMBACH (1928) und PAUWELS (1940) wird sich die weitere Darstellung im wesentlichen halten, an die letztere ganz besonders. Ihr — theoretisch und praktisch — wichtigstes Ergebnis muß als bekannt vorausgesetzt werden, weil es im folgenden mehrfach Beweisunterlage sein wird (S. 53 und 65f.). Nämlich: Entgegen ROUXs Lehre, die *jede* spezifische — also bindegewebige, knorpelige und knöcherne — Differenzierung von einer spezifischen funktionellen *Beanspruchung* des Muttergewebes ableitet, hatte PAUWELS (l. c.) begründet und bewiesen: *Knochen*gewebe kann *nur afunktionell* entstehen; d. h. an einer Stelle, ⟨wo keine mechanischen Kräfte, auch kein Druck, unmittelbar auf die Zelle wirken⟩.

Die stets wiederkehrende zeitliche Aufeinanderfolge von bindegewebigem, knorpeligem und knöchernem Callus ist in die Lehrbücher eingegangen. Die Callusbildung läuft nämlich nach bestimmten Regeln ab. Diesen Ablauf gilt es vorweg in den Grundzügen zu beschreiben, und zwar aus folgenden Gründen: Gehen wir von *mechanischen* Bedingungen der Frakturheilung aus — und von unserer Fragestellung her, nämlich im Hinblick auf ROUXs Theorie, müssen wir das tun —, so ist zunächst genau festzulegen, um was für mechanische Momente es sich dabei handelt. Sodann ist zu begründen, inwiefern zwischen der Callusdifferenzierung und einer äußeren Mechanik erweisliche Kausalzusammenhänge bestehen.

Es wird sich also darum handeln, zunächst einen Durchschnitts- oder Grundtypus der Callusbildung abzuleiten. Allein von dieser Grundlage her kann ersichtlich werden, inwiefern ein spezieller Frakturcallus etwas Besonderes, von der Regel Abweichendes darstellt. Genauso ist es nur vom Regelfall her zu verstehen, inwiefern eine Versuchsanordnung besondere Bedingungen erzwingt, die unter den normalen mechanischen Voraussetzungen einer Frakturheilung nicht gegeben sein können.

Dies beides: die vom geläufigen abweichende Callusbildung bei der *unbeeinflußten* Fraktur und die Callusbildung *unter extrem abnormen Versuchsbedingungen* wird uns das Material liefern, ROUXs Theorie an der Erfahrung und an der Wirklichkeit zu prüfen.

Im allgemeinen ist die Muskulatur um einen Stützknochen herum mengenmäßig ungleich verteilt, so daß auf verschiedenen Seiten des Knochens ver-

schieden große, auf den Muskeltonus zurückzuführende Kräfte gegeben sind. Soll
nun z. B. an einer gelenkigen Verbindung dieses Knochens ein statischer Gleichgewichtszustand, also Ruhe herrschen, so muß die Resultierende sämtlicher
Muskelkräfte, die auf dieses Gelenk einwirken, gleich Null sein, d.h. sie muß
durch das Drehzentrum verlaufen (s. KUMMER 1959a, S. 98ff. und Abb. 72, l. c.).

Weil diese Resultierende so gut wie niemals mit der Längsachse des betreffenden Knochens zusammenfällt, sondern dazu entweder exzentrisch oder
schräg verläuft (s. KUMMER, l. c.), so ist das Skelettstück auch ohne Einwirkung
des Körpergewichts einer zusammengesetzten Beanspruchung unterworfen.
Die Komponenten dieser Beanspruchung sind Druck und überlagerte
Biegung (PAUWELS 1940).

Wird nun der Knochen quer durchtrennt (Abb. 11a, gestrichelte Linie), so
hat die Biegekomponente freies Spiel und winkelt die Bruchstücke so weit
gegeneinander ab, bis sich ein neuer Gleichgewichtszustand eingestellt hat
(s. Abb. 11b). PAUWELS (1940, S. 72) beschreibt dies folgendermaßen: ⟨Auf
der einen Seite läßt die Spannung der Muskeln nach, weil ihre Ausgangsspannung durch die Verbiegung oder Verschiebung an der Bruchstelle verkleinert und ihre physiologische Erregbarkeit durch das Frakturtrauma zunächst stark herabgesetzt wird. Auf

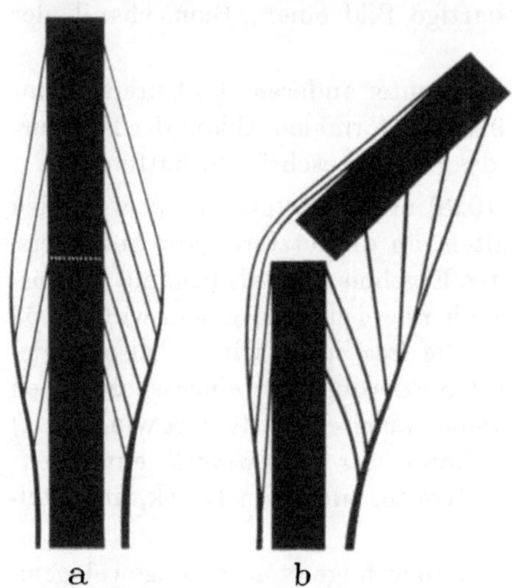

Abb. 11. a Schema eines Knochens, der rechts und links von verschieden starken Muskeln besetzt ist. b Abwinkelung der Bruchstücke nach Querdurchtrennung des Knochens. Näheres s. Text

der anderen Seite wird die Verbiegung abgebremst durch die passive Dehnung
der Antagonisten ..., durch die mit steigender Kraft entgegenwirkende Stauchung
der Weichteile sowie durch das auftretende Ödem.⟩

Stillstand tritt ein, wenn der Widerstand gegen die Abwinkelung so groß
geworden ist wie die abwinkelnden Kräfte. Das erste Ergebnis der Knochendurchtrennung ist (im allgemeinen) also eine Winkelstellung der beiden Bruchstücke (vgl. Abb. 13 und 14).

Als nächstes entwickelt sich auf den periostbedeckten Oberflächen der beiden
Bruchstümpfe — und zwar immer in die Öffnung des Frakturwinkels hinein — je
eine spongiös-knöcherne Auflagerung von typischer Konsolenform (s. Abb. 15,
linke Seite). Die Spitzen dieser beiden Spongiosakegel weisen in Richtung der
Gelenkenden, ihre Basen sind der Bruchstelle zugekehrt. Der Längsschnitt eines
Frakturpräparates zeigt dementsprechend zwei „Spongiosakeile" (PAUWELS,
s. Abb. 13, schwarze Dreiecke), die gegen die Bruchstelle hin schräg ansteigen und
in einiger Entfernung davor steil gegen den Knochen zu abfallen (vgl. Abb. 14,
untere Bildhälfte).

Im eigentlichen Frakturgebiet — es ist von den Enden der Bruchstümpfe
und den Grundflächen der Spongiosakegel nach oben und unten, von den umgebenden Weichteilen ringsherum begrenzt (s. Abb. 13 und 14) — findet dagegen

zunächst keine Knochenbildung statt. Hier legt sich vielmehr ein zellreiches, flüssigkeitsdurchtränktes Blastem an, und dieses reift im folgenden zu Knorpelgewebe aus.

Diese Vorgänge, die immer in der gleichen Weise nacheinander ablaufen und deren Ergebnis immer wieder die gleichen orts- und formgebundenen Neubildungen: die Spongiosakegel mit dem dazwischengefaßten Knorpelpolster sind, lassen sich nun zu gewissen, örtlich und zeitlich festliegenden mechanischen Gegebenheiten folgendermaßen ursächlich in Beziehung setzen:

1. Aus der Winkelstellung der Fragmente ergeben sich — in der Abb. 11 b rechts und links des Bruches — recht verschiedene Verhältnisse. Auf der Konvexseite liegen die Muskeln dem Knochen inniger an als zuvor, ihre gedrängt beieinanderliegenden Fasern strahlen jetzt unter viel spitzeren Winkeln in Periost und Knochen ein, ihre Zugrichtung hat sich den Knochenlängsachsen genähert.

Auf der Konkavseite dagegen sind die Muskeln von den Knochen abgehoben, ihre Fasern sind fächerförmig gespreizt und verlaufen nun wesentlich steiler auf ihre Insertionspunkte zu. Verglichen mit ihrer Normallage (Abb. 11 a) gewinnen sie damit eine beträchtlich wirksamere, senkrecht am Periost angreifende Komponente. Infolge dieser nach Richtung und Dauer unphysiologischen Zugwirkung lockert sich der Zusammenhalt von Periost und Knochen rasch; das Periost wird von seiner Unterlage abgehoben, und zwar um so weiter, je steiler die Muskelfasern an ihm angreifen. Sehr erleichtert ist diese Abhebung dann, wenn der Periostschlauch an der Bruchstelle ein größeres Stück weit quer eingerissen und gleich bei der Verletzung von einem Hämatom unterlagert worden ist.

Auf diese Weise werden die Periostschläuche beider Fragmente von den Knochen weg spitztütenförmig entfaltet, und in diesen freigewordenen Räumen beginnen die Zellen sehr bald nach der Fraktur sich äußerst lebhaft zu vermehren. Schon nach kurzer Zeit beherrschen hier die Osteoblasten das histologische Bild, eine rege Knochenbildung ist im Gange. Im Tierexperiment (z. B. bei Maus und Ratte) spielt sich das in 2—3 Tagen ab. Nach weiteren 3—4 Tagen — also im ganzen nach etwa einer Woche — ist die Ausmodellierung der Spongiosakegel beendet.

2. Im eigentlichen Frakturbereich geschieht gleichzeitig mit diesen Vorgängen und ihre Wirkung teilweise unterstützend folgendes: Unmittelbar nach der Verletzung sammelt sich hier zunächst ein entzündliches Ödem an oder es entsteht ein Bruchhämatom. Derart akut auftretende und örtlich begrenzte Flüssigkeitsansammlungen im Gewebe verfügen über einen gewissen Expansionsdruck, der nach allen Richtungen gleich stark wirkt. Warum das Bruchödem oder -hämatom die Bruchstelle trotzdem nicht gleichmäßig ummantelt, sondern immer in die Öffnung des Frakturwinkels hineindrängt, hat PAUWELS (1940) an Hand eines anschaulichen Modellversuches erklärt (s. Abb. 12). Die vorquellende gelartige Ödemmasse wirkt in doppelter Hinsicht:

Einmal schiebt sie die Weichteile vor sich her und schafft sich dadurch einen Sack, dessen Vorwölbung die anliegende Muskulatur abhebelt. Infolgedessen werden die Muskelfasern noch weiter abgespreizt, als dies bereits auf Grund der Fragmentabwinkelung der Fall war; ihre Zugwirkung auf das Periost (und damit dessen Abhebung) wird dadurch noch verstärkt. Gleichzeitig werden die beiden Periostschläuche von ihren Öffnungen her wie die Planen eines Zeltdaches immer fester verspannt und fixiert.

Zum anderen dehnt der Ödemdruck die Wand des Weichteilsackes immer mehr, bis schließlich ein praller Spannungszustand erreicht ist. Danach tritt Stillstand — und zwar im wörtlichen Sinne — ein: von rohen äußeren Einwirkungen abgesehen ist den Fragmenten die Bewegungsmöglichkeit fast vollständig beschnitten, es herrscht eine gewisse Ruhe.

Vollkommen kann diese Ruhe allerdings nicht sein, zumindest nicht im eigentlichen Frakturbereich. Denn hier finden zunächst immer noch gewisse Bewegungen und Verschiebungen statt, wenn auch — wegen des Schmerzes und dank

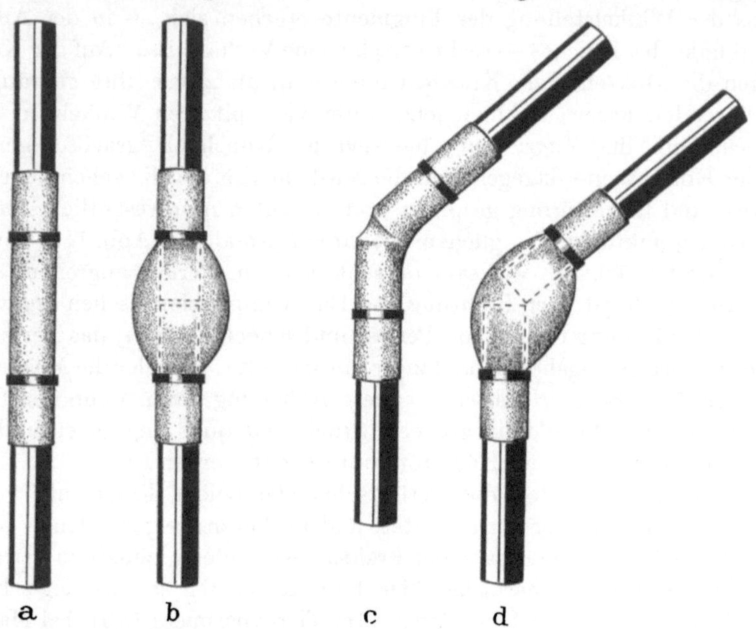

Abb. 12. a In der Mitte geteiltes Rohr, über das ein Gummischlauch gezogen ist. Er wird von zwei Ringen festgehalten. b Wird von den Rohrenden her Wasser eingepumpt, so wird der Schlauch spindelförmig und symmetrisch aufgetrieben. Seine größte Aufbauchung liegt in der Mitte zwischen den beiden Befestigungsringen. Werden die beiden Rohrstücke gegeneinander abgewinkelt (c), so wird der Gummischlauch über der Konvexseite gedehnt, über der Konkavseite dagegen gestaucht. Wird das Wasser jetzt eingepumpt, so baucht sich der Schlauch am stärksten dort vor, wo er die größte Dehnungsreserve hat, nämlich in der Konkavität des Knickungswinkels (d). Auf die beiden Rohrachsen bezogen ist die Auftreibung des Schlauches jetzt asymmetrisch. Nach PAUWELS (1940 und 1960b), unverändert umgezeichnet

der reflektorischen Abwehrspannung der unverletzten Muskeln — von sehr kleinem Ausmaß. Je weiter wir uns aber von der Bruchstelle entfernen, desto geringer werden sie, und schließlich hören sie ganz auf. Hieraus wird verständlich, warum die Spongiosakeile immer erst in gewisser Entfernung von der Bruchstelle entstehen; denn erst von hier an sind die beiden Voraussetzungen desmaler Knochenbildung gegeben: nämlich die absolute Gewebsruhe und ein zur Osteoblastenanlagerung benutzbares „Lehrgerüst" (PAUWELS), d. h. eine Matrize. Für die Spongiosakegel stellt das Fasermaschenwerk, das zwischen dem Knochen und der abgehobenen Fibroelastica des Periosts ausgespannt ist, diese Gußform dar.

An der Bruchstelle selber sehen die Verhältnisse etwa folgendermaßen aus: Zwischen den Knochenstümpfen und in deren näherer Umgebung stehen die Zerstörungen im Vordergrund. Im Gegensatz zu den Entstehungsorten der Spongiosakeile fehlen hier zunächst alle Voraussetzungen zur Knochenbildung. Ein

Lehrgerüst gibt es nicht. Es gibt auch keine Zellen, die sich gleich zu Osteoblasten differenzieren könnten. Die einleitenden Reparationsvorgänge beschränken sich infolgedessen zunächst auf die Bereitstellung von Material. Das ist das Callusblastem, eine Wucherung aus undifferenzierten Zellen und Blutgefäßen. Dieses erste Regenerat entwickelt sich notwendigerweise innerhalb des gleichen Weichteilsackes, der das Frakturödem oder -hämatom einschließt, also in einem flüssigkeitsähnlichen Milieu.

Was das für die jungen Blastemzellen bedeutet, hat PAUWELS (1940) folgendermaßen dargelegt: ⟨Das hydrostatische Milieu, in dessen Bereich sich das erste Blastem entwickelt oder durch dieses selbst gebildet wird, hat ... zur Folge, daß die jungen Keimgewebszellen... vor grober..., ihre Lebensfähigkeit zerstörender ... Verformung geschützt sind und nur kleine Verformungen von tragbarer Größe erleiden, die differenzierend wirken...⟩

Zellvermehrung und Zellwachstum bedeuten Volumenzunahme, und diese letztere wiederum bedeutet — zunächst — Ausweichen in der Richtung geringsten Widerstandes, also in den offenen Frakturwinkel hinein. Auch hieraus erklärt sich die typische Lage der Callus-Hauptmasse.

3. Infolge der fortschreitenden Volumenzunahme des Intermediärcallus wird die Wand des Weichteilsackes immer mehr gedehnt. Da Dehnung der Reiz zur Fibrillenbildung

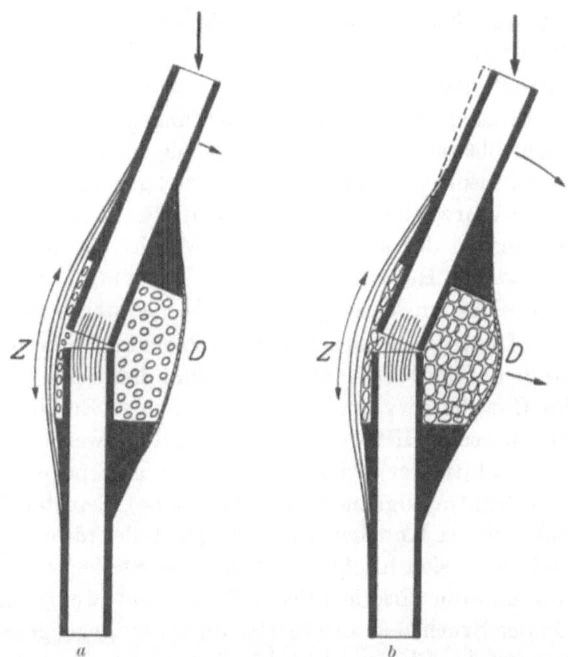

Abb. 13. a Auf eine abgewinkelte Fraktur wirken Muskelkräfte ein (senkrechter Pfeil oben). Diese lassen sich in zwei Komponenten zerlegen: die eine verläuft in der Achse des oberen Bruchstückes (nicht eingezeichnet), die andere senkrecht dazu (Querpfeil). Die Längskomponente drückt das obere Bruchstück schräg gegen die untere Bruchfläche, die Querkomponente strebt die Stümpfe stärker gegeneinander abzuwinkeln. b Auf der Bruchkonkavseite ist der Expansionsdruck des Callus (starke Zellquellung!) beträchtlich angestiegen. Dies bedingt eine entsprechend stärkere Ausbauchung der inzwischen zugfest gewordenen (kollagenen) Callushülle (Querpfeil Mitte), und das wiederum wirkt sich folgendermaßen aus: wie die abgezogene Sehne eines Flitzbogens dessen Krümmung erhöht, so werden hier die beiden Bruchstümpfe stärker gegeneinander geneigt (gebogener Querpfeil oben). Dieser Abwinkelung wirkt die Spannung des gedehnten Gewebes über der Bruchkonvexseite (Z) zunehmend entgegen, bis ein Gleichgewichtszustand erreicht ist. Näheres s. Text. Nach PAUWELS (1940 und 1960b)

ist, umgibt sich der Sackinhalt mit einer fortschreitend dichteren und zunehmend widerstandsfähigeren kollagenen Faserhülle (vgl. Abb. 13 und 14). Von nun an kann weitere Massenzunahme des Callus nur noch gegen Widerstand stattfinden; die Folge dieses Wachstums gegen Widerstand ist steigender Binnendruck.

Da dieser Callusdruck, wie er kurz genannt werden soll, seine Herkunft einem Gewebe von Flüssigkeitscharakter (Zellen und gelatinöse Zwischensubstanz) verdankt, handelt es sich abermals um hydrostatischen Druck.

Die nächsten Vorgänge laufen folgendermaßen ab: Die Callusmasse behält ihr Ausdehnungsbestreben auch weiterhin bei; aber dehnbar ist ihre Umgrenzung nirgends mehr. Infolgedessen kann das Callusvolumen nur dann noch zunehmen, wenn das umschließende Material wenigstens irgendwo verformbar ist. Für die knöchernen Wände gilt das nicht, wohl aber für die Kollagenkapsel. Indem diese stärker nach außen vorgewölbt wird, erhält die vorher schlanke Callusspindel einen deutlichen Bauch (vgl. Abb. 13b). Sie nähert sich also der Kugelform, und nur auf diese Weise ist es möglich, daß trotz gleichbleibender Oberfläche der Inhalt zunimmt. Die Voraussetzung hierzu ist allerdings, daß die Fragmente noch stärker gegeneinander geneigt werden, und das findet auch tatsächlich statt.

4. Die jetzt folgende Entwicklungsphase ist für die weitere Differenzierung des Callusblastems entscheidend. Zunächst kommt ein neues mechanisches Moment hinzu insofern, als die „frakturbeteiligte Muskulatur" (REHN 1923) zu Beginn der 2. Frakturwoche wieder aktiv wird. Sie gerät in einen Zustand stetig zunehmender Spannung, der am Ende der 4. Woche als „intermittierender Tetanus" (REHN, l. c.) seinen Höhepunkt erreicht. PAUWELS (1940) mißt dieser Muskelwirkung bei den folgenden Vorgängen eine übergeordnete Bedeutung zu. Er schreibt:

⟨Diese unwillkürlichen Muskelzuckungen, welche als kleinste Beanspruchungsstöße auf die Fragmente wirken und dadurch an der Frakturstelle ... Spannungen im Gewebe hervorrufen, müssen meines Erachtens in erster Linie als Motor für die kausale Histogenese angesprochen werden. An Stellen, wo reiner Druck (hydrostatischer) wirkt, bildet sich Knorpelgewebe... Legen wir ... eine reine Querfraktur zugrunde, so haben (jene) kleinsten Muskelkontraktionen zur Folge, daß sich der Knochen an der Bruchstelle stärker verbiegen will. Das obere Bruchende wird sich infolgedessen um die Stelle, wo seine Corticalis auf der Corticalis des unteren Fragmentes aufsteht, ein wenig nach rechts neigen (Abb. 13b). Da der Bruchspalt sich hierbei an der entgegengesetzten Seite keilförmig erweitert, so wird das Blastem und das Gewebe zwischen den Bruchenden an der konvexen Seite durch Zug gedehnt, während das Blastem, welches an der konkaven Seite zwischen den Bruchenden, den aufgelagerten Spongiosakeilen und dem Periost eingeschlossen ist, gestaucht wird. Hier steht das Blastem unter hydrostatischem (sc. allseitig gleichgroßem) Druck, der durch einachsigen (sc. gerichteten) Druck überlagert ist.⟩ (PAUWELS, l. c. S. 74ff.)

Aus dieser weiteren, nun aber rein muskulär bedingten Abwinkelung der Fragmente und der damit verbundenen Stauchung des konkavseitig gelegenen Frakturblastems ergeben sich die beiden folgenden, grundsätzlich wichtigen Begleitumstände:

1. Der hydrostatische Druck innerhalb des allseitig geschlossenen Blastemsackes steigt weiter an; er erreicht einen vorläufigen Höchstwert, wenn bei eingetretenem Kräftegleichgewicht die Fragmente wieder feststehen.

2. Die passive Verformung (Abplattung) des Gewebssackes zwischen den Stirnflächen der Spongiosakegel bringt die gleichsinnige Verformung der eingeschlossenen Blastemzellen zwangsläufig mit sich, sobald diese Zellen infolge ihrer Vermehrung und Größenzunahme so nahe beieinanderliegen, daß sie sich gegenseitig berühren und mithin trotz ihrer flüssigen Umgebung nicht mehr voreinander ausweichen können (s. Abb. 13b).

Diese Verformung ist nun für die Blastemzellen der entscheidende Reiz, sich in eine kollagene, d. h. zugfeste Hülle einzukapseln, wie aus dem Folgenden hervorgeht: Denkt man sich modellmäßig die Zellen zuvor kugelförmig, so werden diese Kugeln — genau wie der Gesamtcallus — in der Druckrichtung abgeplattet und dazu quer gedehnt, d.h. sie werden verformt zu Ellipsoiden (s. Abb. 2b und 55b).

⟨Da ein Ellipsoid eine größere Oberfläche hat als eine Kugel gleichen Inhalts, so wird die der Kugelfläche unmittelbar anhaftende Schicht der zähen Flüssigkeit hierbei zirkulär gedehnt. ... Legt man ... zugrunde, daß durch Dehnung in der Grundsubstanz Fibrillenbildung in der Dehnungsrichtung erfolgt, so kann man sich die Bildung der Knorpelkugeln ... auf diesem Wege zwanglos vorstellen, vor allem, wenn die Blastemzelle unter der Wirkung hydrostatischen Druckes eine zähere Grundsubstanz ausscheidet...⟩ (PAUWELS 1940, S. 73f.)

Der Trennung gewisser Begriffe zuliebe muß gleich jetzt und mit Nachdruck auf folgendes hingewiesen werden: An keiner Stelle bezeichnet PAUWELS ,,Druck und Abscherung" als Ursache der Knorpelbildung. Von diesem Punkt der Rouxschen Lehre war PAUWELS vielmehr bereits 1940 unmißverständlich abgerückt, indem er schrieb: ⟨Die kausalen Beziehungen, die ROUX zwischen ,,Abscherung" und Gewebsbildung zu erkennen glaubt, beruhen auf einer Vorstellung, die nicht mit den Gesetzen der theoretischen Mechanik im Einklang steht. Maßgebend für die Gewebsbildung ist letzten Endes weder die Qualität der äußeren Kräfte, die auf das Blastem wirken, noch die Qualität in bestimmter Richtung wirkender Spannungen, sondern allein der gesamte Spannungs- bzw. Verzerrungszustand, den diese bei der Blastemzelle hervorrufen.⟩ (PAUWELS 1940, S. 93, Anm.)

Außerdem bedeuten die von PAUWELS gebrauchten Begriffe *Hydrostatischer Druck* und *Dehnung* etwas ganz anderes als das, was ROUX unter ,,Druck" und ,,Zug" versteht.

Trotzdem stimmt die oben (s. S. 50f. und Abb. 13) nach PAUWELS zitierte Ableitung mit ROUXs Hypothese insofern noch überein, als es bestimmte, dem Gewebe *von außen her* aufgezwungene mechanische Bedingungen sind, welche die pluripotente Blastemzelle zu spezifischen Differenzierungen veranlassen. Aus der je nach Frakturseite verschiedenen *passiven* Verformung der Zelle leitet PAUWELS (1940) nämlich folgendermaßen ab: ⟨Auf diese Weise entsteht in kausaler Abhängigkeit *von der Beanspruchung*[1] und auf dem Wege *qualitativer Spannungsauslese*[1,2] eine erste Verbindung der Fragmente aus Bindegewebe und Knorpelgewebe...⟩; und das drückt sinngemäß dasselbe aus wie: ⟨... die Entstehungsbedingungen des Gewebes würde die specifische *Einwirkung* sein, welcher *Widerstand zu leisten*[1] zugleich die specifische Function dieser Gewebe ist⟩ (ROUX 1895, Bd. II, S. 227f.).

---

[1] Im Original nicht hervorgehoben.

[2] Die — bis vor kurzem unbestrittene — Lehre ROUXs klingt hier noch vernehmlich an; nämlich daß jede der drei verschiedenen Qualitäten mechanischer Einwirkung: daß der Druck, der Zug und die Scherung (oder die ihnen entsprechenden Qualitäten der Spannung) die Mesenchym- oder Blastemzelle dazu veranlasse oder reize, mit einer spezifischen Differenzierung zu antworten. Diese Lehre ROUXs hat PAUWELS (1960b) inzwischen widerlegt und eine neue Theorie an ihre Stelle gesetzt.

Wenn trotzdem so ausführlich auf seine ältere Darstellung aus dem Jahre 1940 eingegangen wurde, so deshalb, weil sie der Ansatzpunkt gewesen ist für gewisse Überlegungen und insbesondere für Experimente, über die im folgenden berichtet wird.

Überblicken wir die Vorgänge, die bis zur Anlage des knorpeligen Callus führen, noch einmal kurz zusammengefaßt, so erhalten wir folgendes Bild: Die Übereinstimmung des Modellversuches (Abb. 12d) mit den Verhältnissen, wie sie bei abgewinkelten Frakturen tatsächlich gegeben sind, lehrt, ⟨daß die räumliche Verteilung der Callusmasse an der Frakturstelle in erster Linie hydrostatisch bedingt ist⟩. Der Callus baucht sich dorthin vor, ⟨wo die kleinsten Kräfte, d. h. die kleinsten Gewebsspannungen entgegenwirken⟩ (PAUWELS), also in die Öffnung des Frakturwinkels hinein. Die Spongiosakeile entwickeln sich dort, wo das Periost vom Knochen abgehoben wird. Nach Abb. 11b und dem dazugehörigen Text geschieht das ebenfalls in der Konkavität des Frakturwinkels. Aus diesen beiden Gründen ist der konkavseitige Callus im allgemeinen viel mächtiger als der konvexseitige.

Über die Differenzierung des Callusblastems entscheidet die Qualität seiner mechanischen Beanspruchung. Sie ist örtlich verschieden (s. Abb. 13):

Überwiegt die einachsige (lineare) Dehnung, so antwortet die Zelle mit Fibrillenbildung in dieser bevorzugten Dehnungsrichtung. Auf der Konvexseite der Fraktur (Z), wo das Gewebe infolge der Neigung der Fragmente in der Pfeilrichtung gedehnt wird, entstehen längsverlaufende Fibrillenzüge als Zuggurtung.

Überwiegt die allseitige Kompression, der jedoch einachsiger Druck von gewisser Größe überlagert ist, so wird die Zelle nur innerhalb sehr enger Grenzen verformt, d. h. in der Richtung eben des einachsigen Druckes etwas abgeplattet. (Es erleichtert die Vorstellung, wenn man hierbei nicht von der beliebigen Form einer Blastemzelle, sondern von der Kugelform ausgeht.) Auch hierbei wird die Zellhülle gedehnt; nun aber nicht mehr linear (etwa entsprechend der Abb. 65a), sondern flächenhaft-zirkulär (wie in Abb. 2b im Zentrum; vgl. Abb. 64a). Auf diesen Reiz hin umgibt sich die Zelle mit einem dehnungs- oder zugfesten Fibrillenmantel, d. h. sie wird zur gekapselten Zelle. Auf der Konkavseite der Fraktur (D), wo das Gewebe gestaucht und die Zelle unter hydrostatischem Druck deformiert wird, entwickelt sich Knorpelgewebe.

Es ist nun die Frage, ob diese in ihrer Sinnfälligkeit bestechende theoretische Ableitung mit der Erfahrung *in allen Fällen* übereinstimmt oder nicht; d. h. ob es auch Beispiele gibt, in denen bei gleicher mechanischer Ausgangslage (abgewinkelte Fraktur) ein voluminöser Knorpelcallus an einer Stelle liegt, wohin er nach dem vorgezeichneten Bildungsschema nicht gehört (s. Abb. 13): nämlich auf der „Zug"-Seite des Bruchwinkels. Das ist nun tatsächlich der Fall. Die Arbeit WURMBACHS (1928) bietet hierfür zwei äußerst aufschlußreiche Belege.

Die Abb. 14 zeigt den 10 Tage alten Bruch eines Mäuseunterschenkels. In der Öffnung des Frakturwinkels liegt das Knorpelblastem, das nach proximal und distal von den Spongiosakeilen, nach lateral von einer deutlichen perichondralen Fasermembran umgrenzt ist. Insoweit stimmen die Verhältnisse genau mit der Abb. 13 und der dazugehörigen Ableitung überein.

Ganz anders dagegen auf der Konvexseite. Hier hat sich den beiden Fragmenten ein spongiöser Knochencallus aufgelagert, der an Masse dem konkavseitigen nicht viel nachsteht, und der auf dem linken Bruchstück sogar beträchtlich weiter nach distal hinabreicht als sein konkavseitiges Gegenüber. Am auffälligsten aber ist das auf der Konvexseite des Bruches gelegene, ganz unverhältnismäßig große Knorpelpolster, dessen Entstehungsursache die obige Ableitung nicht mehr zu deuten vermag. Die Möglichkeit, daß bei diesem Bruch die Stümpfe sich heftiger gegeneinander bewegt haben könnten, als das im allgemeinen der Fall zu sein pflegt, scheidet ebenfalls aus; denn innerhalb des Markraumes verbindet die beiden Stümpfe eine bereits knöcherne Callusbrücke, und das allein schon spricht unbedingt gegen diese Annahme. In einem Gewebe, das von mechanischen Kräften auch nur geringfügig intermittierend verzerrt wird, bildet sich kein Knochen (PAUWELS 1940, s. o. S. 45).

Anläßlich meiner „Untersuchungen über mechanische Ursachen der Knochenbildung" (ALTMANN 1949) habe ich WURMBACHs Versuchsergebnisse und PAUWELS' theoretische Über-

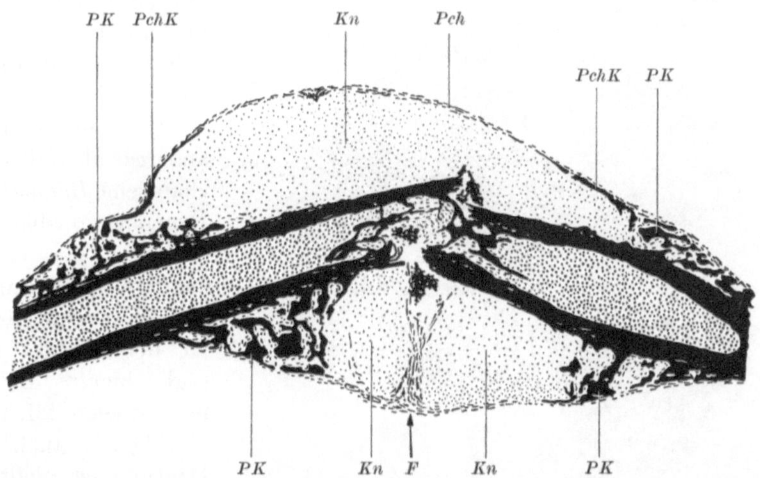

Abb. 14. Weiße Maus, 10 Tage alter Bruch des Unterschenkels. In der Markhöhle ist eine knöcherne Callusbrücke zwischen den beiden Stumpfenden entstanden. Oben und unten je ein zwischen Spongiosakeilen (*PK*) eingefaßtes Knorpelpolster (*Kn*). Das konkavseitige ist von einem noch faserigen, querverlaufenden Zwischenstreifen (*F*) in Pfeilrichtung unterteilt. *Kn* Knorpel; *Pch* Perichondrium; *PchK* perichondraler, *PK* periostaler Knochen. Versilberung nach BIELSCHOWSKY. Nach WURMBACH (1928)

legungen ausgiebig benutzt. Auch die Abb. 14 ist dort — wie bei PAUWELS (1940) — wiedergegeben, weil wenigstens auf der Konkavseite des Bruches die Callusform mit dem theoretischen Schema (Abb. 13) genau übereinstimmt. Die offensichtlich „programmwidrigen" Verhältnisse über der Bruchkonvexität dagegen habe ich damals schweigend auf sich beruhen lassen: weil es dafür vorläufig keine passende Deutung gab.

WURMBACH hatte diesen Fall (Abb. 14) ausdrücklich als Ausnahme gekennzeichnet. Es war aber nicht die einzige. In der Abb. 15 zeigt nämlich der rechte Bruch (Radius) die genau gleiche Regelwidrigkeit. Noch auffälliger ist, daß sich die beiden Callusmassen nach entgegengesetzten Seiten vorbauchen, obwohl die beiden Brüche nach der gleichen Seite hin abgewinkelt sind.

Daraus folgt: es kann nicht sein, daß Richtung und Stärke der Callusentwicklung *ausschließlich* von der Stellung des Bruches bestimmt werden (was PAUWELS allerdings auch nicht behauptet hatte).

Betrachtet man die Abb. 15 von ROUXs Theorie her, so sieht die Sache folgendermaßen aus: Wären „Druck und Abscherung" tatsächlich die alleinigen Ursachen der Knorpelbildung, so müßte sich der Knorpel dort entwickelt haben, wo Druck und Abscherung am ehesten zu erwarten waren, also zwischen den Bruchflächen und zwischen den Parallelknochen. Hierzu schreibt WURMBACH:

⟨Besonders hervorheben muß ich …, daß, wie die Abb. 15 in besonders eindeutiger Weise zeigt, die Knorpelbildung zwischen den beiden Parallelknochen so gut wie Null sein kann, während sich auf den abgewandten Seiten von Ulna und Radius sehr reichlich Knorpel entwickelt. Zwischen den Parallelknochen dürften jedenfalls stärkere abscherende Kräfte wirksam sein, als zwischen Knochen und Weichteilen allein. Man gewinnt auf Abb. 15 den deutlichen Eindruck, daß sich die Knorpelmassen dort entwickelt haben, wo am meisten Platz war. d. h. das Gewebe am stärksten entspannt war.⟩

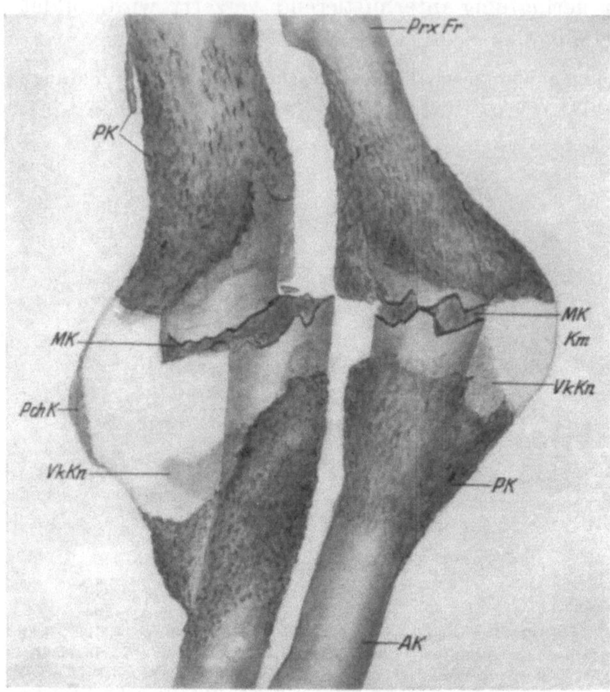

Abb. 15. ⟨Weiße Maus. Präparat eines 10 Tage alten Bruches des Unterarmes nach der Methode von SPALTEHOLZ. *Geringe* Knorpelentwicklung *zwischen* den Parallelknochen (links Ulna, rechts Radius), starke Knorpelmassen (*Km*) auf den *abgewandten* Seiten.⟩ *AK* alter Knochen; *MK* Markknochen; *PchK* perichondrale Knochenschale; *PK* periostaler Knochen; *PrxFr* proximales Fragment; *VkKn* verkalkter Knorpel. Abbildungsmaßstab 16:1. Nach WURMBACH (1928)

Das heißt aber nichts anderes, als daß die mechanische *Entlastung* des Regenerationsblastems die beste Voraussetzung zur Knorpelbildung ist. also das genaue Gegenteil zu der Ansicht ROUXs (vgl. hierzu BENNINGHOFF, oben S. 32f. und 36).

Allein, auch diese Deutung ist nicht stichhaltig, und zwar aus Gründen der Erfahrung. Denn nach Frakturen paralleler Knochen entwickelt sich der Callus oft genug gerade zwischen diese hinein, so daß die benachbarten Fragmente gar nicht selten in Form einer knöchernen Brücke schließlich miteinander verschmelzen; ein Ereignis, das die Chirurgen z. B. bei kompletten Unterarmbrüchen geradezu befürchten.

Stellen wir die beiden Ansichten — PAUWELS und WURMBACH — einander gegenüber, so ergibt sich folgendes:

1. PAUWELS. Die Masse des Regenerationsblastems liegt aus rein mechanischen Gründen auf der Seite des Bruches, ⟨wo die kleinsten Kräfte, d. h. die kleinsten Gewebsspannungen, entgegenwirken⟩. Bei Winkelstellung der Fragmente ist dies die Konkavseite der Fraktur, bei achsengerecht stehenden Brüchen dagegen ist keine Seite vor einer anderen bevorzugt. Bei Winkelstellung ist ein asymmetrischer, bei achsrechter Stellung dagegen ein (im wesentlichen) symmetrischer Callus zu erwarten (s. Abb. 12b).

Die Differenzierungsrichtung, die das Callusblastem einschlägt. ist im wesentlichen bestimmt von äußeren, rein mechanischen Momenten.

2. WURMBACH. Die Masse des Regenerationsblastems entwickelt sich dort, wo ⟨am meisten Platz, d. h. das Gewebe am stärksten entspannt ist⟩.

Mit PAUWELS' Ableitung stimmt dies nur scheinbar überein. Denn während PAUWELS konkret angibt, wo die stärkste Entspannung stattfinden wird, *erschließt* WURMBACH diese Stelle geringsten Widerstandes erst nachträglich, und zwar *aus der Lage der Knorpelmasse* (s. WURMBACHs zu Abb. 15 gehörigen Text, oben S. 54). Während PAUWELS die Gewebsentspannung als vorübergehenden Zustand betrachtet, der lediglich die örtliche Ansammlung des Bruchödems bedingt, danach aber von einem hydrostatischen Druckzentrum — also von einem neuen Spannungszustand — abgelöst wird, legt WURMBACH dieser Gewebsentspannung selber die eigentliche Bedeutung bei. Wie es dazu kommt, wird nicht weiter erörtert; zu dem Unterschenkelbruch (Abb. 14), der mit seinem regelwidrig-konvexseitigen Knorpelpolster diese Frage geradezu herausfordert, wird z. B. lediglich bemerkt, daß er ⟨*ausnahmsweise*[1] eine stärkere Knorpelmasse auf der konvexen Seite aufweist, während in den meisten Fällen auf der konkaven Seite der Fraktur die größere Knorpelmasse sich befindet⟩.

Ob das Endergebnis ein symmetrischer oder asymmetrischer Callus ist, oder in welcher Richtung eine asymmetrische Callusmasse sich schließlich ausdehnt, das hängt — wenn ich WURMBACH recht verstanden habe — von mehreren Faktoren ab, deren wichtigste die Art des Traumas und der Grad der Zerstörungen im Frakturbereich zu sein scheinen. Daß diese beiden Faktoren von Fall zu Fall äußerst verschieden sein können, ist selbstverständlich. Damit wird aber fraglich, inwieweit man verschiedene Frakturfälle miteinander vergleichen darf und ob man sie auf einen gemeinsamen Nenner bringen kann; denn weil die wirklichen Anfangszustände unbekannt und möglicherweise ganz verschieden sind, gibt es keine verläßliche Vergleichsbasis.

Ob aus dem Regenerationsblastem Knorpel oder Knochen entsteht, darüber entscheidet nach WURMBACH die Vermehrungs- und Wachstumsfähigkeit des Blastems im allgemeinen, und die Beziehung, die es mit dem Blutgefäßapparat eingeht, im besonderen: bilden sich nämlich ⟨dichte Massen von gewucherten Zellen⟩, die ⟨nicht durchzogen werden von frischen hyperämischen Gefäßsprossen⟩, so entsteht Knorpel. ⟨Ziehen (dagegen) sehr zahlreiche Capillaren durch das gewucherte Periost, so kommt es zwischen ihnen zur Knochenbildung und es entsteht Spongiosa.⟩ (l. c. S. 233.)

Gehen wir davon aus, daß bei einem eindeutigen Kausalverhältnis ein bekannter Anfangszustand (als Ursache) das Endergebnis bereits einschließt und wollten wir, dementsprechend, auf WURMBACHs Annahme ein Experiment mit vorhersagbarem Ausgang aufbauen, so gerieten wir damit in die größte Verlegenheit; von vornherein aus dem Grund, weil hier eine mehrgliedrige Kausalkette vor uns liegt, deren Anfangsglied experimentell nicht zu fassen ist: es fehlt die definierte, reproduzierbare Ausgangslage.

In WURMBACHs Überlegung beginnt der Vorgang mit ⟨dichten Massen von frischgewucherten Zellen⟩ als Grundstoff. Was aus diesem wird, das hängt davon ab, *was mit ihm geschieht*. Jedoch: wäre es nicht genausogut denkbar, daß eine derartige Zellballung von sich aus etwas tut, was das weitere Geschehen aktiv bestimmt?

---

[1] Im Original nicht hervorgehoben.

In dem einen Falle wäre dann zu fragen: differenziert sich ein Blastem tatsächlich deshalb knorpelig, weil es nicht vaskularisiert wird? Im zweiten Falle dagegen: unterbleibt die Vaskularisation vielleicht gerade deshalb, weil das Blastem sich knorpelig differenziert? Die Antwort hängt davon ab, welches Verhalten man den Blastemzellen selber zuordnet.

Wachsen sie langsam und breiten sie sich nur allmählich in ihre Umgebung hinein aus, so ist es sehr wahrscheinlich, daß das Blastem ausgiebig von Gefäßen durchdrungen wird.

Fangen dagegen in einem Gewebskomplex, der aus Zellen, Fasern und Blutgefäßen zusammengesetzt ist, die Zellen — aus was für Gründen immer — plötzlich sehr intensiv zu wachsen oder zu quellen an, so ändern sich die Verhältnisse grundlegend. Denn nun bringt die weitere Entwicklung Folgen mit sich, die denen des anwachsenden Bruchödems grundsätzlich gleichen: es entsteht ein örtlich begrenztes hydrostatisches Druckzentrum (s. S. 47 ff.).

Verständlicherweise können Capillarsprossen in einen derartigen Bezirk nur so lange eindringen, wie der Blastemdruck sich innerhalb bescheidener Grenzen hält. Nimmt er dagegen mehr und mehr zu, so werden selbst jene Gefäße, die bereits vor dem Druckanstieg innerhalb des Blastems gelegen waren, immer nachhaltiger gedrosselt. Ihr Zufluß versiegt, sobald der Gewebsturgor den Blutdruck übersteigt. Von ihren Anschlüssen abgeklemmt, werden sie zunächst lichtungslos, und nach einiger Zeit verfallen sie gänzlichem Schwund.

Tatsächlich sind derartig verödete Gefäße oder das, was von ihnen übriggeblieben ist, in jüngeren Knorpelblastemen einwandfrei nachweisbar. Mit ihren parallel angeordneten, plattgedrückten Kernen verraten sich derartige Gefäßreste noch recht lange, selbst bei bereits fortgeschrittenem Rückbildungszustand.

Man sieht: der Kausalzusammenhang, den WURMBACH angenommen hat, ist ohne weiteres umkehrbar. Der Knorpel bildet sich also nicht deswegen, weil in sein Muttergewebe keine Blutgefäße einsprossen, sondern umgekehrt: weil das Blastem sich knorpelig differenziert, wird seine Vaskularisation rückgängig gemacht oder von Anfang an verhindert (s. ALTMANN 1949).

Die Bedingungen, von denen PAUWELS den ganzen Differenzierungs- und Gestaltungsvorgang abhängig macht, haben also die größere Wahrscheinlichkeit für sich, und zwar aus folgenden Gründen:

1. Die Ableitung nach PAUWELS (1940) geht von rein mechanischen Vorstellungen aus. Sie arbeitet ausschließlich mit den Faktoren Kraft, Verformung, Beanspruchung und Spannung. Was an Voraussetzungen gegeben ist, das läßt sich in eine Zeichnung eintragen; und was an Folgen zu erwarten steht, das läßt sich aus dieser Zeichnung herleiten (vgl. Abb. 13). Mit anderen Worten: die Bedingungen sind so übersichtlich, daß man darauf jederzeit ein Experiment aufbauen und die theoretische Voraussage am Ergebnis prüfen kann.

Dagegen geht WURMBACHS Deutung von Voraussetzungen aus, die sich weder vorausberechnen noch experimentell erzwingen lassen: An welcher Stelle ⟨die traumatischen Reize und die Gewebsentspannung zu einer starken Hyperämie und Gefäßsprossung führen⟩; ob oder wo ⟨dichte Massen gewucherter Zellen⟩ entstehen; ob diese von Gefäßsprossen durchwachsen werden oder nicht: das alles ist ganz ungewiß.

Die gegenseitigen Beziehungen zwischen einem gefäßreichen Blastem und Knochenbildung oder zwischen einem gefäßlosen Muttergewebe und Knorpelbildung, die WURMBACH miteinander ins Kausalverhältnis setzt, lassen sich also immer erst nachträglich feststellen, d. h. wenn die fragliche Differenzierung bereits eingetreten ist. Der für WURMBACHs Deutung kritische Status nascendi läßt sich experimentell nicht *beliebig* verwirklichen; und wenn er tatsächlich gegeben wäre, so ließe er sich intravital nicht feststellen. Im histologischen Präparat aber ist er notwendig auch schon Endzustand. Daß sich das vorliegende Blastem tatsächlich in Abhängigkeit von den gegebenen Vascularisationsverhältnissen in der oder jener Richtung weiterdifferenziert *hätte*, läßt sich infolgedessen niemals beweisen.

2. Die Ableitung nach PAUWELS erlaubt Voraussagen, die sich mit statistisch hoher Signifikanz bewahrheiten. Bei abgewinkelten Frakturen ist der Callus tatsächlich meist asymmetrisch, und seine stärkste Ausbauchung liegt ganz vorwiegend in der Konkavität des Frakturwinkels. Daß an dieser Stelle die Callusbildung jemals ganz ausgeblieben wäre, dafür kenne ich keinen einzigen Fall. Die Vorhersage, bei Winkelstellung der Fragmente werde sich der Callus hauptsächlich auf der Konkavseite des Bruches anlegen und dort während seiner Entwicklung ein knorpeliges Stadium durchlaufen, hat aus reinen Erfahrungsgründen einen so hohen Wahrscheinlichkeitsgrad, daß von statistischer Gesetzmäßigkeit gesprochen werden darf.

Es ist freilich ein Charakteristicum jeder Art statistischer Gesetzmäßigkeit, daß sie sich nur bei einer hinreichend großen Zahl von Fällen — und je mehr desto sicherer — bewährt, während der Einzelfall prognostisch ganz unsicher ist. Einzelne „abwegige" Versuchsergebnisse (wie in Abb. 14 oder 15 rechts) müssen daher noch keineswegs gegen die Theorie sprechen; und erst recht nicht, wenn sich die Regelwidrigkeit nur auf einen Teil erstreckt, während das übrige mit der Theorie so ausgezeichnet übereinstimmt, wie hier die Verhältnisse auf den Bruchkonkavseiten.

Jedoch ist damit die Tatsache nicht aus der Welt geschafft, daß der Callusknorpel offenbar auch noch unter ganz anderen Bedingungen entstehen kann, als sie die Ableitung nach PAUWELS zu erkennen gibt. Es fragt sich nur, was für Bedingungen das sein könnten.

Hier wird man sich daran erinnern, daß WURMBACH die Knorpelbildung von ⟨dichten Massen gewucherter Zellen⟩ ausgehen läßt, und das trifft zweifellos zu. Verständlicherweise kann eine solche Zellwucherung um so massiger werden, je mehr „Platz" (s. o. S. 54) ihrem Anschwellen zur Verfügung steht. Damit aber hätten wir wenigstens einen — hinsichtlich WURMBACHs Annahme allerdings auch zugleich den einzigen — Angriffspunkt für ein Experiment, denn dieser „Platz" läßt sich schaffen.

Die nächstliegende Möglichkeit zu ermitteln, ob ein Faktor für ein bestimmtes Geschehen ursächliche Bedeutung hat oder nicht, besteht darin, diesen Faktor auszuschalten. Im vorliegenden Falle steht zur Erörterung:

1. Die Ursache der Callusasymmetrie. Sie beruht — nach PAUWELS und WURMBACH — darauf, daß auf Konvex- und Konkavseite des Bruches die Entwicklungs- und Ausdehnungsmöglichkeiten des Callusblastems verschieden sind.

2. Die Ursache der knorpeligen Differenzierung des Callusblastems. Nach PAUWELS (1940) ist dies die spezifische Beanspruchung der Blastemzelle unter hydrostatischem Druck, d. h. ihre spezifische Verformung *durch äußere Kräfte* („Motor" der kausalen Histogenese, s. o. S. 50).

Die Frage lautet nun folgendermaßen: Was geschieht mit einer Fraktur

1. wenn die Fragmente keinen Winkel bilden, sondern achsengerecht stehen?
2. wenn das Callusblastem sich um die Bruchstelle herum nach allen Seiten ungehindert ausbreiten kann?
3. wenn das Callusblastem vor äußeren mechanischen Einwirkungen geschützt ist?

Eine Versuchsanordnung, die diese Bedingungen hinreichend verwirklicht, sieht folgendermaßen aus: Bei Ratten wurde die Fibula (s. S. 44!) auf ungefähr 5 mm Länge unter sorgfältiger Schonung des Periosts freipräpariert und an dieser Stelle quer durchtrennt. Dann wurde eine Knochenhülse (mazeriertes, ausgekochtes Rattenfemur) so über die Fragmente geschoben, daß die Bruchstelle ungefähr in den mittleren Hülsenquerschnitt zu liegen kam (Abb. 16; Näheres s. ALTMANN 1950).

Die Röntgenkontrollen nach der Operation (zwei Aufnahmen in zueinander senkrechten Ebenen) und die in verschiedenen Zeitabständen angefertigten Schnittserien ergaben übereinstimmende Bilder: Der Fibulaknochen lag entweder in der Achse der Hülse oder nur wenig exzentrisch. Zur Berührung zwischen diesen beiden Teilen kam es nie. Dieser Umstand, der für unsere Fragestellung noch besondere Bedeutung haben wird, ist wohl dem günstigen Zufall zu verdanken, daß der ringsum gleich starke Weichteildruck das Implantat in der Schwebe gehalten hatte. Endgültig in dieser Lage befestigt wurde es folgendermaßen: In wenigen Tagen lagerten sich auf den beiden Fibulastümpfen spongiöse Knochenmassen von der bekannten Konsolenform ab, die mit ihren breiten Enden bis an die Hülsenöffnungen heranreichen (Abb. 16). Damit war in kurzer Zeit jede Verschiebemöglichkeit unterbunden (Näheres s. ALTMANN 1950).

Was wird nun innerhalb der Hülse geschehen? Man kann je nach der Auffassung, die man zur Überlegungsgrundlage macht, recht verschiedene Prognosen stellen.

1. Nach Roux. Der Versuch wurde an einem ausgewachsenen Organismus angestellt. Ein solcher befindet sich nach ROUX in der ⟨Periode der „vorherrschenden funktionellen Reizgestaltung", in welcher ohne die Ausübung der sog. Erhaltungs- oder Betriebsfunktion resp. ohne deren „funktionelle" Reize fast kein Wachstum mehr stattfindet⟩ (ROUX 1912, S. 298).

Auf die frei in die Hülse hineinragenden Knochenstümpfe wirken gewiß keine „funktionellen" Reize. Die Bruchflächen können weder einander genähert noch voneinander entfernt werden, und gegen seitliche Einwirkungen (Abscherung) ist die Bruchstelle ringsum abgeschirmt. Wollte man also ROUX' oben angeführten Satz wörtlich nehmen, so wäre es wenig aussichtsreich, mit Neubildungen überhaupt zu rechnen.

Im Gegenteil. Sobald nämlich die knöcherne Verbindung zwischen den Spongiosakeilen und den Hülsenenden hergestellt ist, sind die in der Hülse eingeschlossenen Fibulaabschnitte „funktionell" vollends bedeutungslos und damit abbruchreif. Tatsächlich waren in einigen der insgesamt 23 Versuchsfälle die innerhalb der Hülse gelegenen Fibulaschaftstücke fortschreitendem Abbau verfallen und nach einiger Zeit zugunsten eines großen Markraumes vollständig verschwunden (s. ALTMANN 1950).

Sollte aber trotzdem ein regelrechtes Frakturblastem heranwachsen, so wäre noch nicht einmal zu vermuten, was weiter daraus wird. In einer leeren, starr-

wandigen Röhre und zwischen unbeweglichen, auf Abstand gehaltenen Bruchflächen kann das Gewebe weder „funktionell" gereizt noch „spezifisch beansprucht" werden. Infolgedessen bestünde — nach ROUX — zu einer Differenzierung überhaupt kein Anlaß.

Daraus folgt: wie die umhülste Fraktur sich verhalten wird, das bleibt in jeder Hinsicht unbestimmt.
Eine Voraussage ist nicht möglich.

2. Nach Pauwels. Die Form und die Lage des Callus
werden bestimmt von den räumlichen Verhältnissen,
die das vorquellende Frakturödem zu Anfang *geschaffen* hat (s. S. 52).

Die Differenzierung des Callusblastems richtet sich
nach den mechanischen Verhältnissen, die an der Bruchstelle obwalten (s. S. 52).

Bei der umhülsten Fraktur ist das Callusblastem
1. nach keiner Seite hin behindert, so daß es die Bruch-
schäfte ringsherum gleichmäßig umwachsen kann; 2. vor
mechanischen Einflüssen jeder Art sicher, so daß seine
Zellen „in völliger Ruhe" sich alsbald zu Osteoblasten
differenzieren und mit der Knochenbildung beginnen
können.

Demnach wäre unter den gegebenen Verhältnissen
am ehesten ein mantelförmiger und im wesentlichen
symmetrischer Knochencallus (etwa entsprechend der
Abb. 12 b) zu erwarten, der das knorpelige Zwischenstadium ausgelassen hat.

3. Nach Wurmbach. Die Form und die Lage des
Callus hängt davon ab, wo und wieviel „Platz" das
Frakturblastem *vorfindet* (s. S. 54f.).

Die Differenzierung des Blastems richtet sich nach
der Wachstumsintensität seiner Zellen und nach dem
Verhalten der Blutgefäße (s. S. 55).

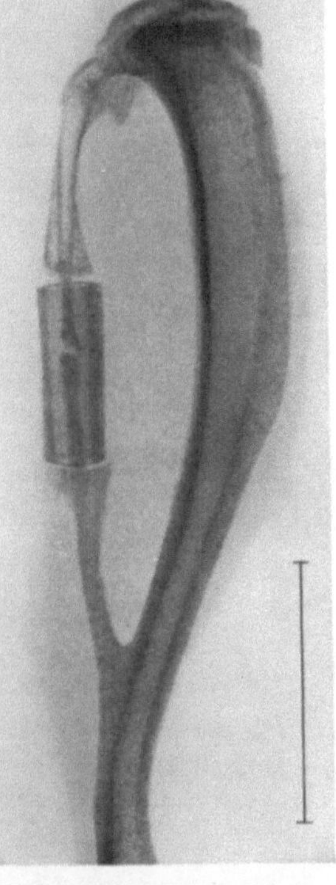

Abb. 16. Umhülste Fibulafraktur
(Ratte) nach 30 Tagen Versuchsdauer. Die Knochenhülse ist oben
und unten von neugebildetem
Knochen (Spongiosakonsolen) eingefaßt. Die eingetragene Länge
entspricht 10 mm. Histologische
Übersichten zu diesem Präparat
s. Abb. 19a, 19b und 22

Bei der umhülsten Fraktur sind die räumlichen Verhältnisse von Anfang an
festgelegt. Aber inwieweit und wo das Blastem diesen „Platz" ergreifen und wie
sich der Blutgefäßapparat dem Blastem gegenüber verhalten wird, das ist nicht
abzusehen (s. S. 56f.).

Infolgedessen können die Endergebnisse ganz verschieden sein: ein symmetrischer oder asymmetrischer, ein spongiös-knöcherner oder ein aus Knorpel
und Knochen gemischter Callus. Die Voraussage ist daher sehr unbestimmt, wenn
auch in einem ganz anderen Sinne als bei ROUX.

Was hat sich nun tatsächlich ereignet? Die Ergebnisse waren keineswegs
einheitlich. Einesteils wurden Rückbildungen der umhülsten Knochenabschnitte
beobachtet, die in einigen Fällen sogar zu gänzlichem Schwund führten; andern-
teils gab es aber auch richtige Heilungen. Und in diesen Fällen entstand in der
Hülse ein regelrechter Knochencallus, der mit seiner schlanken Spindelform der
theoretischen Erwartung (Abb. 12 b) ziemlich genau entsprach.

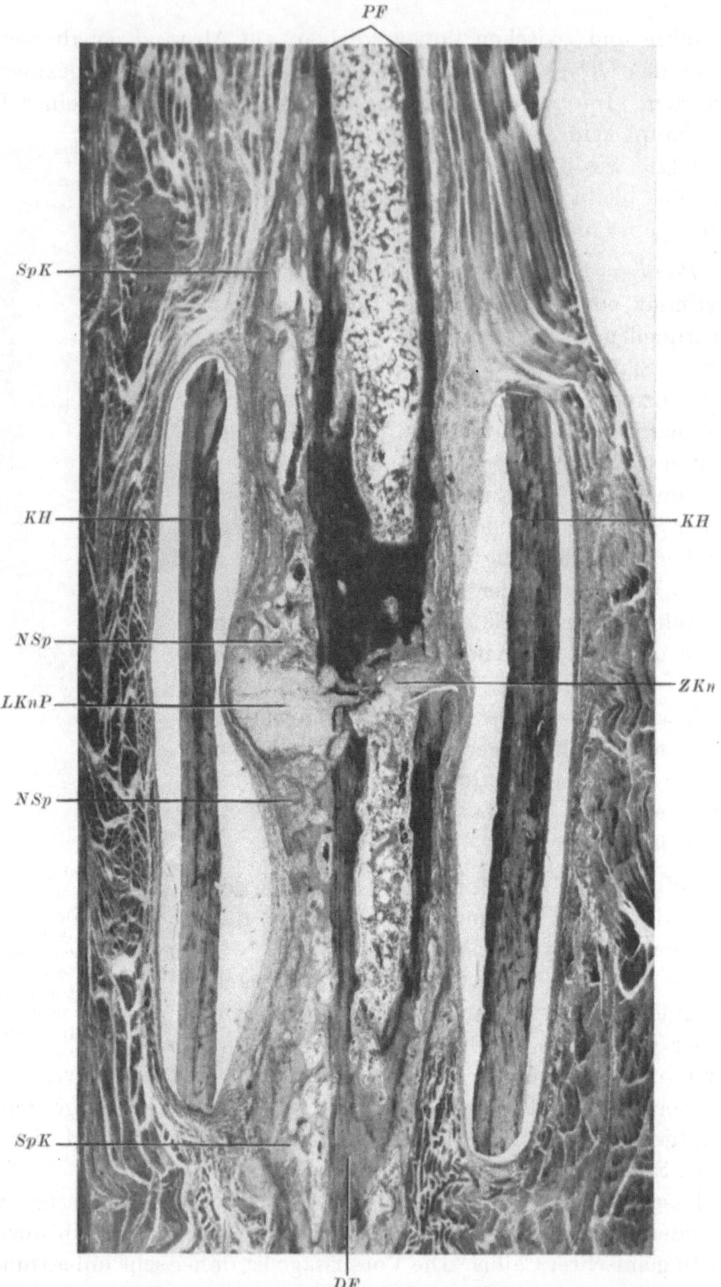

Abb. 17. Umhülste Fraktur nach 21 Tagen Versuchsdauer. *DF*, *PF* distales und proximales Fragment; *KH* Anschnitte der Knochenhülse; *LKnP* laterales Knorpelpolster; *NSp* neugebildeter spongiöser Knochen innerhalb, *SpK* außerhalb der Hülse (Spongiosakeile); *ZKn* Zwischenknorpel im Bruchspalt. Oberhalb der Hinweislinie *LKnP* ist ein schmaler, querverlaufender Streifen zu sehen, der sich bei stärkerer Vergrößerung als kollagener Faserzug erweist (vgl. den faserigen Zwischenstreifen in der Abb. 14!). Abbildungsmaßstab 24:1

In einem Falle jedoch hatte sich trotz „völliger Ruhe" und trotz achsrechter Bruchstellung ein Callus entwickelt, wie er für *abgewinkelte und mechanisch belastete Frakturen* charakteristisch ist.

Die Abb. 17 zeigt in Höhe des Frakturspaltes ein einseitiges, weit ausladendes Knorpelpolster, das oben und unten von typischen Spongiosakeilen eingefaßt ist. Sieht man von der Stellung des Bruches ab, so entsprechen diese Verhältnisse genau der Konkavseite der Fraktur, die in Abb. 15 links wiedergegeben und dort näher beschrieben ist. Nun ist aber in jenem Falle die Lage des Callus und die Entstehung der Spongiosakeile aus der *winkeligen* Fragmentstellung abgeleitet. Worauf also jene Ableitung aufgebaut war: die Gewebsentspannung und die Abspreizung der Muskelfasern auf der einen Bruchseite, die Dehnung des Gewebes und die Entstehung einer eng anliegenden kollagenen Zuggurtung auf der anderen Bruchseite — all das kann bei der umhülsten Fraktur (Abb. 16) nicht gelten.

Das abgebildete Präparat entstammt einer Reihe von früheren Versuchen, über die ich (ALTMANN 1950) in anderem Zusammenhang berichtet habe. Anlaß zu diesen Experimenten hatte folgende Frage gegeben: Kann ein Bruch auch dann knöchern zusammenheilen, wenn seine Weichteilumgebung und insbesondere die „frakturbeteiligte Muskulatur" (REHN 1923) gehindert wird, an den Reparationsvorgängen teilzunehmen? Unter diesem Gesichtspunkt nämlich hatte ich die Brüche mit den Knochenröhren umhülst; die Bruchstümpfe sollten von den Weichteilen zuverlässig geschieden sein.

Ergebnis: Die Frakturen heilten auch dann, wenn die Weichteile der Umgebung ausgeschaltet waren.

Nun war mir aber folgendes aufgefallen: Standen die Stumpfenden einander nahe gegenüber, so verlief die Callusbildung viel eher über ein ausgeprägt knorpeliges Zwischenstadium als bei größeren Knochendefekten und bei weitem Bruchspalt. Im letzteren Falle war der Knorpelanteil des Callus viel geringer oder er fehlte sogar ganz. Das mußte seine Gründe haben. Anstatt nun aber diesen Gründen systematisch nachzugehen und dabei zuallererst der besonderen Versuchsbedingungen zu gedenken (es handelte sich um *Fibula*frakturen!), bewegte ich mich bedenkenlos in eingefahrenen Spuren: wo Knorpel war, da mußten äußere Kräfte am Werk gewesen sein. Also schrieb ich:

⟨War der Frakturspalt nicht zu weit, so konnte das in demselben angelegte Blastem wie bei jeder gewöhnlichen Fraktur durch Annäherung der Fragmente (Wirkung der sich erholenden Muskulatur) unter Druck gesetzt werden. Infolgedessen mußte sich innerhalb der Hülse ein Knorpelcallus entwickeln unter reiner Druckwirkung bei gleichzeitiger, völliger Ausschaltung aller seitlich wirkenden Kräfte.⟩ (ALTMANN 1950, S. 58.) Hierbei hatte ich folgendes ganz übersehen:

1. Von einer „Annäherung der Fragmente" hätte bei der Fibula nur dann die Rede sein können, wenn entweder die Tibia gleichzeitig, oder wenn die Fibula an mindestens zwei Stellen durchtrennt worden wäre[1]. Das war aber nicht der Fall, und damit wird die ganze Ableitung hinfällig. Weil beide Fibulastümpfe an der Tibia befestigt waren, konnte das Blastem im Bruchspalt gar nicht „unter Druck gesetzt werden".

2. Zu dieser Verkennung des Sachverhaltes gesellte sich noch ein doppelter Verstoß gegen ROUXs Theorie. Denn nach ROUX hätte „bei völliger Ausschaltung

---

[1] Eine Biegung der Tibia — an die man als letzte Möglichkeit denken könnte — kommt sicher nicht in Betracht. Denn bei anderen und genauso angelegten Versuchen war im Bruchspalt der Knorpel ausgeblieben (s. S. 62 und 70f.).

aller seitlich wirkenden Kräfte" (d. h. ohne „Abscherung") gar kein Knorpel entstehen dürfen; und unter „reiner Druckwirkung" hätte das Blastem — ebenfalls nach Roux — nichts anderes als Knochen hervorbringen können.

Will man die Voraussetzungen und das Ergebnis dieses Versuches endlich ins rechte Verhältnis zueinander bringen, so kann man gar nicht anders, als die Tatsachen gegen Rouxs Theorie entscheiden zu lassen. Denn aus den Tatsachen folgt:

Der Callusknorpel in der Abb. 17 kann weder auf „reinen Druck" noch auf „Druck mit Abscherung" zurückgeführt werden; *er hat mit äußerer Mechanik überhaupt nichts zu tun.*

Diese Berichtigung kommt leider um Jahre zu spät. Denn inzwischen hat man sich von verschiedener Seite auf meine Versuchsergebnisse oder deren Deutung berufen, bezeichnenderweise in verschiedenem Sinne.

Hasche-Klünder u. Gelbke (1952) hatten geglaubt, auch bei der umhülsten Fraktur ⟨Wackel- und Scherbewegungen der Fibulafragmente ... infolge von Muskelkontraktionen⟩ annehmen zu müssen; denn ⟨knorpelige Differenzierung des provisorischen Callus — so meinten sie — findet sich nur, wenn im Bruchbereich in der ersten Bildungsphase des Keimgewebes Kräfte durch Scherung, Drehung, Biegung oder Zug wechselnder Stärke wirksam werden, die eine Gewebsunruhe hervorrufen⟩ (Hasche-Klünder u. Gelbke, l. c. S. 81 ff.). Die beiden Autoren waren also von Rouxs Theorie ausgegangen.

Krompecher dagegen hatte schon lange die Ansicht vertreten, daß Knorpel unter *reinem Druck* entstehe (s. S. 100 f.). In dieser Ansicht wähnte sich Krompecher (1956) nun bestätigt. Er warf daher Hasche-Klünder u. Gelbke vor, den ⟨klaren *Ergebnissen* und *Deutungen* Altmanns ... eine andere *Interpretation* zu geben. ... Als Resultat dieser Altmannschen Versuche — so Krompecher — steht der *objektive Befund*, daß *durch das Einwirken eines reinen Druckes ein Knorpelcallus entsteht*⟩ (Krompecher, l. c. S. 478).

Leider hatten sich beide Parteien getäuscht. Denn Hasche-Klünder u. Gelbke war entgangen, daß ich tatsächlich *reinen Druck* angenommen hatte und also von Roux abgewichen war; und Krompecher hatte einer Ableitung vertraut, die in Wirklichkeit eine Mißdeutung der Tatsachen war. Schuld an dieser Täuschung (und an meinem eigenen Irrtum) dürfte indessen folgendes gewesen sein:

So ganz leichtfertig oder kritiklos, wie es aussehen mag, hatte ich jenen Callusknorpel (Abb. 17) nun doch nicht in das unglückliche Denkschema gezwängt, das vor den Knorpel stets die mechanische Beanspruchung des Muttergewebes setzt. In zwei Kontrollexperimenten hatte ich bei sonst genau gleichen Versuchsbedingungen zusätzlich noch die Nerven durchschnitten, um zu sehen, ⟨ob die Kontraktionsfähigkeit der frakturbeteiligten Muskulatur für den Ablauf der ... Regenerationsvorgänge von Bedeutung ist⟩. Ergebnis: ⟨Die *Knochen*neubildung innerhalb der Hülse lief genau wie bei den nichtgelähmten Tieren ab; mit dem einzigen Unterschied, daß die Überbrückung des Bruchspaltes durch reinen Bindegewebsknochen ohne jedes Vorkommen von Knorpel bewerkstelligt wurde.⟩ (Altmann 1950, S. 70.)

Meine Annahme (s. S. 61) schien also bestätigt; und weil gleich zwei Kontrollversuche übereinstimmend knorpelnegativ ausgefallen waren, hatte ich geglaubt, gegen Zufälligkeiten hinreichend gesichert zu sein.

Hasche-Klünder u. Gelbke hatten aus diesen scheinbar eindeutigen Kontrollexperimenten hergeleitet, daß mit der Ausschaltung der Muskelkontraktionen die Wackel- oder Scherbewegungen beseitigt waren, Krompecher dagegen dürfte (genau wie ich selber) gefolgert haben, daß die Muskellähmung die Druckwirkung aufgehoben hatte. In Wirklichkeit konnte weder das eine noch das andere richtig sein, weil wir alle miteinander von falschen Voraussetzungen augegangen waren.

Den Anlaß, jenen ersten Deutungsversuch (s. S. 61) von Grund aus zu überprüfen und dann umzustoßen, hatte folgende Beobachtung gegeben: in mehreren Fällen von Frakturumhülsungen war die Knorpelbildung ausgeblieben, obwohl die Muskeln sorgfältig geschont und die Nerven *nicht* durchschnitten worden waren (s. S. 70).

Aus der Topographie der Knorpelbildungen bei Knochenbrüchen läßt sich nach dem bisherigen folgendes ableiten:

1. Auch die absolute Gewebsruhe schließt die Möglichkeit knorpeliger Differenzierung nicht aus (Knorpel in der Markhöhle, s. S. 42f.; Knorpelcallus bei der umhülsten Fibulafraktur).

2. Bei abgewinkelten Frakturen erfährt das Gewebe auf der Konvexseite des Bruches stets den gleichen mechanischen Reiz (einachsige Dehnung); trotzdem kann es an dieser Stelle zu ganz verschiedenen Reaktionen kommen. Die Knorpelbildung kann sehr spärlich sein oder ganz fehlen (s. Abb. 13, linke Seite), sie kann aber genausogut beträchtliche Ausmaße erreichen (s. Abb. 15, rechte Seite, und Abb. 14).

Bei achsrecht stehenden Brüchen kann der Callus eine symmetrische Spindelform annehmen, er kann sich aber auch ganz asymmetrisch nach einer Seite vorbauchen (Abb. 17).

Wie stark und wo sich der Knorpelanteil eines Callus entwickeln wird, läßt sich also trotz genauer Kenntnis der mechanischen Umstände (Bruchstellung im Röntgenbild) im Einzelfall nicht vorhersagen.

Daraus folgt: Es kann nicht sein, daß äußere mechanische Einwirkungen die alleinige Entstehungsursache des Knorpels sind.

Die Ergebnisse der Gewebezüchtung (MAXIMOW, ROULET) beweisen dies; zu der gleichen Einsicht zwingt die überwiegende Mehrzahl embryonaler Knorpelbildungen. Sie lassen sich mit einer „direkten Bewirkung" nicht erklären. Und die wenigen Beispiele, welche die Annahme „funktioneller Momente" scheinbar rechtfertigen, werden um so fragwürdiger, je kritischer man sie im Rahmen des Gesamten zu sehen versucht: was nur für wenige Ausnahmen zutrifft, das kann kein übergeordnetes Prinzip sein.

Trotzdem hat man immer wieder und wo es nur angehen mochte versucht, die embryonale Knorpelentwicklung auf örtlich gegebene mechanische „Wirkungen" zurückzuführen. Zum Beispiel: Bei 75 mm langen menschlichen Embryonen tritt ⟨in der dichten periostalen Verbindung der vorderen Unterkieferenden⟩ Knorpelgewebe auf. Vom primordialen Visceralskelet kann dieser Knorpel nicht abstammen, weil er davon ganz unabhängig entsteht. Es handelt sich also um eine jener sekundären Knorpelbildungen, die ⟨anscheinend rein örtlichen und individuellen, bleibenden oder vorübergehenden funktionellen Bedürfnissen ihre Entstehung verdanken⟩. Im vorliegenden Falle soll dies die Verschieblichkeit der beiden vorderen Unterkieferenden sein (SCHAFFER 1930, S. 338ff.).

Diese Deutung gelten zu lassen ist reine Glaubenssache; denn ob die beiden mesialen Unterkieferenden sich auf dieser Entwicklungsstufe tatsächlich gegeneinander verschieben, das hat noch niemand gesehen. Nachweisen, daß sie das nicht tun, kann man aber auch nicht. Aus dieser Unsicherheit hilft nur der Vergleich mit anderen Sekundärknorpeln; und zwar an Stellen, wo niemand im Ernst an eine mechanisch-funktionelle Genese denkt: nämlich in der Mittelnaht des Gaumens oder am kranialen Rande des Vomer (s. SCHAFFER, l. c.).

Es gibt indessen auch Beispiele, die ihrer praktischen Bedeutung halber Gegenstand ernsthafter Erörterungen gewesen sind. Hierher gehören Knorpelinseln in Geschwülsten oder im Callus luxurians parostaler Herkunft; also Knorpelbildungen, die ⟨keine deutlichen Beziehungen zu dem Angriff abscherend wirkender Bewegungsreize erkennen lassen⟩ (LAUCHE 1937). Könnte man sich bei der normalen Entwicklung auf ROUXs „gestaltende Determinationsfaktoren" oder, beim pathologischen Wachstum, auf erhaltengebliebene „embryonale Potenzen" allenfalls noch berufen, so geht dies beim parostalen Callusknorpel des Erwachsenen sicher nicht an.

Das hat zwei Gründe: Der Callusknorpel entsteht nicht autochthon wie der embryonale oder der Geschwulstknorpel, sondern auf einen äußeren Anlaß hin, nämlich das Trauma. Und der Callusknorpel des Erwachsenen entsteht weit jenseits der ⟨Periode des afunktionellen Gestaltens⟩ (d. h. jenseits der Differenzierungsfähigkeit ⟨ohne Beihilfe der Funktionierung⟩; Roux 1912, S. 298), so daß für ihn als Differenzierungsursache tatsächlich nur die spezifische mechanische *Beanspruchung* übrigbleibt.

Hier meldet Lauche (1937) allerdings berechtigte Bedenken an: ⟨Es fragt sich nur, ob nicht auch andere Bedingungen die Entwicklung von knorpeligem Kallus auslösen können. Die Möglichkeit hierzu muß unbedingt zugegeben werden, denn wir sehen ja im Verlauf der normalen Embryonalentwicklung und in Geschwülsten häufig Knorpelbildung, ohne daß Bewegungsreize für ihre Entstehung eine Rolle spielen könnten. Bevor man aber für die Bildung von knorpeligem *Kallus* im späteren Leben außerhalb von Geschwülsten die Beziehungen zu mechanischen Einwirkungen mit Sicherheit ablehnen kann, müßte man … zunächst durch körperliche Rekonstruktion der Knorpelinseln im Kallus und durch die genaue Untersuchung ihrer Beziehungen zu der umgebenden Muskulatur und den Bewegungsmöglichkeiten im Einzelfalle nachweisen, daß in dem betreffenden Falle solche Beziehungen nicht in Frage kommen. Das ist bisher meines Wissens noch niemals geschehen und würde auch sehr umständlich und schwierig sein. Solange also derartige Untersuchungen noch nicht vorliegen, ist durchaus mit der Möglichkeit zu rechnen, daß auch für die unübersichtlich liegenden Fälle von knorpeliger Kallusbildung (d. h. bei unerweislichen Beziehungen zu mechanischen Reizen, d. Ref.) die gleichen Vorbedingungen gelten wie für die übersichtlichen und einfach gelagerten, d. h. also, *daß auch sie bestimmt gerichteten Bewegungsreizen ihre Entstehung verdanken*[1].⟩

Dem Einwand, der sich in diesen Sätzen ausdrückt, muß man zwar uneingeschränkt beipflichten. Warum aber macht Lauche eine ebenso vorsichtige wie deutliche Scheidung zwischen der Knorpelbildung beim Embryo oder bei Geschwülsten und der „Bildung von knorpeligem *Callus*"? Deutlicher als hier kann der beherrschende Einfluß der Rouxschen Theorie — und zugleich deren Zwiespältigkeit — gar nicht offenbar werden: als ob es ein allgemein gültiges Differenzierungsprinzip überhaupt nicht geben könne, führt man den embryonal (und den neoplastisch) entstandenen Knorpel stets auf „ererbt den Zellen innewohnende Fähigkeiten" (Lauche, l. c.), den beim Erwachsenen neugebildeten dagegen ausschließlich auf äußere mechanische Einwirkungen zurück. Folgerichtig ist denn auch der letzte, nach Lauche zitierte Satz (s. o.) ein klassisches Beispiel für jene Inversion der Rouxschen These (s. S. 39), wonach aus einer gegebenen Binde- oder Stützsubstanzspecies auf die verursachende Beanspruchungsqualität rückgeschlossen wird.

Nun soll man aber „für die Bildung von knorpeligem *Callus* … die Beziehungen zu mechanischen Einwirkungen mit Sicherheit ablehnen" können, wenn im Einzelfalle nachgewiesen ist, „daß … solche Beziehungen nicht in Frage kommen" (Lauche, s. o.). Für den auf S. 58 beschriebenen Versuch und sein Ergebnis (s. S. 61 f.) dürfte dies zutreffen. Dieser Knorpelcallus ist tatsächlich ohne erkennbare mechanische Einwirkung entstanden.

---

[1] Im Original nicht hervorgehoben.

Der hier naheliegende Einwand, daß Druckwirkung auf das interfragmentäre Blastem zwar ausgeschlossen (vgl. S. 44 und 61), eine seitliche Verschiebung der Bruchstümpfe gegeneinander (Abscherung des Gewebes im Bruchspalt) aber immerhin möglich gewesen sei, ist nicht stichhaltig. Die Abb. 17 lehrt nämlich folgendes: Auf den beiden Bruchstümpfen ist zu beiden Seiten neugebildeter spongiöser Knochen zu erkennen, links sogar von auffallender Masse. Die außerhalb der Hülse gelegenen Abschnitte dieses Anbauknochens haben nun eine sehr bezeichnende Form: genau von den Hülsenenden an fallen sie in ganz flachen Bögen gegen die Fibulaoberfläche hin ab (s. Abb. 17, links oben und unten), und nach der Seite dehnen sie sich nur so weit aus, wie die über den Hülsenrand abgehebelte Muskulatur von ihrer Insertionsfläche abgespreizt ist. Es handelt sich also um typische „Spongiosakeile" (s. S. 46), wie sie stets dann entstehen, wenn das Periost firstartig vom Knochen abgehoben und in dieser Stellung fixiert wird (s. auch S. 117 und Abb. 45). Jeder Spongiosakeil ist der knöcherne Ausguß einer typisch geformten periostalen Matrize (s. ALTMANN 1949 und 1950), deren Faserverspannung den Osteoblasten als „Leit- oder Lehrgerüst" (PAUWELS 1940) gedient hat.

Gehen wir nun von der begründeten Annahme aus, daß die Vorstufe des Knochengewebes — das Osteoid — ein Material darstellt, ⟨zu dessen Bildung und Erstarrung die äußerste Ruhe und Abwesenheit aller Bewegung notwendige Bedingung ist⟩ (L. FICK 1857); weiter ⟨daß die Ausreifung der Blastemzelle zum Zytoosteon nur an einer Stelle erfolgen kann, wo keine mechanischen Kräfte, auch kein Druck, unmittelbar auf die Zelle wirken⟩ (PAUWELS 1940): so müssen wir auch annehmen, daß das zwischen Fibula und Hülse ausgespannte Lehrgerüst keine wechselnden Verformungen erlitten haben kann. Nie wäre hier Knochen — dazu noch von so charakteristischer Form — entstanden, wenn die Bruchstümpfe tatsächlich pendelnde Bewegungen gegeneinander ausgeführt hätten. Denn jede derartige Verschiebung der Fragmente hätte zwangsläufig auch das ganze, an ihnen befestigte Bindegewebsgerüst intermittierend verzerrt.

Hier wird man wahrscheinlich einwenden, daß ich mich im Falle *Knochen* einer Beweisführung bediene, die ich für den Fall *Knorpel* ausdrücklich abgelehnt habe; nämlich von einer gegebenen Gewebsqualität auf deren Entstehungsbedingungen rückzuschließen.

In Wirklichkeit handelt es sich hierbei um wesentlich verschiedene Ableitungen. Denn während jener geläufige Rückschluß (s. S. 39) die spezifische Gewebedifferenzierung von der spezifischen *Beanspruchung* des Muttergewebes abhängig macht, wird für die Knochenbildung vorausgesetzt, daß die osteoblastische Zelle *absolut belastungsfrei* bleibt, und das ist das genaue Gegenteil von „Beanspruchung" der Zelle.

Nachdem die Erfahrung dieser letzteren Ansicht vielfach und überzeugend rechtgegeben hat (PAUWELS), darf man also sagen: wo Knochengewebe ist, da muß während seiner Bauperiode ⟨Abwesenheit aller Bewegung notwendige Bedingung⟩ gewesen sein. Beweis hierfür ist die gemeine Pseudarthrose, die ihr Bestehenbleiben bekanntlich der fortwährenden mechanischen Irritation ihrer Zellen verdankt. Gelingt es nämlich, den knorpeligen Pseudarthrosencallus stillzustellen, so daß seine Grundsubstanz verkalkt und erstarrt, so werden die Zellen mechanisch funktionslos: wonach auf dem Wege enchondraler Verknöcherung selbst Jahre alte Pseudarthrosen fest werden (PAUWELS 1940).

Man sieht: je größer die Zahl und je bunter die Mannigfaltigkeit der Einzelbeobachtungen wird, desto mehr schrumpft der Geltungsbereich der Rouxschen Hypothese ein. Diesem Denkschema gegenüber erweisen sich selbst die Vorgänge bei der Frakturheilung eher sperrig als fügsam, obwohl gerade sie für ROUX ein gewichtiger Modellfall gewesen sein dürften (s. S. 129).

So z. B. entsteht zwischen den Stümpfen, d. h. im Spalt eines Querbruches, der erste Callusknorpel keineswegs an den Stellen „stärkster Verschiebung", sondern ganz im Gegenteil an den Orten geringster Materialverlagerung (vgl. S. 16f.), nämlich auf den Stirnflächen der Spongiosakegel. Dazu kommt noch folgendes: An der Grenze zwischen dem knöchernen und dem bindegewebigen Callus sind die Gewebe häufig ineinander verzahnt. Bedenkt man, daß ein solch „zackenartiges Ineinandergreifen" nach Roux eine für den Knorpel ⟨zu starke Ruhigstellung bedingen⟩ soll; weiterhin daß ein bereits ⟨ossificirter Theil seine nächste ... Umgebung *ruhig* stellt, also vor Abscheerung schützt⟩ (Roux 1895, Bd. I, S. 811f.), so wird die erste Knorpelentwicklung an gerade dieser Stelle des Callus erst recht rätselhaft.

Oft genug findet man die früheste Knorpelbildung beim Callus sogar außerhalb des eigentlichen Zwischenblastems, und zwar an Orten, wo man nach „Druck und Abscherung" vergeblich sucht. Auch das ist schon lange bekannt, wie folgendes Beispiel bezeugt:

⟨Kassowitz meint — so schreibt Ziegler 1901 —, es sei der Druck und die Reibung der Bruchstücke, die zur Knorpelbildung führen, ... allein das kann nicht allein das Bestimmende sein, denn ich habe den Beginn der Knorpelbildung einmal bei Tritonen in 1 mm Entfernung von der Bruchfläche gefunden und dann wäre damit nicht genügend erklärt, daß an der Stelle des Abwurfs der Geweihe bei den Hirschen sich eine mächtige Knorpellage entwickelt. Bei meinen Versuchen konnte ich keine bestimmte Regelmäßigkeit finden, ich habe Knorpel gesehen sowohl auf der freien als auch auf der dem Knochen zugewandten Seite...⟩

Diese Beobachtung wurde von Wurmbach (1927 und 1928) vollauf bestätigt. Wurmbach bezeichnet es sogar als den Regelfall, daß die im Verlaufe der Bruchheilung ⟨einsetzende Knorpelbildung ... nicht bei der Bruchstelle selbst, sondern in einiger Entfernung davon beginnt⟩ (1928, S. 245). Außerdem schreibt Wurmbach (1927, S. 316): ⟨Daß die Knorpelbildung gerade an den vor Druck und Abscherung geschützten, den Gelenken nahen Teilen des Blastems und nicht in den diesen Wirkungen am meisten ausgesetzten Teilen des Zwischenblastems zunächst entsteht, scheint mir nicht im Sinne von Roux zu sein.⟩

Diese Feststellung, gestützt auf zahlreiche und übereinstimmende experimentelle Beobachtungen, verdient hervorgehoben zu werden. Denn hier ist endlich einmal unmißverständlich ausgesprochen, daß die Theorie Rouxs mit den Tatsachen nicht zusammenstimmt.

Das Gegenstück hierzu findet man bei P. Rathke (1898), der die „einfachste Erklärung" für das gelegentliche (!) Vorkommen von Knorpel bei der Myositis ossificans aus eben der Theorie Rouxs folgendermaßen herleitet: ⟨... hier finden wir in unmittelbarer Nachbarschaft noch funktionsfähiger Muskeln, welche bei ihrer Kontraktion bei jeder Bewegung auf das sie umhüllende Bindegewebe im Sinne einer Verschiebung der Gewebsschichten (Abscherung) wirken müssen, Knorpel auftreten.⟩

Allerdings scheint P. Rathke hierbei nicht bedacht zu haben, daß unter dieser Voraussetzung das perimysiale Bindegewebe auch ganz normaler Muskeln zur Knorpelbildung angeregt werden müßte; und erst recht, wenn diese Muskeln sich bei ihren Kontraktionen fortwährend gegen eine feste Unterlage verschieben (etwa entsprechend der Abb. 3; s. u. S. 68f.).

Wurmbach und P. Rathke sind in dem Handbuchbeitrag Schaffers (1930) beide zitiert. Vergleicht man dort die entsprechenden Textstellen miteinander, so macht man eine überraschende Entdeckung. Auf S. 342 bemerkt Schaffer, daß die von Kassowitz und Roux entwickelten Vorstellungen (Druck und Reibung, Abscherung) ⟨durch die sorgfältigen ... Untersuchungen von H. Wurmbach *eine etwas andere Beleuchtung*[1] erfahren haben⟩. Wurmbach habe nämlich festgestellt, ⟨daß die erste Knorpelbildung im periostalen Blastem in größerer Entfernung von der Bruchstelle, gegen die Gelenkenden hin, *wo von Druck und Abscheerung eigentlich keine Rede sein kann*[1], beginnt ...⟩. Wenig später (l. c., S. 351) schreibt Schaffer: (P. Rathke führt die Verknorpelung des intermuskulären Bindegewebes) ... ⟨auf den Zug der Muskelfasern zurück und sieht darin einen Beleg für Rouxs entwicklungsmechanische Theorie der Knorpelentstehung, eine Auffassung, die durch die ... experimentellen Erfahrungen Wurmbachs gewiß gerechtfertigt erscheint⟩. In Wurmbachs Originalarbeit steht aber das genaue Gegenteil (s. o. S. 66).

Auch im folgenden ist ein Autor wesentlich anders zitiert, als es dem Inhalt des Originaltextes entspräche. Gemeint ist Kapsammer (1898), auf den sich Schaffer — abermals im Hinblick auf die knorpelige Callusbildung — folgendermaßen beruft: ⟨Nirgends tritt die Bedeutung des funktionellen Momentes für die sekundäre Knorpelbildung so deutlich hervor wie hier, da bekanntlich bei Ausschluß der Verschiebung an den Bruchenden kein knorpeliger, sondern ein bindegewebiger Callus auftritt und, wie Kapsammer (und andere) zeigen konnten, die Knorpelbildung um so umfangreicher ausfällt, je größer die Verschiebung ist.⟩ (Schaffer 1930, S. 342.)

An dieser Berufung auf Kapsammer ist einiges richtigzustellen und einiges zu ergänzen; nämlich:

1. Der Terminus „Verschiebung" ist nicht eindeutig. Er kann nämlich sowohl Dislokation (als Zustand) als auch Bewegung (im Sinne von „Abscherung", vgl. oben S. 21 und 27 f.) bedeuten. Wenn Schaffer aber von *Verschiebung als einem „funktionellen Moment"* spricht, so meint er das eindeutig im Sinne Rouxs. In Kapsammers Abhandlung hingegen ist hiervon — auch dem Sinn nach — nirgends die Rede (was z. B. P. Rathke ausdrücklich bemängelt hat).

Kapsammer hat eindeutig Dislokation *als Zustand* gemeint; er unterscheidet (l. c., S. 161) nämlich nicht zwischen „verschoben" und „ruhig gestellt", sondern zwischen verschoben und *adaptiert*.

2. Schaffer hat einen ganzen, und zwar außerordentlich wichtigen Abschnitt aus der Abhandlung Kapsammers unerwähnt gelassen. Es heißt nämlich dort auf S. 160: ⟨Was die Callusbildung in dem Markraume betrifft, so sei hier erwähnt, daß ... bei complizirten Frakturen im vorgeschrittenen Stadium (sc. etwa 14. Tag) auch in dem Diaphysenrohre Knorpelinseln gefunden werden. — Können wir nun etwas über die Ursachen dieser Knorpelbildung ermitteln? Du Hamel (1743) und Kassowitz (1879) haben die Theorie aufgestellt, daß da, wo ein Druck herrsche, eine Knorpelbildung stattfinde. Dagegen, glaube ich, spricht der Umstand, daß wir auch innerhalb der Diaphysenröhren Knorpelinseln finden, ein Vorkommen, das Kassowitz allerdings in Abrede stellt. Dafür, daß auch die *Bewegung nicht die direkte Ursache der Knorpelbildung*[1] ist, spricht der Umstand, daß ich auch in

---

[1] Im Original nicht hervorgehoben.

den Fällen einige Male periostale Knorpelinseln fand, wo ich einen mit Eiter-
kokken getränkten Bindfaden durch den Knochen gezogen hatte. In den Fällen.
wo keine Vereiterung der Periosts entstanden war, fand ich in nächster Nähe des
Fadens Knorpelgewebe, in weiterer Entfernung periostale Spongiosabildung.⟩

Zu dem letzterwähnten Versuch, dessen Ergebnis für unsere Fragestellung
genauso wichtig ist wie der Markhöhlenknorpel selber, macht der Autor leider
keine näheren Angaben.

Auf diese Einwände Kapsammers, die Rouxs Theorie sinngemäß genauso
betreffen wie Kassowitz' Druck- und Reibungshypothese, ist Schaffer jedoch
nicht eingegangen. Dabei waren jene ⟨Knorpelinseln im Diaphysenrohre⟩, die
Kapsammer als Gegengrund anführt, längst kein Einzelfall mehr. Maas hatte
nämlich bereits 1877 genau dasselbe beschrieben; und zwar in einer Arbeit, die
Schaffer (1897) ausdrücklich zitiert (während in seinem Handbuchbeitrag von
1930 Maas noch nicht einmal im Literaturverzeichnis aufgeführt ist).

Zwei weitere auffallende Unstimmigkeiten findet man auf S. 341 (Schaffer 1930).
wo vom „Knorpelcallus an Röhrenknochen" als einer periostalen Sekundärknorpelbildung die Rede ist: ⟨Daß eine solche Knorpelbildung *nur dann*[1] auftritt, wenn
die Bruchenden (durch Muskelzug) verschoben werden, also außer Druck auch
Zug (H. Strasser 1879), bzw. Reibung und Verschiebung (Kassowitz 1879).
Abscherung nach W. Roux (1895) als Knorpelbildung auslösende Faktoren vorhanden sind, hat schon Kapsammer (1898) … gezeigt.⟩

1. Daß hier Kapsammer Gedanken unterstellt werden, die in seiner Original-
abhandlung in Wirklichkeit nicht enthalten sind, davon war bereits oben die
Rede (s. S. 67). Weiterhin scheint es Schaffer entgangen zu sein, daß gerade
Kapsammer einer der ersten war und einer der ganz wenigen geblieben ist, die auf
Grund konkreter Beispiele (Markhöhlenknorpel!) ihre Zweifel an der Allgemein-
gültigkeit der Druck- und Reibungshypothese deutlich ausgesprochen haben.

2. Es trifft nicht zu, daß Strasser in seiner Abhandlung von 1879 irgendwo
von „Druck und Zug" *als Ursachen der Knorpelbildung* gesprochen hat. Allem
Anschein nach hat Schaffer die Zitierung Strassers in der vorstehenden Form
fast wörtlich (s. Roux 1895, Bd. II, S. 229) aus den Gesammelten Abhandlungen
übernommen, offenbar im Vertrauen auf die Inhaltstreue der Rouxschen Wiedergabe. Wie sehr dagegen Roux in seinen eigenen Vorstellungen befangen gewesen
sein muß, aus Strassers Darstellung auch nur gewisse Anklänge an seine,
Rouxs, Knorpelbildungstheorie herauszulesen, davon mag man sich selber über-
zeugen. Das Studium der Originalarbeit Strassers dürfte nämlich einen wesentlich anderen Eindruck vermitteln, als die Ideenverbindung, in der Roux diese
Abhandlung zitieren zu dürfen geglaubt hat. Hiervon wird später noch ausführlich
die Rede sein (s. S. 165 f.).

Was die Sekundärknorpel anlangt, so hat man seit Roux eifrig nach mechanischen Ursachen ihrer Entstehung gesucht und keine Bedenken getragen, jede
nur halbwegs annehmbare mechanisch-kausale Deutung durchgehen zu lassen.
Wie unsicher derartige Erklärungsversuche im Grunde sind, haben wir an einem
Beispiel bereits gesehen (s. S. 63).

An die Gegenprobe hat man sich seltsamerweise mit weit geringerer Ent-
schlossenheit gemacht: nämlich dort, wo mit „Druck und Abscherung" sicher zu

---

[1] Im Original nicht hervorgehoben.

rechnen ist, die Knorpelbildungen nachzuweisen, die dem mechanischen Wirkungs-
grad an Masse oder Ausdehnung äquivalent zu sein hätten. Was müßte in diesem
Falle — um nur zwei Beispiele anzuführen — etwa beim M. iliopsoas oder beim
M. obturator internus an Verknorpelung zu erwarten sein, wenn man P. RATHKES
Erklärungsversuch wörtlich nehmen wollte (s. S. 66).

Wie wenig folgerichtig man nicht nur bei den Sekundärknorpeln, sondern überhaupt
vorzugehen pflegte, das wird sich gleich an einigen Beispielen zeigen. Dabei wäre es doch das
Nächstliegende gewesen, vor allem einmal klar zu scheiden zwischen Dingen, die sich mit
ROUXs Theorie vertragen, und solchen, die dies nicht tun.

Die folgenden Zitate sind zwei Arbeiten SCHAFFERs (1903 und 1930) entnommen. In
beiden Fällen handelt es sich um das vesiculöse Stützgewebe oder chondroide Gewebe, das
mit seinen gekapselten Zellen als dem Knorpel nahe verwandt zu betrachten ist. Aufschlußreich für SCHAFFERs Ansicht von der mechanischen Bedeutung dieser Gewebsart ist folgende
Bemerkung: ⟨So sehr dieses Gewebe in seinen typischen Formen sich vom Knorpelgewebe
unterscheidet, so bietet es doch, besonders bei den höheren Tieren, durch die funktionelle
Anpassung (sic!) Abänderungen, welche einen unverkennbaren Übergang zum Knorpel dar-
stellen⟩ (1903, S. 466). Dieses chondroide Gewebe gibt es:

1. In der Hinterextremität des Frosches, ⟨und zwar überall dort, wo fibröses Gewebe bei
der hüpfenden Bewegung des Tieres einem besonderen Drucke ausgesetzt ist und eine elastische,
pufferähnliche Einrichtung ... funktionell vorteilhaft erscheint. ... Besonders hervorheben
muß ich, daß das Sesamknötchen in der Ursprungssehne der Mm. tarsalis posterior und plan-
taris profundus ... ein Bild darbietet, welches kaum anders gedeutet werden kann, als daß
hier durch den funktionellen Reiz (Abscherung, ROUX) vesikulöse Zellen in typische Knorpelzellen übergehen⟩ (1903, S. 469).

2. Auf der Plantarseite der Phalangen bei Anuren. ⟨Erwähnen muß ich, daß ... beim
Frosch (an dieser Stelle) vesikulöse Zellen nur in geringer Zahl den gewöhnlichen, übrigen
Bindegewebszellen beigemischt sind. Hingegen bestehen dieselben Gebilde bei der großen
und schweren Berberkröte aus großen, prachtvollen vesikulösen Zellen... Der erhöhte Druck
scheint hier wieder das vesikulöse Stützgewebe zu erzeugen, bzw. zur vollen Ausbildung zu
bringen.⟩ (1903, S. 474.)

Diese beiden Beispiele lassen sich in ROUXs Theorie also einordnen. Bemerkenswert ist
die Ausführlichkeit, mit der SCHAFFER dies begründet.

Nun findet sich das gleiche chondroide Gewebe aber auch

1. um die Retina bei Petromyzon (1903, S. 471);
2. in den Arterienklappen bei Teleosteern (S. 472);
3. am Durchtritt des Sehnerven durch die Sklera bei Chamäleon (S. 475);
4. im Bulbus arteriosus als Stütze der Klappen bei Lacertiliern; ⟨bei Cheloniern und Kro-
kodiliern erscheint es an dieser Stelle bereits durch hyalinen Knorpel ersetzt⟩ (S. 475);
5. in der Glans penis des Stieres (1930, S. 197);
6. im Herzskelet des Menschen und einiger Säugetiere (1930, S. 196f.)
7. in der Wand des oberen Tränenröhrchens beim Schwein (1930, S. 197).

Die letzteren Beispiele können mit ROUXs Theorie nun sicher nicht in Einklang gebracht
werden. Darauf aber genauso ausdrücklich hinzuweisen, hat SCHAFFER bemerkenswerter-
weise unterlassen. Hier hat er sich damit begnügt, lediglich die Fundorte zu nennen.

WURMBACH (1927, 1928) hatte genau gemerkt, wo Theorie und Wirklichkeit
auseinanderklafften, und er hatte seine Bedenken vorsichtig, aber deutlich geäußert (s. o. S. 53f. und 66). Die Ergebnisse seiner Frakturexperimente hatten
manche Frage offengelassen.

PAUWELS (1940) war es gelungen, sehr wesentliche Teile zu klären, allerdings
nicht ganz ohne Rest. Gemeint ist jener unverhältnismäßig große Callusknorpel
über der Bruchkonvexität (s. Abb. 14), der sich in PAUWELS' Ableitung von 1940
nicht einordnen lassen will (s. S. 52f.).

Wie ist dieser Knorpel entstanden? Auf S. 246 seiner Abhandlung bemerkt WURMBACH (1928): ein Frakturblastem, dessen Zellen sich sehr stark vermehren, neige dazu, statt Knochen Knorpel zu bilden. Dann fährt er fort: ⟨Hat aber die Knorpelbildung einmal eingesetzt, so ergreift sie auch Zellen, die an und für sich nicht die Tendenz haben, Knorpel zu bilden, wie z. B. die gewucherten Zellen der Fibroelastica und Adventitia des Periosts und des Muskelbindegewebes.⟩

Unter dieser Voraussetzung konnte der konvexseitige Knorpel in der Abb. 14 — und genauso das laterale Knorpelpolster in der Abb. 17 — ein reines „Wachstumsprodukt" sein. Mit Mechanik (im Sinne ROUXs) hatte das zwar kaum mehr zu tun; es handelte sich aber um eine Möglichkeit, die es nachzuprüfen galt: und zwar experimentell. Ausgangspunkt dabei war, daß die Knorpelbildung überhaupt und irgendwo ⟨einmal eingesetzt⟩ hatte.

Entsprechend der Erfahrung, daß der Callus in einem engen Frakturspalt viel eher knorpelig wird als in einem weiten (vgl. S. 61), hatte ich mir folgende Frage gestellt: War das Ergebnis in der Abb. 17 ein sehr seltener Ausnahmefall, oder ließ sich etwas Derartiges vielleicht wiederholen, wenn man den Knochendefekt nur eng genug machte?

Ich versuche es daher zunächst mit drei umhülsten Frakturen, ein der Abb. 17 ähnliches Ergebnis zu erzielen, zumindest aber einen knorpeligen Intermediärcallus zu erhalten.

In dieser Hinsicht wurde meine Hoffnung allerdings sehr enttäuscht. Trotz genau gleicher Versuchsanordnung und trotz fast übereinstimmender Versuchsdauer war in keinem der drei Frakturspalten auch nur das kleinste Knorpelblastem entstanden — womit zugleich meine frühere Annahme (s. S. 61 und ALTMANN 1950) gründlich widerlegt war.

Dafür hatte sich aber bei einem der drei Versuche etwas wiederum ganz Unerwartetes ereignet. Hier wies nämlich das obere Bruchstück der umhülsten Fibula an seiner Medialseite eine kleine, kuppenförmige Erhabenheit auf, die schon älteren Datums sein mußte: ihr Kern enthielt primäre Markräume zwischen Bälkchen aus verkalkter Knorpelgrundsubstanz, und die Oberflächen dieser letzteren waren von vorwiegend chondroklastisch tätigen Zellen, teils aber auch von Osteoblasten besetzt. Es handelte sich also fraglos um eine periostale „Sekundärknorpelbildung" im Stadium der beginnenden enchondralen Verknöcherung.

Das proximale Fibulafragment und die seitlich daran angebaute Knorpelkuppe können leider nicht in ein und demselben Mikrophoto abgebildet werden. Das Knorpelknötchen war nämlich nicht parallel, sondern senkrecht zu seiner Tiefenausdehnung angeschnitten, d. h. schichtweise von basal nach apikal abgetragen worden. Ich habe daher versucht, in der Abb. 18b das ganze Präparat in Dorsalansicht maßstabsgerecht wiederzugeben. Die Schnittebene ist senkrecht zur Papierebene, die Schnittfolge von links (lateral) nach rechts zu denken.

Aus den Abb. 18b und 19 geht nun folgendes hervor:

1. Der neugebildete Knorpel liegt tief im Hülsenraum.

2. Von der Bruchstelle ist die Knorpelkuppe ein gehöriges Stück weit entfernt.

3. Wie die Durchmusterung der lückenlosen Schnittserie ergab, konnte das Knorpelknötchen die innere Hülsenwandung nicht berührt haben. Es war von ihr durch einen weiten Zwischenraum geschieden.

Infolgedessen besteht keinerlei Grund anzunehmen, das Knorpelknötchen könnte seine Entstehung irgendwelchen äußeren mechanischen Reizen verdanken; selbst dann nicht, wenn man es für möglich halten wollte, daß entweder

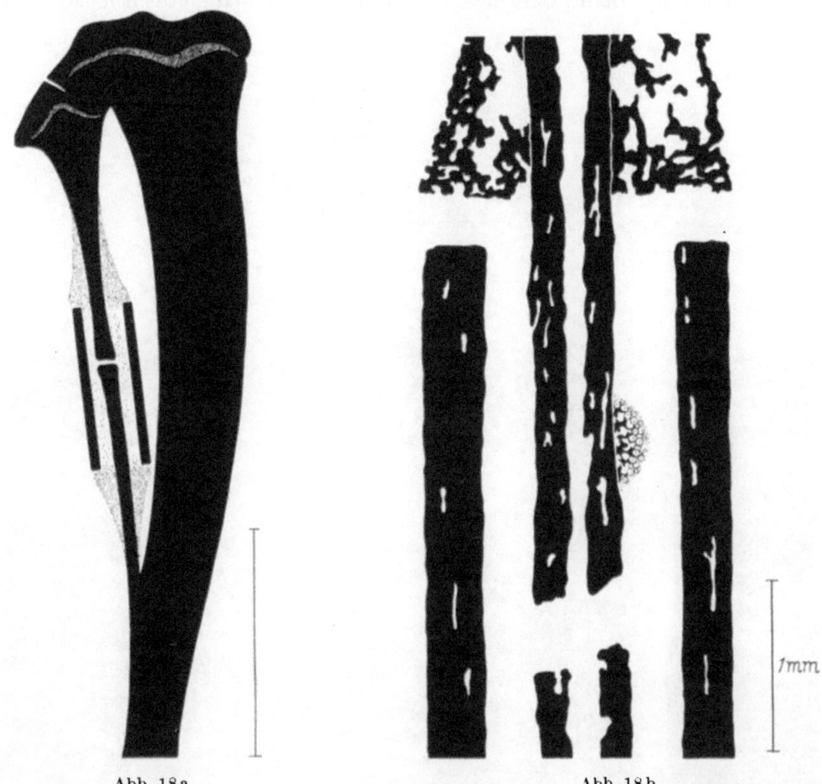

Abb. 18a   Abb. 18b

Abb. 18a. Umrißzeichnung des Präparates in Abb. 16 bei sagittaler Projektion (Dorsalansicht). Dunkle Streifen oben: Epiphysenlinien; schwarz: Knochen; dicht punktiert: neugebildeter Knochen (Spongiosakegel). Die eingetragene Länge = 10 mm

Abb. 18b. Proximaler Fibulastumpf der Abb. 18a mit einem medial angebauten Knorpelknötchen (Rekonstruktion, s. Text). Sonst sind nur die knöchernen Teile des Präparates wiedergegeben. Über die Beschaffenheit des hier weggelassenen Gewebes zwischen den Basen der beiden Spongiosakeile, der Fibula und den oberen Enden der Hülse unterrichten die histologischen Schnittbilder der Abb. 19a, 19b und 22. Die eingetragene Länge = 1 mm

die beiden Bruchstümpfe, oder die Hülse, oder gar daß alle drei Teile gleichzeitig bewegt und verschoben worden sind.

Die „mechanistische" Hypothese Rouxs läßt uns also im Stich. Das tut sie gleich noch einmal, und zwar bei einem weiteren Befund des gleichen Präparates. Wie aus den Abb. 19a und b hervorgeht, ist der proximale Spongiosakegel dort, wo er dem Hülsenrande rechts oben gegenübersteht, von einem hyalinknorpeligen Polster bedeckt. Man könnte zunächst versucht sein, dies als Folge von „Druck und Verschiebung" aufzufassen. Allein: wenn die Hülse wirklich nach oben gedrückt und scherende Bewegungen ausgeführt haben sollte, so konnte sie dies *nur als Ganzes* tun. Infolgedessen bleibt es unverständlich, daß auf dem linken proximalen Spongiosakeil dort, wo auch er der Hülse gegenübersteht, von Knorpel auch nicht eine Spur zu finden ist.

Zu erwägen wäre vielleicht noch, ob die Hülse gekippt worden sein könnte; und zwar um eine Achse, die zu ihrer Längsrichtung quer (in den Abb. 18a und 19 senkrecht zur Papierebene) gedacht werden muß. In diesem Falle wäre nämlich der Hülsenrand oben rechts gehoben (Druck gegen den Spongiosakegel!), oben links dagegen gesenkt worden. Das kommt aber nicht in Betracht. Denn: wäre der obere, rechte Hülsenrand tatsächlich nach oben links

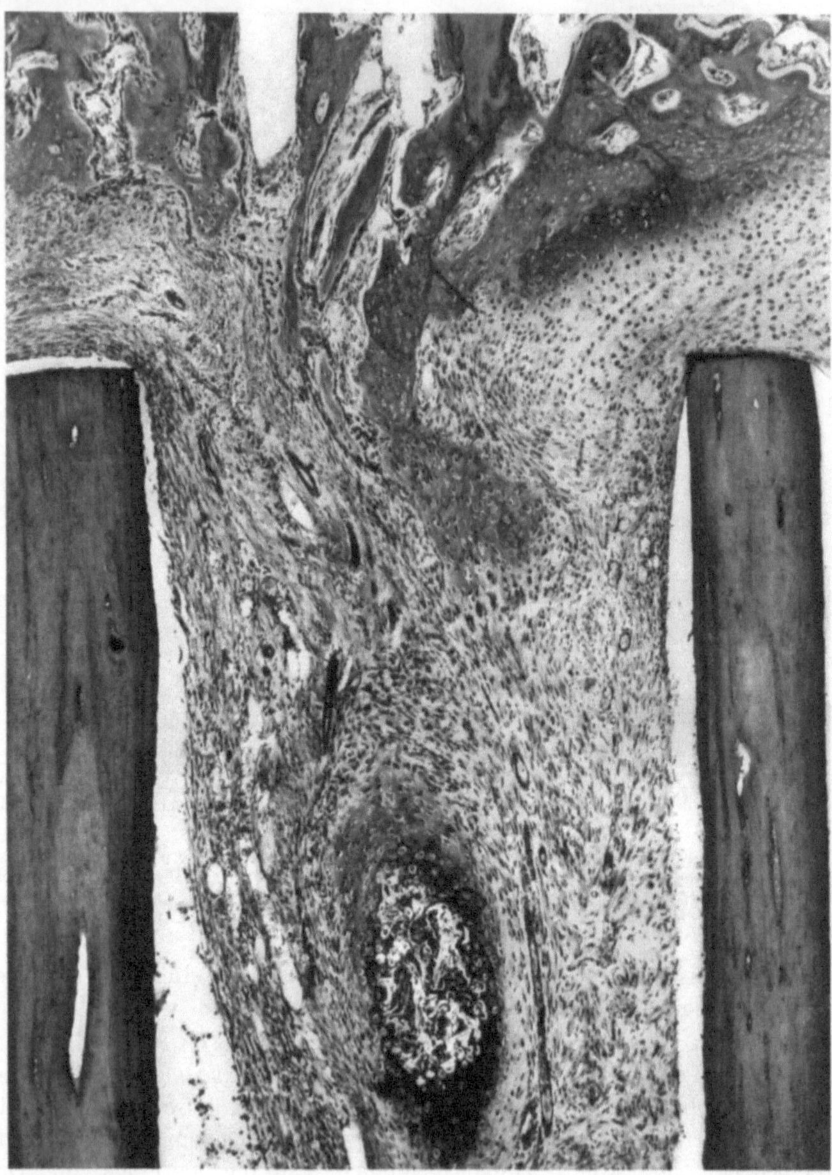

Abb. 19a. Gleiches Präparat wie in Abb. 16. Rechts und links die Anschnitte der implantierten Hülse, oben die proximale Spongiosakonsole. Zwischen deren Basis und dem Hülsenrand rechts ein verknorpelndes Zwischenpolster, an der entsprechenden Stelle links dagegen rein faseriges Bindegewebe mit Blutgefäßen. Bildmitte oben: in den Hülsenraum ragt ein Knochenbälkchen hinein, das sich nach unten rechts in „chondroides Gewebe" fortsetzt. Hülsenmitte unten: das basal angeschnittene Knorpelknötchen (vgl. Abb. 18b). Sein Zentrum enthält verkalkte Knorpelgrundsubstanzbälkchen und primäre Markräume, sein Mantel besteht aus hyalinem Knorpel. Abbildungsmaßstab 73,4:1, Färbung Hämatoxylin-Delafield — Chromotrop

gekippt worden, so hätte das untere Hülsenende die gegenläufige Bewegung ausführen, auf den Spongiosakeil links unten (vgl. Abb. 18a) drücken und an dieser Stelle ebenfalls Knorpelbildung hervorrufen müssen. Das ist aber nicht geschehen.

Man kann diese Sache betrachten wie immer man will: Der Knorpel auf der Basis des rechtsseitigen Spongiosakeiles (Abb. 19a) läßt sich mit einer äußeren Mechanik nicht erklären.

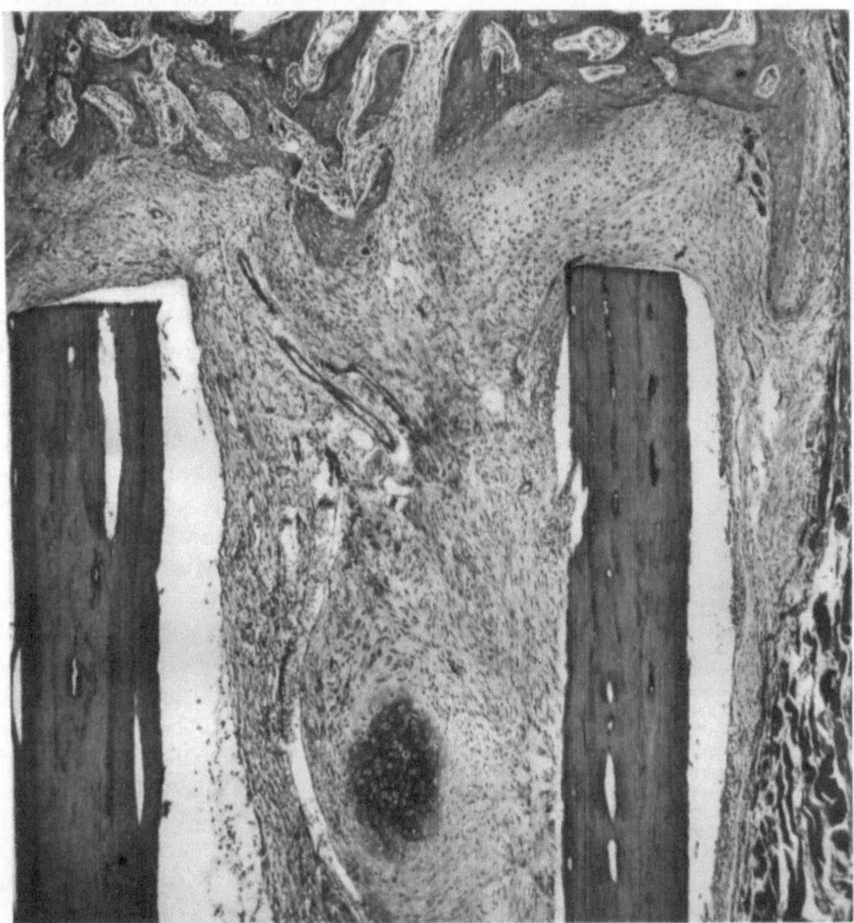

Abb. 19b. Gleiches Präparat wie Abb. 19a. Die Schnittebene liegt etwas weiter medial (vgl. Abb. 18b). In Hülsenmitte unten: Anschnitt der rein hyalinknorpeligen Kuppe des angebauten Knötchens. Abbildungsmaßstab 61.7:1, Färbung wie Abb. 19a

Wie die gleiche Abbildung zeigt, ist von oben her und als Fortsetzung der neugebildeten Spongiosamasse ein dickeres Knochenbälkchen ein Stück weit in den Hülsenraum hineingewachsen. Es läuft nach unten rechts in ein Gewebe aus, das einen recht knorpelähnlichen Eindruck macht. Seine gedrängt beieinanderliegenden Zellen sind abgerundet und von dunklen Höfen umgeben, die Interzellularsubstanz ist homogen und basophil. Warum der Knochen an dieser Stelle chondroiden Charakter angenommen hat, muß offenbleiben. Ein äußerer Anlaß dazu bestand jedenfalls nicht.

Die Stelle in der Abb. 19a rechts oben ist auch noch aus einem weiteren Grund recht aufschlußreich. Wie man sieht, setzt sich die dunkle Knorpellage auf dem Spongiosakeil nach unten fort in ein helleres Gewebe, dessen Zellen kleiner und viel weniger deutlich gekapselt sind. Noch weiter unten, dem Schnittrand der

Knochenhülse zu, werden die Zellen mehr langgestreckt, die Grundsubstanz verliert ihre Homogenität und gewinnt ein deutlich streifiges Aussehen; d. h. die Maskierung des Kollagens läßt nach, die Fasern treten immer deutlicher hervor.

Besser zeigt dies der azangefärbte Nachbarschnitt, der in der Abb. 22 bei stärkerer Vergrößerung wiedergegeben ist.

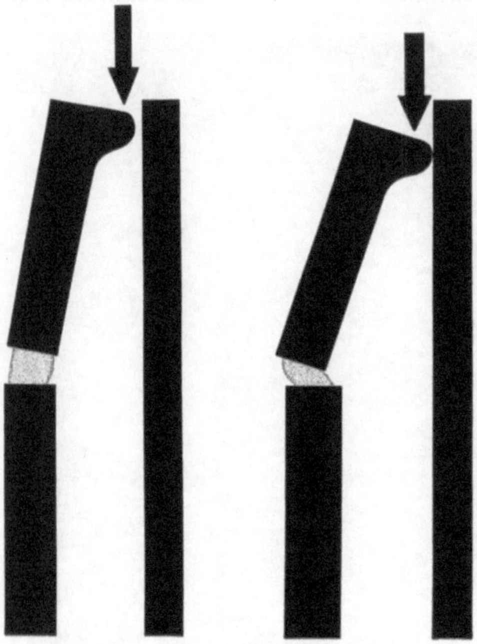

Die beschriebene Reihenfolge der drei Gewebscharaktere, ihre lagenweise Anordnung und der gleitende Übergang von Schicht zu Schicht ist nun für zwei Fälle bezeichnend: nämlich für den Gewebsaufbau der „Gelenkkörper" einer Nearthrose (KROMPECHER u. GOERTTLER 1938; KROMPECHER 1956) und ganz besonders für die Struktur eines sog. Pseudarthrosestreifens.

Hierunter versteht man ein typisches Schichtengewebe (zwei Knorpellagen, dazwischen kollagenfaseriges Gewebe mit teilweise gekapselten Zellen), das — die Bruchenden miteinander verbindend — in der Knochenlängsachse auf Druck und dazu senkrecht auf Querschub (Verschiebung) beansprucht wird. Am ausgeprägtesten findet man diesen Gewebestreifen bei der pseudarthrotisch verheilten Fraktur eines Parallelknochens (Radius. Tibia), dessen charakteristische Beanspruchungsart die „geführte Biegung" ist (s. Abb. 20 und PAUWELS 1940. S. 84 ff.).

Abb. 20. ⟨Modellversuch, welcher die Wirkung „geführter" Biegung an der Frakturstelle veranschaulicht. (Radiusbruch.) Unter der Wirkung des exzentrischen Druckes neigt sich das obere Stabende nach rechts. Solange hierbei die Bewegung des oberen Stabendes nach rechts nicht behindert ist (a), wird die die Stäbe verbindende Schwammgummischeibe an der rechten Seite rein auf Druck, auf der linken Seite rein auf Zug beansprucht. Wird dagegen die seitliche Bewegung des oberen Stabendes nach rechts durch den Parallelstab gehemmt (b), so wird das untere Ende des oberen Stabes mit der gleichen Kraft nach links verschoben, mit welcher sein oberes Ende gegen den Parallelstab drückt. Hierdurch wird die Schwammgummischeibe nicht nur an der rechten Seite gestaucht und an der linken Seite gedehnt, sondern gleichzeitig auch nach links verzerrt (Schub).⟩ Nach PAUWELS (1940). Seitenverkehrt umgezeichnet, sonst unverändert

Für die Entstehung und den dauernden Bestand einer Pseudarthrose sind gewisse dauernde Bewegungsreize an der Frakturstelle Voraussetzung; denn jede Pseudarthrose kann knöchern ausheilen, wenn die intermittierende Verformung des Zwischencallus zuverlässig ausgeschaltet wird (PAUWELS 1940; vgl. oben S. 65). Bei der experimentellen Herstellung einer Nearthrose muß sogar durch frühzeitiges Bewegen dafür ⟨gesorgt werden, daß das Granulationsgewebe bzw. der Knorpel mit der gegenüberliegenden Gelenkfläche nicht verwächst⟩, weil sonst ein gewöhnlicher Frakturcallus entstünde (KROMPECHER u. GOERTTLER 1938).

Eine Fraktur, die anhaltenden Bewegungsreizen ausgesetzt ist. kann die beiden folgenden Endergebnisse zeitigen:

Bleibt der Gewebszusammenhang im Zwischencallus gewahrt, so entsteht der typische Pseudarthrosestreifen.

Reißt dagegen das Callusgewebe infolge zu hoher Dehnungsbeanspruchung ein, d. h. entsteht in der Verschiebungsrichtung ein Spalt, so entwickelt sich im folgenden ein Falschgelenk im eigentlichen Wortsinne: die Nearthrose.

Der Pseudarthrosestreifen hat nun immer folgenden charakteristischen Aufbau (Abb. 21): In den Querschnittsebenen, die dem Callusäquator benachbart sind, liegen kollagene Fibrillenzüge mit strichförmigen Bindegewebskernen (Zone 3). In den beiden proximal- und distalwärts anschließenden Schichten (2) wird die Grundsubstanz mehr oder weniger hyalin, die Zellen nehmen Kugelform an und beginnen sich einzukapseln. In Knochennähe (Zone 1) ist die Grundsubstanz ziemlich homogen (Kollagenfasern fast vollständig maskiert), ·die Zellen sind ausnahmslos gekapselt und von basophilen Höfen umgeben (s. PAUWELS 1940 und 1960 b).

Den grundsätzlich gleichen Schichtenbau findet man auch in entsprechenden Entwicklungsstadien experimentell erzeugter Nearthrosen. KROM-PECHER (1956) hat versucht, die schichtweise verschiedenen Differenzierungen des anfangs einheitlichen Granulationsgewebes *auf verschiedengroße Drucke* in den einzelnen Schichten zurückzuführen. Er schreibt (l. c. S. 488): ⟨Das Maximum des von der gegenüberliegenden Gelenkfläche her einwirkenden Druckes liegt dort, wo der Druck auf einen Gegendruck stößt, d. h. in der Tiefe des Granulationsgewebes, dort, wo das Granulationsgewebe dem Knochen aufliegt. ... Von diesem Punkte des Maximums nimmt der Druck gegen die Oberfläche (sc. der Nearthrose, d. Ref.) ziehend ab.⟩ Oder (l. c. S. 480): ⟨... wo das Granulationsgewebe der Spongiosa anhaftet, ... stößt nämlich der einwirkende Druck auf Gegendruck, hier wird er am stärksten manifest und hier, in der Tiefe des Granulationsgewebes, bilden sich die Knorpelinseln ...⟩. Leider hat KROMPECHER nicht angegeben, was er unter „Druck" verstanden wissen will.

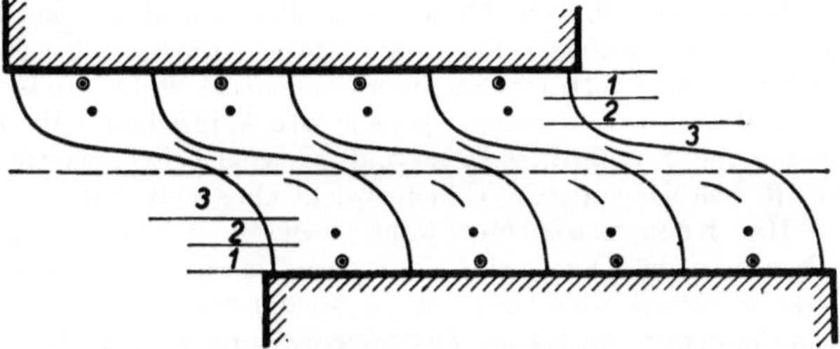

Abb. 21. Schematische Darstellung eines auf Druck und dazu rechtwinkelig gleichzeitig auf Querschub beanspruchten Pseudarthrosestreifens. In Knochennähe (Zone 1) gekapselte Zellen, in der Mitte (Zone 3) Sehnengewebe mit strichförmigen Bindegewebskernen, dazwischen (Zone 2) stellen die zwischen den Fibrillenzügen gelegenen Zellen entsprechende Übergangsformen dar. Nach PAUWELS (1940)

Soll „Druck" soviel heißen wie Druck*kraft*, so kann KROMPECHERs Vorstellung nicht richtig sein. Denn: setzen wir einen statischen Gleichgewichtszustand zwischen Druckkraft und Druckwiderstand (Gegendruck) voraus, so muß an jeder beliebigen Stelle des gedrückten Materials die Druckkraft mit gleicher Größe wirken. So jedenfalls erheischen es die Regeln der Mechanik (Reaktionsprinzip). Infolgedessen kann der „Druck in der Tiefe" niemals größer sein als der „Druck an der Oberfläche".

Daran ändert auch nichts, daß sich KROMPECHER — und zwar in durchaus mißverständlicher Weise — auf PAUWELS zu berufen versucht, indem er schreibt: ⟨Der Druck, der sich im Granulationsgewebe auswirkt, ist — im Sinne der Ausführungen von PAUWELS — als ein hydrostatischer Druck zu betrachten.⟩ (l. c. S. 488.)

Der Terminus „hydrostatischer Druck" besagt nämlich nur, daß die Druckkraft einen Körper von allen Seiten her gleich stark zusammendrückt; oder — was dasselbe ist — daß das gedrückte Material nach allen Seiten hin auf gleich großen Deformationswiderstand (Gegendruck) stößt. Ob diese Druckkraft „größer" oder „geringer" ist — und darauf allein kommt es Krompecher an — spielt dabei gar keine Rolle; dagegen ist entscheidend, ob und wo im Material diese Druckkraft Druck*spannungen* erzeugt, die *in allen Richtungen gleich groß* sind (s. Pauwels 1960b, S. 504). Hierzu hat sich Krompecher jedoch nicht geäußert; er hat auch nicht begründet, warum „in der Tiefe des Granulationsgewebes" ein hydrostatischer Spannungszustand herrscht, an der Oberfläche dagegen nicht.

Im übrigen gilt das Reaktionsprinzip ganz unbeschadet der Richtung der Kraft oder der Qualität der Spannungen. Gleichgültig ob ein Körper z. B. allseitig gleich stark oder ob er in einer bevorzugten Richtung komprimiert, d. h. abgeplattet wird: stets ist die Summe der dabei auftretenden Zwangskräfte — der Spannungen! — der Größe der einwirkenden Kraft proportional, und zwar an jeder beliebigen Stelle.

Wenn daher Krompecher (l. c. S. 488) schreibt: ⟨Das Maximum des von der gegenüberliegenden Gelenkfläche her *einwirkenden*[1] Druckes (also eindeutig der Druck*kraft*, d. Ref.) liegt dort, wo der Druck auf einen Gegendruck stößt⟩, so ist dies in doppelter Hinsicht unzutreffend. Denn 1. hat eine gegebene Druckkraft kein „Maximum", weil sie überall dieselbe bleibt; und 2. stößt diese Druckkraft an jeder beliebigen Stelle auf gleich großen Gegendruck, sobald sich das statische Gleichgewicht eingestellt hat.

Hat Krompecher überhaupt bewiesen, daß der „Druck in der Tiefe" größer als der „Druck an der Oberfläche" ist? Wie aus seiner Darstellung (l. c. S. 488) ganz eindeutig herausgelesen werden kann, ist Krompecher folgendermaßen vorgegangen: zuerst hat er aus dem Charakter und aus der Zusammensetzung der von oben nach unten aufeinanderfolgenden Gewebsschichten rein gedanklich abgeleitet, daß der Druck von der Gewebsoberfläche nach der Gewebsunterlage (Knochen) hin ansteige.

Gleich danach kehrt Krompecher den Gedankengang jedoch völlig um, indem er die örtlich verschiedenen Druckverhältnisse, die er eben noch gefolgert hatte, zur Voraussetzung macht: jetzt nämlich erklärt er damit die ⟨kausale Genese⟩ der örtlichen Gewebsverschiedenheiten. Das ist kein Beweis, sondern ein Zirkelschluß.

Sollte Krompecher mit „Druck" das im physikalischen Sprachgebrauch übliche Verhältnis von Kraft/Fläche gemeint haben, so könnte seine Vorstellung allerdings zutreffen; aber nur unter der Bedingung, daß die Fläche, in die die Druckkraft eingeleitet wird, größer ist als die Fläche, die die Druckkraft aufnimmt. Mit anderen Worten: die Gewebsplatte, die den Nearthrosenstumpf bedeckt, müßte sich von ihrer Oberfläche weg zur Knochengrenze hin konisch verjüngen. Denn nur dann könnte das Produkt aus Druck (P) mal Fläche (F) in jeder beliebigen Querschnittshöhe dasselbe, nämlich gleich der Druckkraft (K) sein, wie es das Reaktionsprinzip verlangt.

Ob das bei Krompechers Operationsstümpfen der Fall war, muß dahingestellt bleiben. Aus seinen Abbildungen geht dies jedenfalls nicht hervor, und ausdrücklich darauf hingewiesen hat Krompecher auch nicht.

Dagegen ist das Folgende ein recht brauchbarer Modellfall, der Krompechers Annahme an der Wirklichkeit zu prüfen erlaubt.

Die Abb. 22 entstammt einem Versuch, der auf S. 58f. näher beschrieben ist. In der oberen Bildhälfte liegt der Anschnitt eines neugebildeten Spongiosakegels. Seine Basis ist von einer dicken Knorpellage bedeckt, an die sich ein mehr faseriges Gewebe mit gekapselten Zellen anschließt. Weiter unten ist das Ende eines implantierten Knochenrohres angeschnitten. Der Spongiosakegel scheint sich also über ein zwischengeschaltetes, „funktionell" angepaßtes Druckpolster auf den freien Rand der Knochenröhre abzustützen (vgl. Abb. 18a).

---

[1] Im Original nicht hervorgehoben.

Wollte man annehmen, daß die Knochenröhre gegen ihr Widerlager nach oben gedrückt hat, und wollte man mit KROMPECHER der Ansicht sein, daß der Knorpel

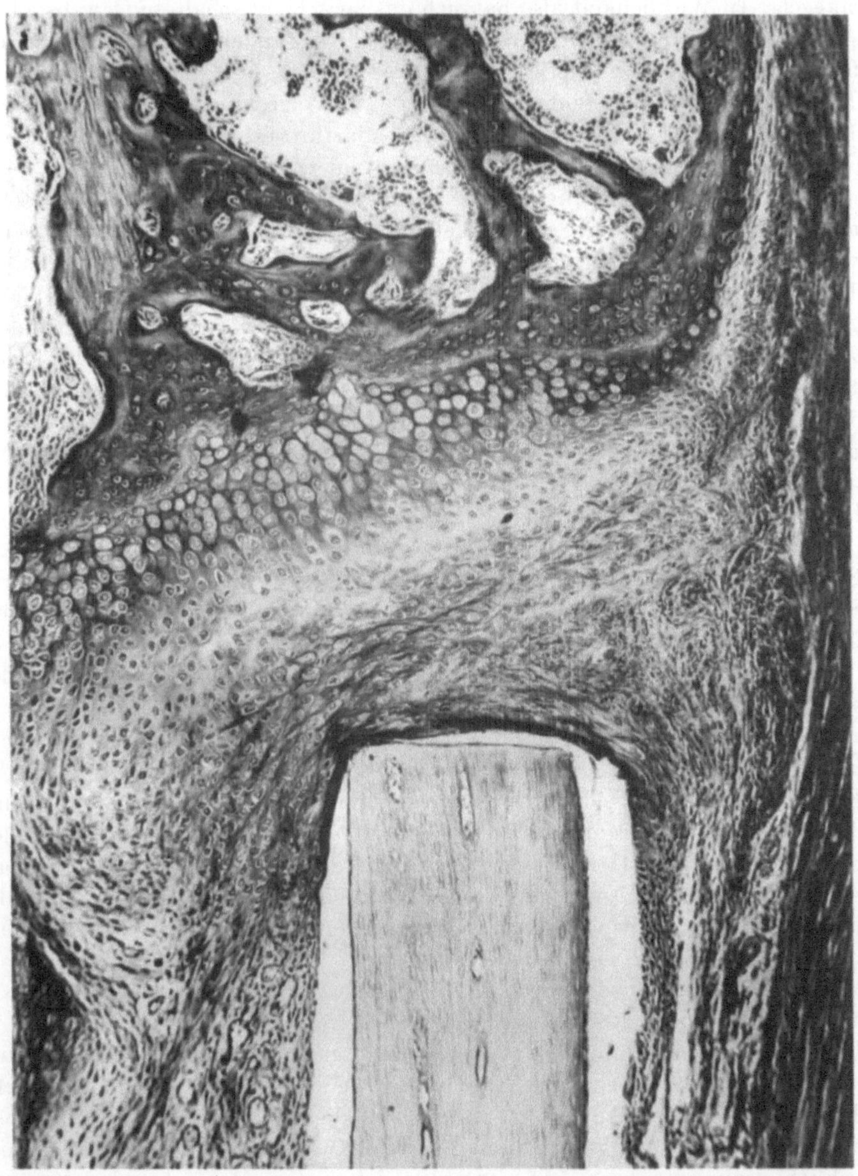

Abb. 22. Schnitt aus dem Präparat Abb. 16. Oben rechter Spongiosakeil. Zwischen seiner Basis und der tiefer unten gelegenen Hülse ein Polster von Säulenknorpelcharakter, das sich in Richtung auf den Hülsenrand zu in das typische „Übergangsgewebe" eines Pseudarthrosestreifens fortsetzt. Nähere Beschreibung s. Text. Abbildungsmaßstab 126.7:1, Färbung Azan

an der Stelle *stärksten* Druckes entsteht, so müßten die Verhältnisse gerade umgekehrt liegen: der Knorpel hätte über dem freien Hülsenrand entstehen müssen. Denn wie aus der Abbildung abgelesen werden kann, verhalten sich drückende Fläche (Hülsenrand) und druckaufnehmende Fläche (Spongiosakegelbasis) etwa wie 1:3, so daß der Quotient K/F (der Druck!) an der drückenden Fläche auch dreimal so groß hätte sein müssen, wie an der dreimal so breiten Basis des Spongiosakegels. In Wirklichkeit also hat sich das zwischengeschaltete Gewebspolster an der Stelle niedrigsten Druckes in Knorpel verwandelt, während es an der Stelle höchsten Druckes faserig geblieben ist.

Das folgende Beispiel steht zu Krompechers Verstellung in nicht geringerem Widerspruch. Reißt das Gewebe eines Pseudarthrosestreifens im Bereiche der Faserschicht (s. Abb. 21, Zone 3) ein, so daß ein Querspalt entsteht (s. S. 74 f.), so schreitet die Hyalinisierung der Grundsubstanz und die Kapselung der Zellen so lange weiter fort, bis der Spalt schließlich erreicht ist. Das vorher rein faserige Gewebe wird vollständig in Bindegewebs- oder sogar Hyalinknorpel umgewandelt, so daß der typische Schichtenbau verschwindet (s. Pauwels 1940 und 1960 b).

An der Größe des Druckes ($P = K/F$) hat sich dabei gewiß nichts geändert. Ob z. B. zwei Ziegelsteine miteinander verkittet sind oder ob sie ohne jedes Bindemittel aufeinanderliegen: das ist für die Größe des Druckes, der dabei ausgeübt wird, doch ganz belanglos. Ebensowenig kann die Zusammenhangstrennung des Pseudarthrosestreifens — der quer oder schräg zur Druckrichtung eingestellte Spalt — eine Änderung der Druckgröße im Gefolge haben, der der Zwischencallus vorher ausgesetzt war. Die nach der Spaltbildung einsetzende Verknorpelung der Faserzone muß daher eine andere Ursache haben (s. Pauwels 1960 b).

So klar nun die oben beschriebene Struktur des Pseudarthrosestreifens (s. S. 74) in Zusammenhang zu stehen scheint mit dessen charakteristischer mechanischer Beanspruchung (Druck und Querschub): ein derart schichtweise und typisch zusammengesetztes Gewebspolster ausschließlich als „funktionelle" Struktur im strengen Wortsinne zu deuten, wäre nur dann berechtigt, wenn es sich auch ausschließlich bei zusammengesetzter Beanspruchung des Blastems (Druck und Querschub) ausdifferenzierte.

Krompecher (1956) scheint dies anzunehmen. Er gibt eine Beschreibung der histogenetischen Vorgänge (l. c. S. 493f.), die deutlich bestimmt ist von den Vorstellungen Rouxs. Danach wird ein Muttergewebe ⟨sich nach der Theorie von der funktionellen Anpassung zugleich zu der zweckmäßigsten, d. h. der Localisation dieser Beanspruchung vollkommen entsprechenden Gestalt formen; denn *die Entstehungsbedingung des Gewebes würde die specifische Einwirkung sein,* welcher Widerstand zu leisten *zugleich die specifische Function* dieser Gewebe ist⟩ (Roux 1895, Bd. II, S. 227f.).

Den Gegenbeweis erbrachte das Experiment: nämlich einen typischen Pseudarthrosestreifen ohne „spezifische Einwirkung", erst recht aber ohne „spezifische Funktion" (Abb. 22). Auf die Topographie dieses „Pseudarthrosestreifens" lassen sich „Druck und Verschiebung" oder „Abscherung" noch nicht einmal gedanklich projizieren (s. S. 71f.). Daraus folgt: Der Reiz, der den Knorpel entstehen läßt, kann nicht identisch sein mit dem „funktionellen" Reiz, der auf das Knorpelgewebe „trophisch erhaltend wirkt" (Roux).

Rouxs oben zitierter Satz, der die „spezifische Funktion" nicht nur zum Moment der Erhaltung, sondern auch ganz allgemein zur Ursache der „ursprünglichen" Differenzierung erklärt (s. S. 8), entbehrt der Übereinstimmung mit den Tatsachen. Dies bezeugen folgende Beispiele: Die Abb. 23 stammt von einer umhüllten Fraktur, bei welcher der neugebildete Spongiosakegel in einen vorragenden Wulst ausläuft, der den Hülsenrand nach außen hin ein Stück weit überlappt. Eine auffällige Besonderheit ist das nicht; die gleiche Bildung wurde nämlich mehrfach beobachtet (s. Abb. 19b, rechts oben). Indessen trägt hier die spongiöse Knochenmuffe einen ausgeprägten Knorpelüberzug, und das macht sie zum einmaligen Sonderfall.

Warum an dieser Stelle Knorpel entstanden ist, das bleibt so unerfindlich wie die „spezifische Einwirkung", die nach ROUX hier doch vorauszusetzen wäre. Denn ein festes Gegenüber, dem das Muttergewebe des Knorpelwulstes „Widerstand zu leisten" gehabt hätte, fehlt vollkommen. Das Perichondrium der Knorpelkappe setzt sich in kollagenfaseriges Bindegewebe fort — nichts weiter. Seltsamerweise ist gerade in dem Bereich, in dem am ehesten die Voraussetzung für wenigstens eine Druckwirkung erfüllt gewesen wäre: nämlich zwischen der Außenoberfläche der Hülse und der Innenfläche der Knochenbildung, kein Knorpel entstanden. Hier findet man im Gegenteil ein verhältnismäßig zellreiches faseriges Bindegewebe und sogar blutgefüllte Gefäße vor.

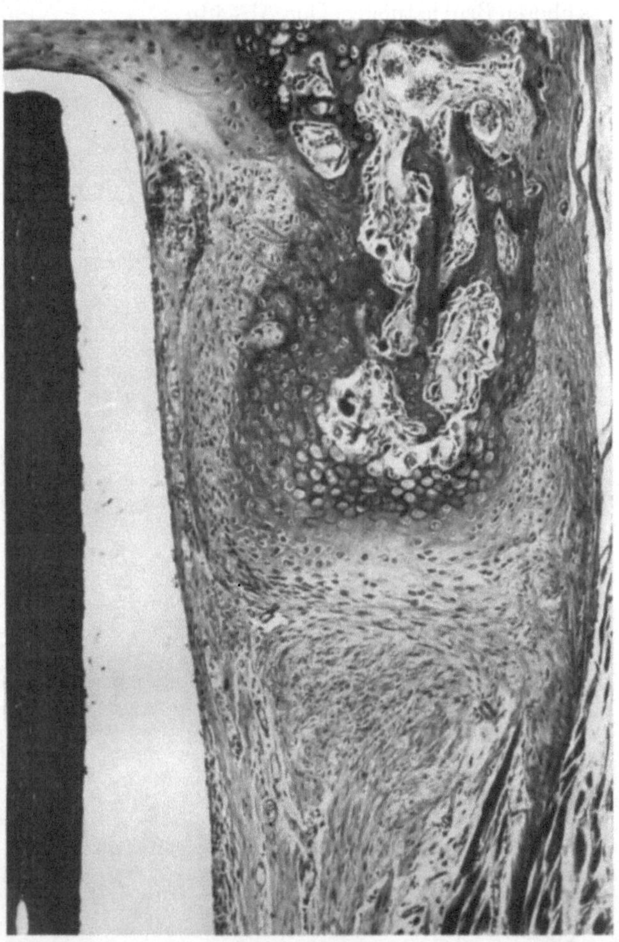

Abb. 23. Umhülste Fraktur von 14 Tagen Versuchsdauer, Ausschnitt. Oben: Basis des Spongiosakegels. Er stützt sich über ein hyalinknorpeliges Polster auf den oberen Rand der Hülse ab. Rechts daneben ein muffenartiger, spongiös-knöcherner Überwurf (vgl. Abb. 19b oben rechts), der nach unten in eine hyaline Knorpelkappe ausläuft. Nähere Beschreibung s. Text. Abbildungsmaßstab 93.5:1, Färbung Hämatoxylin-Delafield — Chromotrop

Zwei weitere Fälle „afunktioneller" Knorpelbildung aus der gleichen Versuchsreihe mögen diese Beispielsammlung abschließen. Auf dem in Abb. 24 dargestellten Schnitt ist von den beiden Fibulastümpfen nur der obere getroffen. Die Ausdehnung des ehemals spongiösen Callus ist sowohl oberhalb der Hülse (Spongiosakeile) als auch innerhalb des Hülsenraumes noch deutlich zu erkennen; und zwar an den dünnen Knochenwänden, die nun ausgedehnte Markräume umschließen. Dasselbe gilt für den unteren Teil des Präparates; hier ist der bis in die Hülse hinein vorgewachsene distale Spongiosakeil angeschnitten.

Im Gegensatz zu diesen weitgehend abgebauten und ausgehöhlten Teilen ist der mittlere Abschnitt des Callus noch ziemlich erhalten; er hängt als seitlich angebauter Spongiosaknauf am End~ des oberen Bruchstückes. Den Abschlu nach unten aber bildet ein massige hyalinknorpeliges Polster.

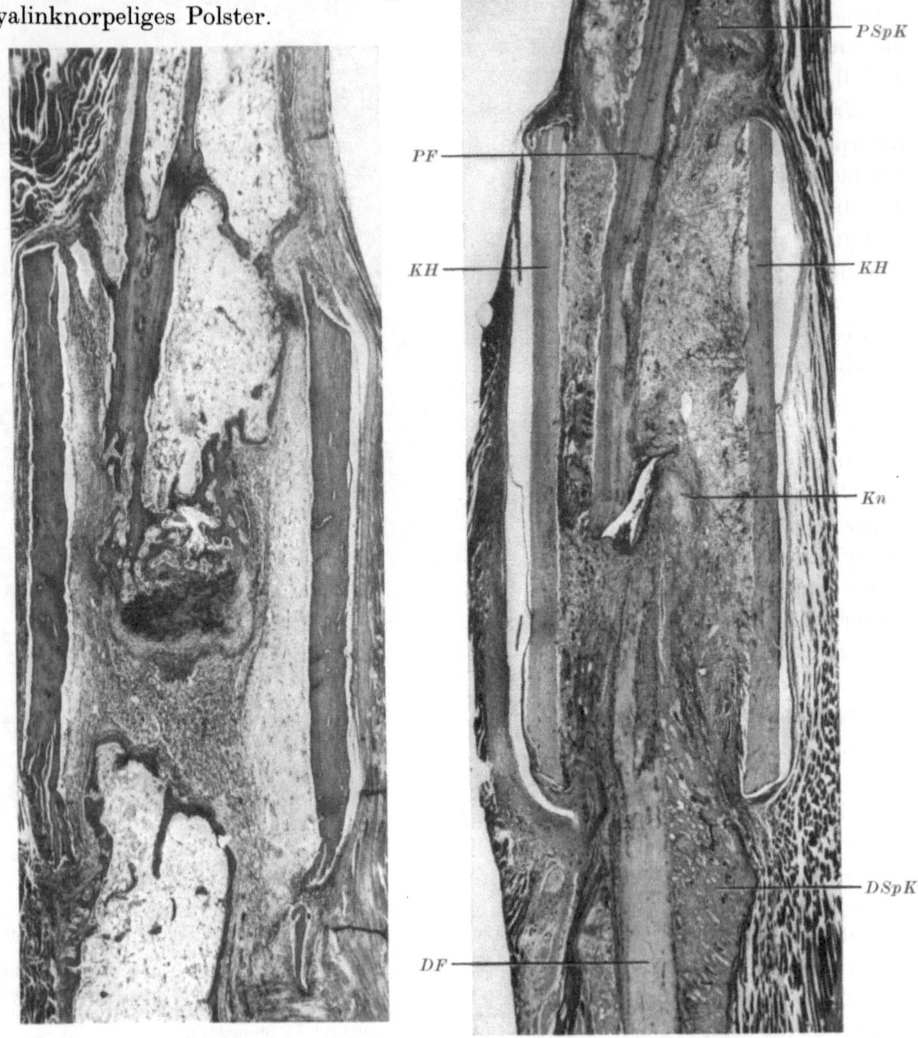

Abb. 24   Abb. 25

Abb. 24. Umhülste Fraktur von 28 Tagen Versuchsdauer. Die an das obere Stumpfende angebaute Spongiosamasse geht nach unten in ein dickes hyalinknorpeliges Polster über. Nähere Beschreibung s. Text. Abbildungsmaßstab 22.5:1, Färbung Hämatoxylin-Delafield — Chromotrop

Abb. 25. Umhülste Fraktur von 21 Tagen Versuchsdauer. *PF*, *DF* proximales und distales Fragment; *PSpK*, *DSpK* proximaler und distaler Spongiosakegel. Auf dem proximalen Stumpf links und oberhalb des linken Hülsenendes ein massiges Knorpelpolster (hell). *KH* implantierte Knochenhülse. Am oberen Ende des distalen Stumpfes, und zwar auf dessen dem Bruchspalt abgewandter Seite, neugebildeter Knorpel *Kn* (s. Text). Abbildungsmaßstab 15.5:1. Färbung Azan

Genau wie bei dem vorigen Beispiel (Abb. 23) stößt auch hier der Knorpel unmittelbar an Bindegewebe. Daß es sich dabei nicht um vorwiegend faseriges, sondern um sehr lockeres und zellig stark durchsetztes — also reticuläres — Bindegewebe handelt, macht die Situation höchstens noch seltsamer; denn hier kann von einem „funktionell" wirksamen Widerlager erst recht nicht mehr die Rede sein.

Welche mechanische Beanspruchung sollte also das aus dem oberen Stumpfende hervorgegangene Blastem oder Granulationsgewebe dazu veranlaßt haben, sich von der vorherigen Knochenbildung plötzlich auf Knorpelproduktion umzustellen? Und warum hat diese Knorpelbildung nur auf dem oberen, nicht aber auf dem unteren Stumpfende stattgefunden, wo doch die gleichen äußeren Bedingungen gegeben waren?

Ganz ähnlich rätselhafte Dinge haben sich bei einer umhülsten Fraktur von 13 Tagen Versuchsdauer (Abb. 25) ereignet. Im Bereiche des Bruchspaltes ist hier kein Knorpel zu finden, wohl aber seitlich des spongiös-knöchernen Fortsatzes des distalen Stumpfes; also auf der dem Bruchspalt abgewandten Knochenseite und im Druck-Lee, wenn man so sagen darf. Dieser Befund ist nichts weiter als eine Bestätigung dessen, was ZIEGLER bereits 1901 — also noch lange zu ROUXs Lebzeiten — beschrieben hatte (s. o. S. 66).

Wenn aber selbst unter den mechanisch einfachen und übersichtlichen Bedingungen des Experiments die Ergebnisse nicht nur der Prognose, sondern auch der nachträglichen kausalen Erklärung spotten; wenn die Knorpelbildung dort ausbleibt, wo man sie eigentlich erwarten sollte, dafür aber an Stellen zu finden ist, wo man sie a priori — d. h. nach ROUX — nie vermuten konnte, so muß man sich fragen: welcher nachweisbare Kausalzusammenhang besteht denn dann überhaupt zwischen dem Vorkommen von Knorpel und einer bestimmten äußeren Mechanik? Die Antwort muß wohl so lauten:

Eine tatsächlich funktionale Beziehung zwischen Mechanik und Knorpel ist nur dann bewiesen, wenn eine Änderung der mechanischen Verhältnisse zwangsläufig dazu führt, daß der Gewebscharakter sich wandelt (z. B. enchondrale Verknöcherung oder Umwandlung in faseriges Bindegewebe) oder daß der Knorpel sogar ganz verschwindet (z. B. nach Transplantation in Weichteile).

So pflegt der Zwischenknorpel einer gemeinen Pseudarthrose enchondral zu verknöchern, sobald das Falschgelenk vollkommen ruhiggestellt und die intermittierende Verformung des Knorpels ausgeschaltet ist (PAUWELS, s. o. S. 65). Die Ergebnisse der Umkehrexperimente, die PLOETZ (1938) angestellt hat (Umlagerung knorpelhaltiger Gleitsehnen, s. o. S. 31), sind ein gleichsinniges Beispiel.

Damit ist aber lediglich etwas ausgesagt über die ursächliche Beziehung zwischen dem *Erhaltenbleiben* des Knorpels und bestimmten, hierzu notwendigen *Erhaltungs*reizen. Genauer besehen gilt dies also nur für wenige und ganz spezielle Fälle, zu denen der Callusknorpel sicher, der Gelenkknorpel sehr wahrscheinlich gehört (Ankylosen!).

Der Callusknorpel, der unter günstigen Außenbedingungen (Ruhigstellung) eine Ersatzkonstruktion von vorübergehender Dauer darstellt und damit als transitorische Synchondrose betrachtet werden darf, hat nun gewisse Ähnlichkeit mit den Knorpeln der Wachstumsfugen, und zwar in doppelter Hinsicht:

Als quellungsfähiges Gewebe vermag der Callusknorpel die Bruchenden aktiv auseinanderzutreiben (s. Abb. 7a und 9a und b; Stabilisierung der Bruchstellung, s. PAUWELS 1940). Das entspricht der *Wachstumsdruckwirkung* der Fugenknorpel.

Zum anderen ordnen sich die Chondrone des Callusknorpels gar nicht selten in typischen Reihen an, und zwar besonders gern in der Nähe der Knorpel-Knochengrenze (Basen der Spongiosakegel, S. Abb. 8 und 22). Hier fällt die Richtung der Knorpelzellreihen charakteristischerweise *mit der Richtung des äußeren Druckes* zusammen (Knochenlängsachse, s. die Pfeile in der Abb. 13). Das entspricht der *Säulenarchitektur* des Fugenknorpels.

Freilich handelt es sich hierbei um grundverschiedene Dinge. Denn der Callusknorpel ist eine pathologische Bildung, die bei ein und demselben Skeletstück an den verschiedensten Stellen auftreten kann und deren Erhaltungsdauer eindeutig von den *äußeren* mechanischen Bedingungen abhängt. Demgegenüber sind die Fugenknorpel normale Bildungen an stets typischer Stelle; und was ihre Erhaltung im allgemeinen und was ihren zeitlich genau befristeten Bestand im besonderen anlangt, so müssen hierfür ganz andere als rein mechanische Voraussetzungen gelten (vgl. die vorzeitige Verknöcherung bei Chondrodystrophie!). Lediglich nach traumatischer Epiphyseolyse kann der Fugenknorpel ein Verhalten zeigen, das dem des Callusknorpels wirklich vergleichbar ist.

Dieser grundsätzlichen Besonderheiten ungeachtet hat ROUX versucht, die langfristige Erhaltung gewisser Knorpelfugen ebenfalls von der äußeren Mechanik her zu deuten. Welche Überlegungen ROUX hierbei angestellt hat und wie diese Überlegungen sich zu den Regeln der Mechanik und der Elastizitätstheorie verhalten, wird im folgenden behandelt.

Zur Frage der Topographie und der Erhaltung des Fugenknorpels

Im Gegensatz zu anderen Fugenknorpeln (z. B. den Synchondrosen der Schädelbasis) sind bei den knorpeligen Epiphysenfugen jener Skeletstücke, die zum Bewegungsapparat gehören, gewisse Bewegungs- und Belastungsreize nicht von der Hand zu weisen. Daß diese Fugenknorpel stets an typischer Stelle liegen und lange Zeit vom Verknöcherungsprozeß ausgespart bleiben, erklärt ROUX (1895, Bd. I, S. 811) folgendermaßen: ⟨Mit der Bildung der festeren Diaphyse (wird) bei stattfindenden Gelenkbewegungen eine neue Stelle *stärkster Verschiebung, also Abscheerung* und damit stärkster Knorpelbildung an der Grenze der Diaphyse gegen die Epiphyse geschaffen, die intermediäre Epiphysenscheibe.⟩

Nach Überlegungen, die PAUWELS (unveröffentlicht) angestellt hat, liegen die wirklichen Verhältnisse jedoch wesentlich anders, als ROUX dies vermutete. Das knorpelige Skeletstück darf vor der Anlage der diaphysären Knochenmanschette und vor der Anlage des epiphysären Knochenkernes verglichen werden mit einer geraden, in ihrer ganzen Länge gleich dicken Säule. Wächst diese Säule in die Länge, so muß sie dabei den Dehnungswiderstand ihrer Weichteilumgebung und insbesondere die Spannung der Muskeln überwinden. Mechanisch gesehen ist dies dasselbe, wie wenn die Säule von ihren beiden Enden her komprimiert würde (Abb. 26).

Von dieser mechanischen Ausgangslage lassen sich die folgenden theoretischen Möglichkeiten ableiten:

1. Der von den Gelenkenden her übertragene Druck wirkt in der Achse der Säule oder dazu parallel (Abb. 26a und b). In beiden Fällen bildet die Wirkungslinie der Kraft mit der Säulenlängsachse keinen Winkel. Infolgedessen kann

sie auch keine Komponente haben, die Querschub (d. h. Verschiebung oder „Abscherung") hervorruft.

Da ROUX von „Verschiebung bei stattfindenden Gelenkbewegungen" spricht, muß die Belastung der Säule anders, und zwar folgendermaßen gedacht werden: 2. Die Resultierende aller Kräfte, die auf das Gelenkende einwirken, geht so durch das Drehzentrum, daß die Längsachse des Skeletstückes unter einem bestimmten Winkel geschnitten wird (Abb. 26c; genauere Ableitung s. bei

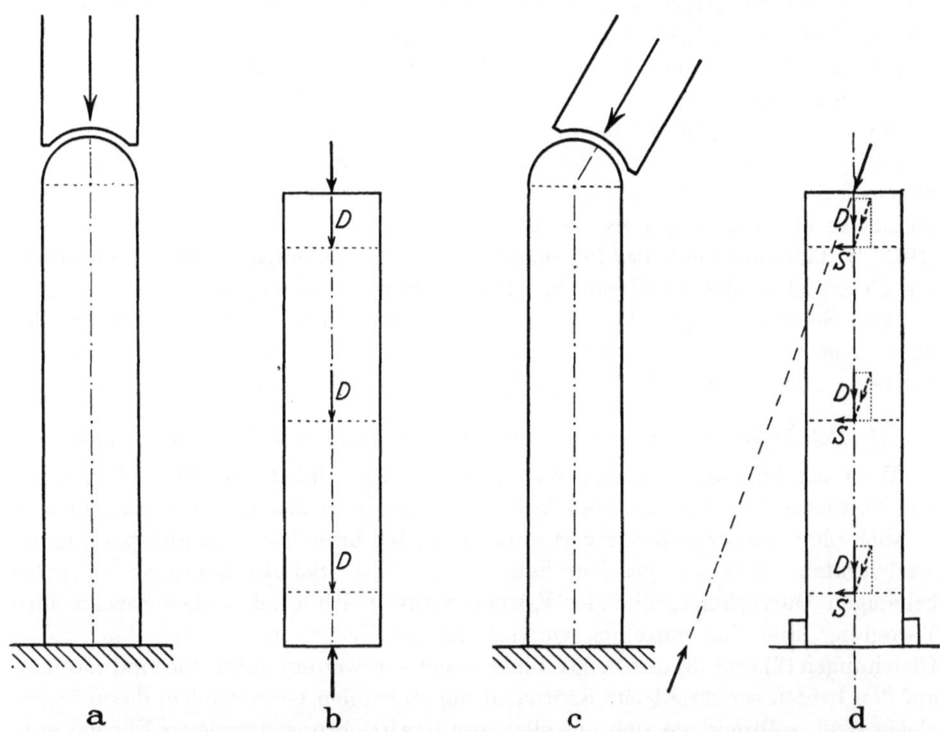

Abb. 26a—d. Schematische Darstellung der Belastungsarten, denen ein gerades Skeletstück (Knorpelstab) von einem Gelenkende her ausgesetzt werden kann. a Die Resultierende sämtlicher Kräfte (s. S. 46f.) geht durch das Drehzentrum (Pfeil) und fällt mit der Achse des Skeletstückes zusammen. Infolgedessen steht dieses ausschließlich unter Druckeinwirkungen, die zudem in jeder beliebigen Querschnittshöhe gleich groß sind (b). c Die Resultierende geht durch das Drehzentrum, schneidet aber die Mittelachse des Knorpelstabes in einem bestimmten Winkel. In diesem Falle (d) treten die beiden Teilkräfte Druck (D) und Querschub (S) auf. Auch sie wirken in jeder beliebigen Querschnittshöhe mit gleicher Größe. — Die Resultierenden in a und c (Pfeile) sind lediglich aus Anschauungsgründen in die Achse des oberen Gelenkendes hineinverlegt. In Wirklichkeit trifft das nämlich nicht zu (s. S. 46f.). — b und d nach PAUWELS (unveröffentlicht)

KUMMER 1959a, S. 98ff.). Angewandt auf das Säulenbeispiel handelt es sich also um eine *Schrägkraft*, die das obere Säulenende im Durchstoßpunkt der Säulenlängsachse trifft (Abb. 26d). Denn nur unter dieser Voraussetzung kann ein Querschub, d. h. eine Verschiebung im Sinne ROUXs auftreten.

Maßgeblich für diesen Querschub (Abscherung) ist allein die Komponente *S*, und diese ist entlang der ganzen Säulenlängsachse in jeder beliebigen Querschnittshöhe gleich groß (s. Abb. 26d). Infolgedessen kann von einer Stelle „stärkster Abscherung" hier ebensowenig die Rede sein wie bei einem auf „reinen" Schub beanspruchten Würfel (s. Abb. 6 und den dazugehörigen Text).

Mit anderen Worten: das von Roux angenommene Kausalverhältnis zwischen der Lokalisation der knorpeligen Epiphysenfuge und einer „Stelle stärkster Abscherung" besteht in Wirklichkeit nicht.

Weshalb der Verknöcherungsprozeß den Fugenknorpel überhaupt ausläßt, begründet Roux (1912, S. 132) so: ⟨Er liegt an der Stelle stärkster, bei der Bewegung der Gelenke entstehender Scherung gegen die Diaphyse und wird durch diese Abscherung lange Zeit widerstandsfähig gegen die Verknöcherung erhalten... Zwischen der Apophyse und Diaphyse kehren ganz dieselben Verhältnisse am intermediären *Apophysenknorpel* wieder.⟩ Und: ⟨Jede Apophyse verknöchert von ihrem ruhigsten, das ist centralen Teile aus.⟩ (l. c. S. 25.)

Wenn uns Roux auch im unklaren läßt, woher bei den Apophysen der *Druck* kommen soll — er spricht nämlich nur von „Verschiebungswirkung", ⟨die von den an jeder Apophyse angreifenden Muskeln bewirkt wird⟩ —, so sind wir in diesem Falle wenigstens ein Mal der Entscheidung enthoben, was „Abscherung", und zwar als Erhaltungsreiz, zu bedeuten hat. Denn hier drückt sich Roux (1912, S. 355) ganz eindeutig folgendermaßen aus: ⟨*Scherspannung* ... kombiniert mit Druck ist ... der erhaltende funktionelle Reiz des Knorpels.⟩

Also Scher*spannung*. Es wird sich nun darum handeln, unter welchen Bedingungen in einem elastischen Körper solche Scher- oder Schubspannungen auftreten und wie sie sich dabei größenordnungsmäßig verteilen.

A. Schubspannungen beim Einwirken einer Querkraft („reiner" Schub)

Wird ein homogener elastischer Körper entsprechend den Abb. 1 b und 5 c von antiparallelen Kräftepaaren (Schubkräften) beansprucht, so werden in ihm — auch ohne daß er sichtbar verformt zu werden brauchte — Schubspannungen wachgerufen. Wie wir gesehen haben, sind diese Schubspannungen in jeder beliebigen Querschnittshöhe des Körpers zwar gleich groß; indessen zeigt ihre Verteilung über den einzelnen Querschnitt ein Verhalten, das aus den beiden Gleichungen (2) und (3) auf S. 23f. nicht abgelesen werden kann. Sie sind nämlich auf den beiden senkrecht zur Kraftrichtung stehenden Grenzflächen des Körpers gleich Null, während sie sich auf allen zur Kraftrichtung parallelen Ebenen entsprechend der Abb. 27 verhalten: hier steigt die Schubspannung σ_s von den beiden Nullflächen her auf einen Maximalwert an, und dieser liegt über der Querschnittsmitte (vgl. Abb. 29).

Man kann sich dieses Verhalten — allerdings grob schematisch — etwa folgendermaßen klarmachen: Wir gehen aus von einem bereits schiefen (s. Abb. 28 a), aber unbelasteten Würfel oder Quader, den wir uns aus einzelnen gleich dicken, fest miteinander verbundenen Horizontalschichten zusammengesetzt denken. Lassen wir nun an Deck- und Bodenfläche des Körpers die einander entgegengerichteten Schubkräfte angreifen (Pfeile), so kann eine höher gelegene Schicht die unter ihr befindliche erst von dort an wirklich mitnehmen, wo sie dieser anhaftet; oder eine tiefere Schicht kann für die nächsthöhere erst von dort an eine wirksame Bremse sein, wo der eigentliche Verbund beginnt (s. die Senkrechten, an denen die beiden in Körpermitte gezeichneten Pfeile angreifen, Abb. 28 a). Von diesen Stellen aus fallen Schub- und Gegenschubwirkung randwärts auf Null ab; nach der Mitte des Körpers hin summieren sie sich dagegen bis zu einem Höchstwert auf, (s. Abb. 28 b).

Für das einzelne Elementarteilchen innerhalb einer einzelnen Schicht bedeutet das folgendes: Der Widerstand, gegen den es sich unter der Schubwirkung verformen muß — und damit die Spannung —, wird um so größer, je näher die Elementarpartikel der Vertikalebene gelegen ist, die durch die Mittelachse des Körpers geht und die zur Schubrichtung senkrecht steht; d. h. je mehr Nachbarteilchen einer solchen Elementarpartikel in der Schubrichtungsebene randwärts vorgelagert sind (s. Abb. 29, $\sigma_{S\,max}$, und Abb. 5c).

Hieraus erklärt sich der Verlauf der Schubspannungskurve über dem Einzelquerschnitt eines elastischen Körpers, der von reinen Schubkräften verformt wird (Abb. 27).

Übertragen wir diese Abbildung ins Räumliche, so erhalten wir die Abb. 29. Die Stellen, an denen die Schubspannung entweder ganz fehlt oder einen gewissen Mindestwert nicht überschreitet, sind punktiert.

Nun sind wir aber bei unseren Überlegungen (s. o. S. 82f.) nicht von einer im Grundriß quadratischen oder rechteckigen, sondern von einer drehrunden Säule ausgegangen. Denken wir uns eine solche Säule von größtmöglichem Durchmesser aus dem Körper in der Abb. 29 herausgestanzt (Abb. 30), so erhalten wir als schubspannungsarme Zonen nur noch zwei schmale Längsstreifen (im Quer-

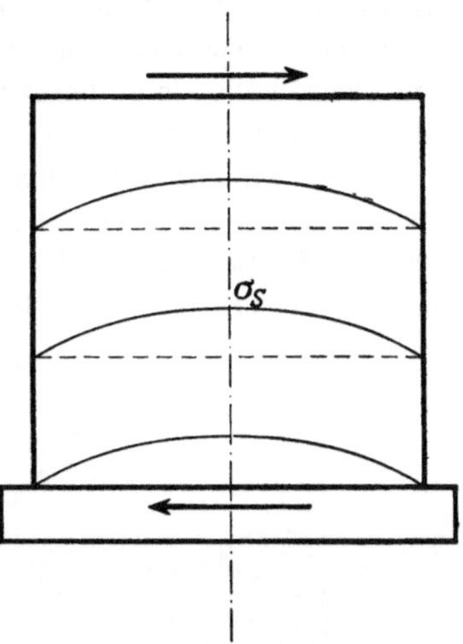

Abb. 27. Verteilung der Schubspannunggrößen σ_S über beliebige Einzelquerschnitte eines elastischen Würfels, auf dessen Deck- und Bodenfläche reine Tangential-, d. h. Schubkräfte einwirken. Gestrichelte Linien: Querschnittshöhe und Nullniveau zugleich. — Nach PAUWELS (unveröffentlicht)

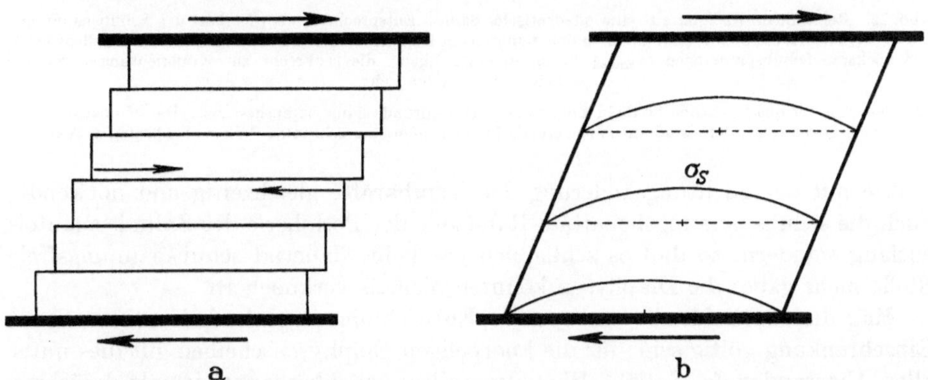

Abb. 28. a Reine Schubwirkung auf einen bereits schiefen, aus lauter gleich dicken Schichten zusammengesetzten elastischen Körper. Im Schnitt erscheint der Körper rechts und links als Treppe gleichbreiter Stufen. b Verlauf der Schubspannungskurve über drei beliebige Einzelquerschnitte. Näheres s. Text

schnitt Kreissegmente, deren Sehnen zur Richtung der Schubkräfte senkrecht stehen). Der weitaus größere Anteil des Säulenquerschnittes steht nun unter Schubspannung.

Träfe ROUXs Überlegung zu, so könnten die Diaphysen knorpeliger Skeletstäbe (vorausgesetzt, daß sie von einachsigen Gelenken begrenzt oder — bei mehrachsigen Gelenken —, daß sie in einer bestimmten Stellung fixiert sind) nur ent-

lang dieser schubspannungsarmen Streifen verknöchern. Die Ausbildung eines
geschlossenen Knochenmantels (perichondrale Knochenmanschette) wäre unverständlich. Die Anlage eines achsennahen Verknöcherungszentrums oder
— bei den knorpeligen Epiphysen — die Entwicklung eines zentralen Knochenkernes wäre vollends undenkbar. Denn je weiter es ins Körperinnere hineingeht,
desto größer werden doch die Schubspannungen.

Wollten wir gar annehmen, die gelenkig verbundenen Skeletstücke seien in
einer bestimmten (oder wechselnden) Beugestellung gegeneinander rotierbar
(etwa um die Längsachse des unteren Teiles der Abb. 26c), so würde der Gegensatz von Wirklichkeit und theoretischer Möglichkeit noch größer. Denn nun

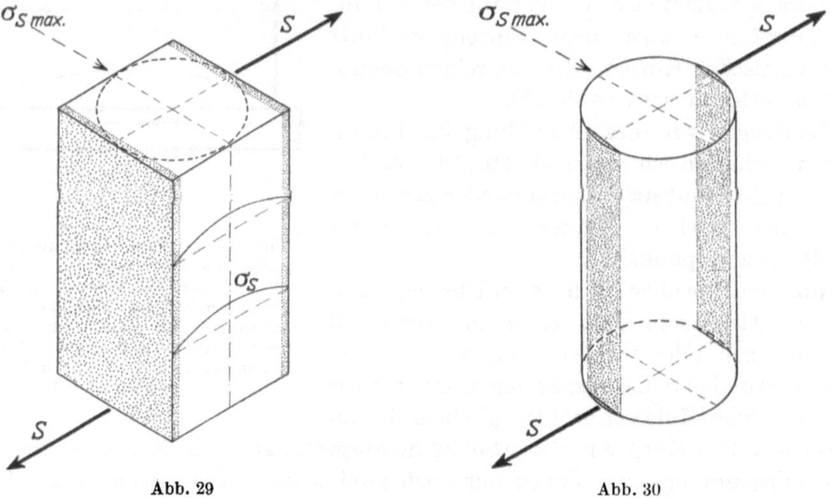

Abb. 29. Reine Schubwirkung auf eine quadratische Säule. Entsprechend dem Verlauf der Schubspannungs-
kurve (σ_S) bleiben die Schubspannungen in den punktierten Bereichen unterhalb eines gewissen Schwellenwertes.
Die höchsten Schubspannungen ($\sigma_{S\,max}$) liegen in einer Ebene, die senkrecht zur Kraftrichtung durch die
Seitenhalbierenden geht

Abb. 30. Aus der quadratischen Säule in Abb. 29 ist eine drehrunde Säule herausgestanzt. Die schubspannungsarmen Zonen (punktiert) sind auf zwei schmale Längsstreifen eingeschränkt. Nähere Erklärung s. Text

müßte mit der Richtungsänderung der Schubkräfte gleichzeitig und notwendig
auch die schubspannungsbehaftete Randzone der Peripherie des Zylindermantels
entlang wandern, so daß es schließlich gar keine dauernd schubspannungsfreie
Stelle mehr gäbe: die Diaphysen könnten niemals verknöchern.

Mag dies auch für die embryonale Entwicklung hypothetisch oder nur mit
Einschränkung gültig sein: für die knorpeligen Epiphysenscheiben gilt dies unter
allen Umständen (s. S. 95). Wie also sollten sie überhaupt jemals knöchern
ersetzt werden können? ROUX gibt folgende Erklärungen:

a) ⟨Die functionelle Erhaltungsfähigkeit (der intermediären Epiphysenscheiben) scheint aus unbekannten localisirten Gründen ... zu schwinden.⟩
(1895, Bd. I, S. 811f.)

b) ⟨... weil beide Theile, Epiphyse und Diaphyse, abgesehen von den ... durch
die Weichheit des intermediären Knorpels bedingten ... *feinen* Verschiebungen
gegen einander, sich im groben *nur gemeinsam* bewegen und *nur gemeinsam
bewegen sollen*, ... mußte zackenförmiges Ineinandergreifen beider Theile geradezu

gezüchtet werden ...⟩ (1895, Bd. I, S. 720.) Diese Knochenzacken sollen schließlich ⟨zu starke Ruhigstellung bedingen⟩ (1895, Bd. I, S. 811), so daß der Knorpel verknöchert.

Mit anderen Worten: aus der Bewegung *gegeneinander* wird schließlich eine Bewegung *miteinander*, so daß die „Verschiebung" sich immer mehr verringert und endlich ganz aufhört. Bei minimaler „Abscherung" kann dann die Verknöcherung einsetzen und — ⟨indem der ossificirte Theil seine nächste knorpelige Umgebung ruhig stellt⟩ — schließlich die ganze Epiphysenscheibe erfassen (vgl. oben S. 29, Satz d).

Sonderbarerweise spielt bei diesem Gedankengang die Scher*spannung* — die doch der „funktionelle Erhaltungsreiz" des Knorpels sein soll, und die bei einer normal beanspruchten Epiphysenscheibe niemals verschwinden kann — nicht die geringste Rolle.

Indessen: das eine Zitat stammt aus Rouxs Terminologie von 1912, das andere dagegen aus seinen Gesammelten Abhandlungen von 1895. Vielleicht hatte Roux seine Ansicht inzwischen geändert und seine früheren Aussagen richtig gestellt? Keineswegs; denn Roux verweist 1912 (S. 132) ausdrücklich auf seine Ausführungen von 1895.

B. Schubspannungen beim Einwirken einer axialen Druckkraft („reiner" Druck)

Wird ein Zylindersegment aus homogenem, elastischem Material zwischen zwei fest mit ihm verbundenen Backen achsrecht komprimiert, so wird es zur Tonne verformt. Denkt man sich vor der Kompression auf eine axiale Schnittfläche des Körpers ein orthogonales Liniennetz aufgetragen (s. Abb. 31a), so wird dieses verzerrt. Seine Schnittpunkte mit den ebenen Stirnflächen und das Zentrum ausgenommen, werden sämtliche Koordinaten verlagert (Abb. 31b). Dabei nehmen zwei geometrische Örter eine Sonderstellung ein:

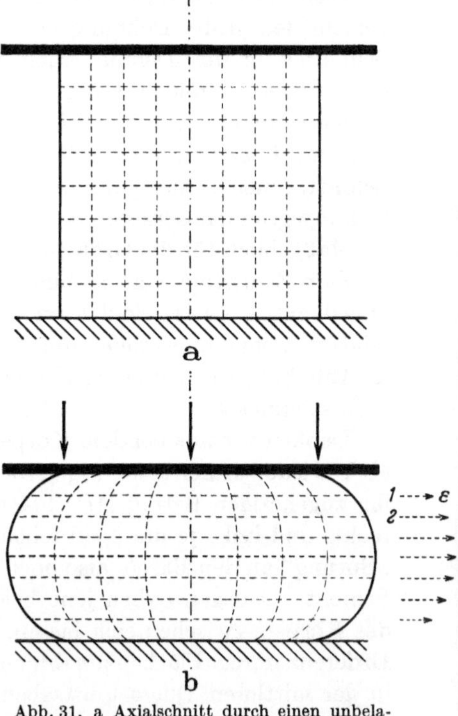

Abb. 31. a Axialschnitt durch einen unbelasteten Zylinder. Auf die Schnittfläche ist ein Quadratnetz aufgezeichnet. b Axialschnitt durch einen Zylinder, der von achsenparallelen Druckkräften zur Tonne verformt wurde (vgl. Abb. 2b). Das vorher orthogonale Liniennetz ist verzerrt. — Rechts: Diagramm der Querdehnungen ε in den einzelnen Querschnitten. — In Anlehnung an eine Abbildung nach PAUWELS (1960a)

Auf der Mittelachse werden die Teilchenmittelpunkte *lediglich einander genähert*.

Auf der Querschnittsebene in halber Höhe des Körpers erleiden die Teilchenmittelpunkte eine *reine Zentrifugalverlagerung*.

Alle übrigen Teilchenmittelpunkte werden nach der mittleren Querschnittsebene hin und zentrifugal zugleich verschoben (vgl. Abb. 2, 57 und 58).

Im ganzen wird der Körper in der Druckrichtung abgeplattet und dazu quer gedehnt. Diese Querdehnung — in der Abb. 31b rechts maßstäblich eingetragen — ist in den einzelnen Querschnittsebenen verschieden. Sie ist an den druckaufnehmenden Flächen gleich Null, weil hier das Material seitlich nicht ausweichen kann (feste Verbindung mit den pressenden Backen). In der mittleren Querschnittsebene hat die Querdehnung ihren Höchstwert.

Die Verlagerung der einzelnen Massenpunkte, d. h. ihre „Verschiebung" von ihrer ursprünglichen Lage weg, ist dabei um so größer, je weiter wir uns von den gepreßten Stirnflächen nach der mittleren Querschnittsebene hin bewegen, und je weiter wir uns von der Mittelachse entfernen (s. die lateralwärts zunehmende Ausbauchung der ehemals vertikalen Geraden).

Wenn zwei einander benachbarte Schichten eine zwar gleichgerichtete, aber verschieden große Dehnung erfahren, so müssen Spannungen zwischen diesen Schichten in der Dehnungsrichtung auftreten. Um diese *horizontalen* Schubspannungen — und nur um diese — wird es sich im folgenden handeln. Denn in einem entsprechend der Abb. 31 b gestaltsverformten elastischen Körper treten nicht nur in den zu seiner Mittelachse senkrechten, sondern auch in dazu schrägen Schnittebenen Schubspannungen auf. Die letzteren lassen wir aus reinen Vereinfachungsgründen beiseite.

Maßgeblich für die Größe der Schubspannungen ist auch hier wieder nicht die *absolute* Zentrifugalverschiebung, die der einzelne Massenpunkt gegenüber der ungedehnten Basis erleidet (vgl. Abb. 6 und dazugehörigen Text), sondern die relative Schiebungsgröße von Schicht zu Schicht. Das ist in diesem Falle (s. Abb. 31 b) die Differenz der Dehnungen zweier benachbarter Schichten, also z. B. ε_2 minus ε_1.

Denken wir uns bei dem Körper in der Abb. 31 b die gleichen Dehnungen, nun aber wieder stufenweise (vgl. Abb. 6 b und 28 a) und bei jeder Schicht um den ihr zugehörigen Betrag ΔF (Flächenzuwachs, im axialen Schnitt der Abb. 31 b rechts und links je um ε) durchgeführt (Abb. 32), so liegt der größte Dehnungs-„Sprung" an den Basen, also oben und unten zwischen der ersten und der zweiten Schicht. Dagegen haben jene beiden Schichten, die die quere Halbierungsebene des Körpers zwischen sich fassen, die gleich große Dehnung durchgemacht. Die Differenz ihrer Flächenzunahmen (und damit die horizontale Schubspannung in der mittleren Querschnittsebene) ist daher gleich Null.

Geht man vertikal durch den Körper hindurch, so verhält sich die Verteilung der Schubspannungsgrößen von Schicht zu Schicht ganz ähnlich der vertikalen Verteilung der einzelnen Druckspannungsgrößen σ_D in einem achsrecht komprimierten Körper (vgl. Abb. 33): die Schubspannungen und die Druckspannungen sind an den Berührungsebenen zwischen dem Körper und den pressenden Flächen am größten; in der mittleren Querschnittsebene dagegen sind sie am kleinsten (Druckspannungen) oder gar Null (Schubspannungen). Sie verhalten sich also umgekehrt wie die einzelnen Dehnungsgrößen ε (und umgekehrt wie die Größen der absoluten „Verschiebungen").

Übertragen wir diese Verhältnisse auf die knorpelige Epiphysenscheibe, so stimmt auch hier Rouxs Theorie mit der Wirklichkeit nicht überein. Denn der Fugenknorpel verkalkt und verknöchert bekanntlich von eben seinen Stirnflächen aus, d. h. von den Stellen her, wo die Schubspannungen am höchsten sein müssen. Am längsten dagegen bleibt der Fugenknorpel dort erhalten, wo die Druckspannungen immer kleiner werden (s. Abb. 33) und wo die Schubspannungen sogar gegen Null abfallen, also ober- und unterhalb der mittleren

Querschnittsebene. Gerade von hier aus wird sogar fortwährend neuer Knorpel geliefert, solange das Längenwachstum des Skeletstückes anhält.

Auch in der Horizontalen, d. h. entlang einer einzelnen Querschnittsebene, sind die Schubspannungen nicht gleichmäßig verteilt, ganz ähnlich wie bei dem „rein" schubbeanspruchten Quader in der Abb. 27. Konnte dort dieses Verhalten weder aus der Verschiebung der Koordinaten (s. Abb. 1), noch aus den Gleichungen zu der Abb. 6 (s. S. 23f.) abgelesen werden, so kommen wir jetzt mit zwei einfachen und rein geometrischen Ableitungen zurecht.

Die schematischen Abb. 31—34 sind der Anschaulichkeit zuliebe vereinfacht. Diese Vereinfachungen weichen in einigen Punkten von der Wirklichkeit ab. Obwohl das für die

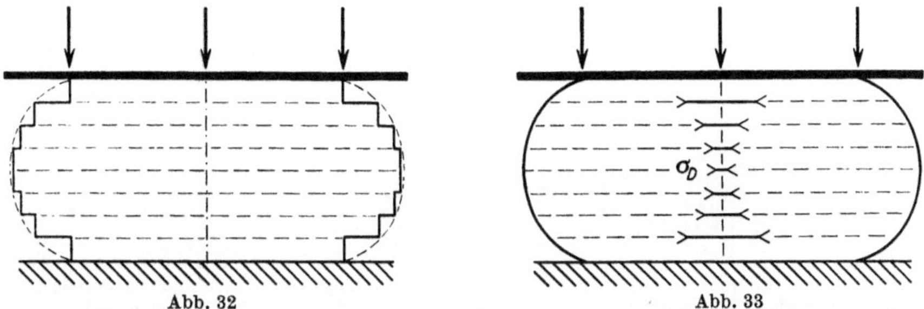

Abb. 32   Abb. 33

Abb. 32. Der gleiche Körper wie in Abb. 31b, aus einzelnen Schichten stufenweise zusammengesetzt. Die Größen der Dehnungsdifferenzen zwischen den einzelnen Schichten gehen aus der verschiedenen Stufenbreite hervor: die Dehnungsdifferenz ist oben und unten am größten, in der queren Halbierungsebene des Körpers gleich Null. Näheres s. Text

Abb. 33. Verteilung der Druckspannungsgrößen σ_D entlang der Mittelachse eines axial zusammengedrückten Zylinders (vgl. Abb. 31b). Wo die Querdehnung ε am größten ist (quere Halbierungsebene des Körpers), da sind die queren Druckspannungen am kleinsten. Wo dagegen die Schichten am wenigsten in der Fläche gedehnt sind (oben und unten), da sind die queren Druckspannungen am höchsten. Nach PAUWELS (1960b)

folgenden Ableitungen nicht von grundsätzlicher Bedeutung ist, so muß doch der Ordnung halber darauf hingewiesen werden.

1. Nach der Verformung des Körpers sind die einzelnen Schichten nicht mehr gleich dick. Weil Dehnung in der Fläche notwendig mit Abnahme der Schichtdicke verbunden ist, so müssen die Schichten um so dünner werden, je stärker ihre Flächendehnung ist. Infolgedessen sind die Schichten ober- und unterhalb der mittleren Querschnittsebene am stärksten verdünnt, die Schichten an den pressenden Backen am wenigsten (vgl. das Diagramm für die Querdehnung ε in der Abb. 31b, rechts).

Wollte man dementsprechend das Schema der Abb. 2b für viele Schichten und korrekt zeichnen, so müßten die Elementarkörper nahe den ebenen Stirnflächen, wo die geringsten Dehnungen (und deshalb auch nur minimale Formänderungen) stattfinden, angenähert Kugeln bleiben, während die Elementarkörper der nächstfolgenden Schichten immer mehr abgeplattet, d. h. zu Ellipsoiden verformt werden müßten. Mit anderen Worten: von den Basen zur mittleren Querschnittsebene hin werden die langen Ellipsenachsen immer länger, die kurzen immer kürzer.

2. Die langen Achsen der Verformungsellipsen können nicht auf horizontalen Geraden liegen, wie dies in der Abb. 34b dargestellt ist. Sie haben vielmehr zusammen mit den kurzen Ellipsenachsen eine andere Stellung eingenommen, und das ist im Schema b der Abb. 2 angedeutet. Hier wäre in jedem Ellipsenmittelpunkt die kurze Ellipsenachse als Tangente an die dazugehörige vertikale Krümmungskurve zu zeichnen. Mit Ausnahme in der Körperachse und in der mittleren Querschnittsebene stünden also die Achsenkreuze aller Verformungsellipsen schräg: in dem linken oberen und dem rechten unteren Quadranten der Abb. 31b mit dem Uhrzeiger, in dem rechten oberen und dem linken unteren Quadranten entgegen dem Uhrzeiger gedreht; und zwar um so stärker, je weiter von der Mittelachse weg das betreffende Verformungsellipsoid gelegen ist.

Mit anderen Worten: die geometrischen Örter gleichsinnig verformter Elementarkörper wären Kurven, deren Konvexitäten der mittleren Querschnittsebene zugekehrt und deren Krümmungsscheitel auf der Mittelachse der Deformationstonne (Abb. 31 b) gelegen sind.

3. Die axialen Schnitte durch die Verformungsellipsoide einer einzelnen Schicht können nicht kongruent sein, wie dies in der Abb. 34 b wiedergegeben ist. Denn von der Mittelachse des Körpers weg ändert sich sowohl die Verformungsgröße als auch die Verzerrungsrichtung der einzelnen Elementarpartikeln.

Hier geht es indessen nur darum, eine brauchbare Grundanschauung zu gewinnen; und dafür dürften unsere vereinfachten Schemata genügen.

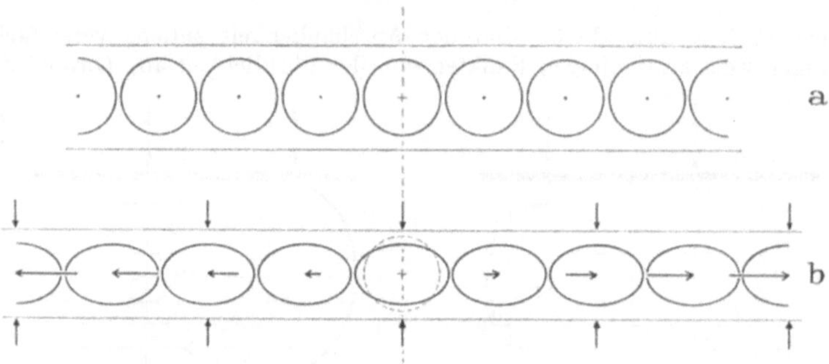

Abb. 34. a Axialschnitt durch eine einzelne unbelastete Schicht. Die Elementarteilchen sind kugelförmig gedacht. Mittelachse gestrichelt. b Die Schicht ist von achsenparallelen, gleich großen Druckkräften abgeplattet, die Elementarteilchen sind zu Ellipsoiden verformt. Mit Ausnahme der mittleren Elementarpartikel (gestrichelte Senkrechte) haben alle Elementarteilchen in zentrifugaler Richtung Verschiebungen erfahren, die von der Achse weg immer größer werden (s. die Länge der einzelnen Querpfeile). Näheres s. Text

1. Ableitung:

In der Abb. 34 a ist der Schnitt durch eine einzelne, nicht komprimierte Schicht gezeichnet. Die Elementarteilchen sind Kugeln, die Mittelachse der Schicht ist gestrichelt.

Wird diese Schicht zusammengedrückt (Abb. 34 b, senkrechte Pfeile), so werden sämtliche Kugeln zu Ellipsoiden verformt. Dabei erfolgt aber nicht nur eine Abplattung, sondern gleichzeitig auch eine Querdehnung der Schicht, und zwar wiederum von der Mittelachse aus in zentrifugaler Richtung. Hierbei werden die Verformungsellipsoide der Elementarpartikeln ebenfalls zentrifugal verlagert, mit Ausnahme des mittleren: hier fällt der Mittelpunkt der Verformungsellipse mit dem ehemaligen Kreismittelpunkt zusammen.

Die Querpfeile auf den langen Ellipsenachsen bedeuten folgendes: ihre Basen bezeichnen die Lage der Kreismittelpunkte vor der Verformung, ihre Spitzen die Lage der Ellipsenmittelpunkte danach. Die Pfeillänge veranschaulicht, daß die Verschiebung der Teilchenmittelpunkte im Zentrum gleich Null ist und in zentrifugaler Richtung immer größer wird. Nun machen wir folgende Annahme:

Die oben gezeichnete Elementarschicht a befindet sich an der Berührungsebene zwischen dem gepreßten elastischen Körper und der pressenden Fläche (vgl. Abb. 31 b). Weil Körper und pressende Fläche nach Voraussetzung fest aneinanderhaften, so kann hier keine zentrifugale Materialverschiebung und keine nennenswerte Verformung der Elementarteilchen stattfinden. Die letzteren bleiben daher angenähert Kugeln. In einer weiter davon entfernten Schicht b dagegen machen sich Verformung und Verschiebung der Elementarpartikeln deutlich bemerkbar.

Nach der Definition auf S. 21 besteht die Schubwirkung darin, daß zwei benachbarte Elementarteilchen senkrecht zur Verbindungslinie ihrer Mittelpunkte gegeneinander verschoben werden (s. Abb. 5c). Die Spannungen, die sich hierbei einstellen, sind nun bei gegebenem Verformungswiderstand des Materials (Schubelastizitätsmodul Φ) um so größer, je ausgeprägter die Materialverschiebung ist. Genauer: die horizontale Schubspannung an einer bestimmten Stelle des Körpers ist um so größer, je stärker die Gerade zwischen den Mittelpunkten zweier Teilchen, die vorher senkrecht übereinanderlagen (s. Abb. 2a), nach der Verformung gegen die Senkrechte geneigt ist. (Man verbinde z. B. die Ellipsenmittelpunkte in Abb. 2b miteinander; s. auch Abb. 1a und b).

Hieraus und aus der Abb. 34 ergibt sich: die horizontale Schubspannung in einem achsrecht komprimierten Körper muß randwärts immer größer werden, während sie in dessen Mittelachse gleich Null ist. Denn wo die Materialteilchen aneinander nicht vorbeigeschoben werden, da gibt es zwischen ihnen auch keine Schubspannung.

Das gleiche gilt für jene beiden Elementarschichten, die die Querschnittsebene in halber Höhe des Körpers zwischen sich fassen (s. Abb. 32). So wie hier beide Schichten um die gleichen Beträge ΔF gedehnt werden, so muß auch jedes Paar vertikal übereinander stehender Elementarteilchen die gleich große Zentrifugalverschiebung erfahren: die Verbindungslinie der Teilchenmittelpunkte bleibt — wie in der Ausgangsstellung der Abb. 31a — eine Senkrechte.

2. Ableitung:

In der Abb. 6 auf S. 23 sagte uns die Formel

$$\tau = \operatorname{tg} \gamma \cdot \Phi$$

nichts darüber aus, wie die Schubspannungsgrößen sich *über die einzelnen Querschnitte* verteilen; denn bei „reiner" Schubbeanspruchung ist die Schiebung zwischen zwei benachbarten Schichten an jeder beliebigen Stelle gleich groß. Wird nämlich ein Quadrat oder Rechteck entsprechend der Abb. 1b zum schiefwinkeligen Parallelogramm verformt, so werden alle Senkrechten eines aufgetragenen Quadratnetzes überall gleich stark geneigt. Ihr Kippungswinkel γ ist also in jeder beliebigen Querschnittshöhe und an jeder beliebigen Querschnittsstelle derselbe.

Bei einem entsprechend der Abb. 31 komprimierten Körper ist das anders. Hier sind die vorher senkrechten Geraden (*a*) nach der Verformung zu lateralwärts konvexen Kurven von verschieden starker Krümmung geworden (*b*). Diese Krümmung nimmt — auf die Gesamtheit der Kurven bezogen — von innen nach außen, und — bei jeder Einzelkurve (s. Abb. 36) — von der mittleren Querschnittsebene aus nach den pressenden Flächen hin zu.

Mit anderen Worten: legen wir an die Einzelkurven an verschiedenen Punkten die Tangente an, so wird diese um so stärker gegen die durch den Tangentenpunkt gezeichnete Senkrechte geneigt sein, je weiter wir uns von der Mittelachse des Körpers nach lateral, und je weiter wir uns von seiner queren Halbierungsebene weg zu den pressenden Flächen hin (d.h. in vertikaler Richtung) entfernen. In die Abb. 35 sind vier solche Tangentenwinkel eingetragen.

Mithin können wir in diesem Falle die Formel

$$\text{Schubspannung } \tau = \operatorname{tg} \gamma \cdot \Phi$$

mit Erfolg verwenden. Zusammen mit der Abb. 31b sagt sie uns folgendes:

1. Entlang der Mittelsenkrechten — einer Geraden — ist dieser Winkel γ gleich Null. Infolgedessen ist die Schubspannung τ ebenfalls gleich Null.

2. Auf der queren Halbierungsebene des Körpers stehen alle Kurven — und damit auch die angelegten Tangenten — senkrecht. Winkel γ und Schubspannung τ sind auch hier gleich Null.

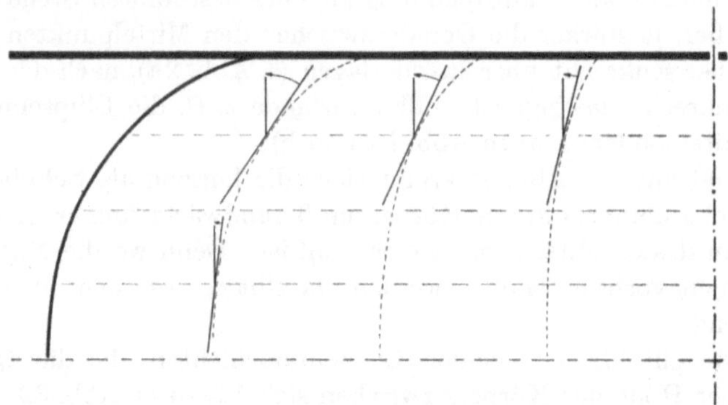

Abb. 35. Linker oberer Quadrant aus einem Axialschnitt entsprechend der Abb. 31b. Die vertikal verlaufenden Kurven nehmen von rechts nach links, und jede Einzelkurve nimmt von unten nach oben an Krümmung zu. Legt man an die einzelnen Kurven an beliebiger Stelle die Tangente, so ist der Winkel, den diese mit der Senkrechten bildet, um so größer, je weiter die Kurve von der Mittelachse des Körpers (strichpunktiert) nach außen gelegen, und je weiter der Tangentenpunkt von der queren Halbierungsebene des Körpers entfernt ist.
Näheres s. Text

Beides stimmt mit dem überein, was wir bereits aus den Abb. 32 und 34 abgelesen hatten (s. S. 88 und 91).

3. Die größten Tangentenwinkel (und damit die höchsten Schubspannungen) finden sich in jenen Schichten, die an die beiden pressenden Flächen grenzen, und

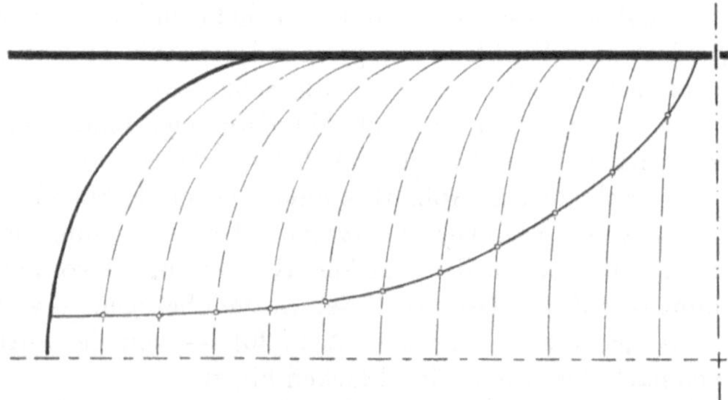

Abb. 36. Linker oberer Quadrant eines Axialschnittes entsprechend der Abb. 31b. Die Kurve verbindet alle Punkte, an denen die Einzeltangenten von der Senkrechten um den gleichen Minimalwinkel γ abweichen, vgl. Abb. 35

zwar in deren Randgebieten (seitliche Körpergrenze). Auch das stimmt mit dem überein, was bereits aus der Abb. 32 (und S. 88) sowie der Abb. 34 (und S. 91) hervorgegangen war.

Gehen wir nun mit ROUX davon aus, daß der Knorpel dort verkalkt und verknöchert, wo die Schubspannungen gleich Null oder nur minimal sind; und daß der Knorpel dort erhalten bleibt, wo die Schubspannung als „funktioneller Erhaltungsreiz" hinreichend groß ist: so wäre jetzt noch die Grenze zu suchen, unterhalb deren die Verknöcherung nicht gestört wird, und oberhalb deren der Knorpel unter ausreichend hohen Schubspannungen steht.

Wir können uns hier abermals der Formel

$$\tau = \operatorname{tg}\gamma \cdot \Phi$$

bedienen.

In der Abb. 36 ist der linke obere Quadrant der Abb. 31b, nun aber mit einer Schar von elf Krümmungskurven zwischen Mittelachse und seitlicher Körpergrenze, gezeichnet. Nehmen wir einen willkürlichen Mindestwert für γ an — in der Zeichnung entspricht sein Tangens einem Kathetenverhältnis (s. Abb. 6b) von 1:9 — und verbinden wir alle Kurvenpunkte, an denen die angelegte Tangente mit der Senkrechten den Winkel γ bildet, so erhalten wir die in Abb. 36 eingetragene Kurve.

Ergänzen wir diesen Quadranten des Axialschnittes nach rechts und unten zur vollen Figur, so haben wir die Abb. 37.

Träfe Rouxs Annahme zu, so müßte eine axial druckbelastete Knorpelfuge innerhalb des punktierten Bereiches verknöchern; knorpelig bleiben könnte sie nur außerhalb der punktierten Zone.

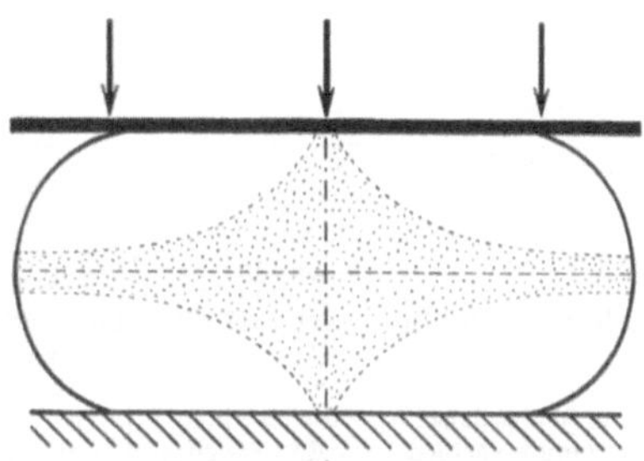

Abb. 37. Axialschnitt durch einen Zylinder, der von achsenparallelen Druckkräften zur Tonne verformt wurde. Punktiert: Areal, in dem die Schubspannungen einen gewissen Mindestwert nicht überschreiten

Indessen bedarf auch dieses Schema einer Berichtigung, und zwar analog der Abb. 27. Denn auch hier fällt die Schubspannung randwärts gegen Null ab (s. Abb. 39, obere Bildhälfte). Und das widerspricht der benutzten Formel, nach der die höchsten Schubspannungen gerade in der äußersten Randschicht, d. h. an der seitlichen Körpergrenze zu suchen wären (vgl. Abb. 35).

Zur Erklärung dieses Sachverhaltes kann die gleiche Überlegung dienen, die beim reinen Querschub den Verlauf der Schubspannungskurve veranschaulicht hatte (s. S. 84f. und Abb. 28).

In einem axial zusammengedrückten elastischen Körper kommen die horizontalen Schubspannungen dadurch zustande, daß zwei benachbarte Schichten verschieden große Flächendehnungen erfahren. Die schwächer gedehnte (weil an der Materialverschiebung stärker gehinderte) Schicht wirkt dabei der stärkeren Dehnung ihrer Nachbarin entgegen. Diese „Dehnungsbremse" kann nun — analog der „Verschiebungsbremse", s. Abb. 28 und Text — nur so weit voll wirksam angreifen, wie die beiden Schichten tatsächlich aneinanderhaften.[1] Von da an, wo eine stärker gedehnte Schicht stufenförmig über die weniger gedehnte Nachbarschicht hinausragt (s. Abb. 32), verringert sich die Bremswirkung mehr und mehr und erreicht am Rande schließlich den Wert Null (s. Abb. 39, obere Bildhälfte).

Infolgedessen kommt zu dem in der Abb. 37 punktierten Bezirk minimaler Schubspannungen beiderseits noch eine schmale Randzone hinzu; s. Abb. 38, dichter punktiert.

Eine räumliche Vorstellung von den Arealen minimaler Schubspannungen in einem achsrecht komprimierten, elastischen Zylindersegment erhält man, indem man die Abb. 38 um ihr Mittellot rotieren läßt.

Träfe Rouxs Hypothese zu, so müßte die Epiphysenscheibe unter den angenommenen Verhältnissen neben einem recht seltsam gestalteten Knochenkern (breitbasiger Doppelkegel von gekehlter Oberfläche) auch noch eine geschlossene

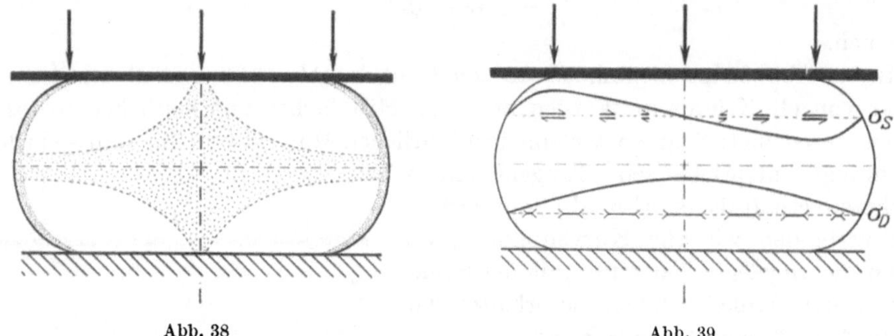

Abb. 38   Abb. 39

Abb. 38. Berichtigung der Abb. 37. Zu dem dort schubspannungsarmen Bereich ist beiderseits noch eine schmale Randzone hinzugekommen. Näheres s. Text

Abb. 39. Axialschnitt durch einen elastischen Zylinder, der von gleich großen, achsenparallelen Druckkräften zur Tonne verformt wurde. Strichpunktiert: Rotationsachse, gestrichelt: quere Halbierungsebene des Körpers. — Obere Bildhälfte: Verlauf der Schubspannungskurve σ_S über einen einzelnen Querschnitt. Die Kurve verläuft links oberhalb, rechts unterhalb davon. Das liegt daran, daß die Elementarteilchen (s. Abb. 2b) rechts und links der Rotationsachse in entgegengesetzten Richtungen abgeplattet sind (gegensinnige Drehung der Achsenkreuze der Verformungsellipsen, s. S. 89). Die Deformationsrichtungen haben rechts und links entgegengesetzte Vorzeichen. — Halbpfeile nach zentrifugal: Dehnungsstreben; Halbpfeile nach zentripetal: Dehnungswiderstand; Pfeillängen: Schubspannungsgrößen. — Untere Bildhälfte: Verteilung der queren Druckspannungsgrößen σ_D über den zu oben spiegelbildlichen Einzelquerschnitt. Gestrichelt: Nullniveau. — Die Druckspannungen sind über der Mitte am höchsten, randwärts fallen sie gegen Null ab. — Da nun in jedem Einzelquerschnitt *Schub- und Druckspannungen zugleich* gegeben sind, so denke man sich beide Kurven übereinanderprojiziert (etwa indem man die untere Bildhälfte um die Figurenhalbierende nach oben umklappt). — Beide Kurven gelten nur für einen bestimmten (nämlich den eingezeichneten) Querschnitt des Körpers. Entsprechend den Abb. 32 und 35 (und Text) und der Abb. 33 nehmen die horizontalen Schub- und Druckspannungen um so mehr ab, je weiter wir uns der queren Halbierungsebene des Körpers nähern. Vergleicht man also die Schubspannungskurve mit einer Welle, so würde die „Wellenlänge" immer größer, die „Amplitude" immer kleiner; in der queren Halbierungsebene entartet die „Welle" zur Geraden, d. h. die horizontale Schubspannung ist gleich Null. — Etwas Ähnliches gilt für die Kurve der Druckspannung σ_D; ihr Bogen wird nämlich um so flacher, je mehr wir uns der queren Halbierungsebene des Körpers nähern. Zur Geraden entartet sie allerdings nie. (Vgl. Pauwels 1960b, Abb. 26)

Knochenschale haben. Ihr knorpelig bleibender Anteil entspräche zwei plumpen Ringwülsten mit kleinem zentralem Loch. —

Bis jetzt wurden allein die *Schubspannungen* berücksichtigt und die theoretisch denkbaren Folgen für die Erhaltung oder die Verknöcherung des Knorpels aus der Verteilung dieser Spannungen abgeleitet. Nach Roux muß indessen Scherspannung *mit Druck gepaart* sein, wenn ⟨der erhaltende funktionelle Reiz des Knorpels⟩ gegeben sein soll (s. o. S. 84). Wie steht es daher mit dem Druck (oder der Druckspannung) in unserem Beispiel?

Die Verteilung der Schub- und der Druckspannungsgrößen über den einzelnen Querschnitt eines achsrecht komprimierten Zylindersegmentes (Abb. 39) belehrt uns darüber, daß die Rouxsche Hypothese in diesem Falle nicht nur den Tatsachen widerspricht, sondern daß sie auch mit den rein theoretischen Gegebenheiten nicht in Einklang gebracht werden kann. Denn:

Wo die Druckspannung am höchsten ist (Mitte), da ist die Schubspannung gleich Null. Wo dagegen die Schubspannung ihren Höchstwert hat (nahe der

Randzone), da fällt die Druckspannung bereits gegen Null hin ab. Selbst wenn man es der Phantasie überlassen wollte, eine Stelle zu finden, an der die Schubspannung *schon* groß genug und die Druckspannung *noch* groß genug wäre, um den Knorpel zu erhalten: das theoretisch denkbare Ergebnis könnte auch dann mit der Wirklichkeit niemals übereinstimmen.

C. Schubspannungen beim Einwirken einer Schrägkraft, deren Komponenten axialer Druck und horizontaler Schub sind

Die Belastung der knorpeligen Epiphysenscheibe auf reinen Längsdruck oder auf reinen Querschub sind zwei theoretische Grenzfälle, die es in der Wirklichkeit nicht gibt.

Denn selbst bei jener Gelenkstellung, bei der die Längsachsen zweier Skeletstücke auf einer Geraden liegen, verläuft die Gelenkresultierende, die sich aus dem Muskelzug allein oder aus Muskelzug plus Körpergewicht ergibt, so gut wie niemals in den Achsen dieser Skeletstücke selber, sondern immer schräg dazu (s. o. S. 46f. und KUMMER 1959a, S. 98ff.). Infolgedessen muß die Knorpelfuge — als einzelnes Segment der Skelettsäule — so gut wie immer unter der Einwirkung von Schrägkräften entsprechend der Abb. 26d stehen, d. h. ihre Beanspruchung ist aus Längsdruck und Querschub zusammengesetzt.

Das gleiche gilt für eine Gelenkstellung, bei der man „reinen" Querschub vermuten könnte, weil die Wirkungslinie des Muskelzuges der Ebene einer Epiphysenscheibe parallel verläuft (z. B. hintere Muskeln des Oberschenkels und proximale Tibiaepiphyse bei entsprechender Beugestellung des Kniegelenkes). Denn was in solchem Falle auf das Skeletstück einwirkt, ist ja niemals die gerade aktive Muskelgruppe allein, sondern immer und gleichzeitig auch die Spannung der gedehnten Antagonisten. Die über die Streckseite des Gelenkes (als Hypomochlion) hinweggespannten Streckersehnen pressen die Gelenkenden aufeinander, so daß in der Beanspruchung der Knorpelfuge neben dem Querschub auch immer der Längsdruck mit enthalten ist.

Setzt sich aber die typische Belastung einer knorpeligen Epiphysenfuge aus Längsdruck und Querschub zusammen, so werden alle Überlegungen, die wir im Abschnitt B angestellt hatten, gegenstandslos. Denn nun müssen die bei „reinem" Längsdruck schubspannungsfreien oder schubspannungsarmen Zonen (s. Abb. 38) überlagert werden von den Spannungen, die sich aus der Querschubkomponente notwendig herleiten (s. Abb. 27—30). Und damit gäbe es — ein normal bewegliches, mehrachsiges Gelenk vorausgesetzt (s. S. 86) — in der Knorpelfuge überhaupt keine Stelle mehr, an der die Schubspannungen sich dauernd innerhalb einer gewissen Minimalgrenze hielten: der Fugenknorpel könnte niemals verknöchern (s. Abschnitt A).

Der Vollständigkeit halber und nur, um keine Denkmöglichkeit auszulassen, sei hier noch einmal zurückgegriffen auf die „Verschiebung", die in ROUXs Definition der „Abscherung" eine so große Rolle spielt.

Nehmen wir eine bereits knöcherne Diaphyse als gegeben an; machen wir weiter zur Voraussetzung, daß diesem Knochenstab eine noch vollknorpelige Epiphyse als elastisch verformbarer Knauf aufsitzt: so mag es zunächst wohl einleuchten, daß die Knorpel-Knochengrenze ⟨bei stattfindenden Gelenkbewegungen⟩ die Stelle ⟨geringster Verschiebung⟩ ist, während die „Verschiebungen" um so ausgiebiger werden, je mehr wir uns der Gelenkfläche nähern. Tatsächlich heißt es denn auch bei Roux (1895, Bd. I, S. 810), daß ⟨bei den Verschiebungen der sich berührenden Scelettheile aneinander die Abscherung an der Oberfläche am stärksten ist …⟩.

Bei dieser Vorstellung müssen wir uns allerdings über eines klar sein: wir müßten in diesem Falle eine willkürlich gewählte Ebene — die Knorpel-Knochengrenze — zum Bezugssystem machen und messen, wie stark die Elementarteilchen der einzelnen, darübergelegenen Schichten sich parallel zu dieser Ebene verschieben (etwa entsprechend den Abb. 1b oder 6).

Mit anderen Worten: das Kriterium für die Verschiebungsgröße oder die „Abscherung" wäre die *Absolutverschiebung* der einzelnen Querschnittsebenen gegen die Grund- oder Haftfläche, und damit würde sich kein Elastizitätstheoretiker einverständen erklären (vgl. S. 23f.).

Obwohl es sich also um eine a priori falsche Prämisse handelt, wollen wir doch einmal die Probe darauf machen; und zwar an je einem Beispiel für den Horizontalschub und für den axialen Druck.

Beim *Horizontalschub* (s. Abb. 26d, Komponente S, und Abb. 6) kommen wir sogleich in größte Verlegenheit. Daß z. B. die knorpelige Epiphyse ⟨bei den Bewegungen des Gelenkes ein mehr oder weniger großes Stück … (weit) von den Abscheerungskräften erfaßt und gegen das in eine Knochenschale gehüllte „Mittelstück", die Diaphyse, verschoben wird …⟩ (Roux 1895, Bd. II, S. 228), das könnte man sich noch vorstellen. Daß aber dann die Verknöcherung nicht nur von der Stelle „geringster Verschiebung", also von der Knorpel-Knochengrenze her, vor sich geht, sondern daß sich auch ein zentraler Knochenkern an einer Stelle entwickelt, wo die „Abscherung" desto größer werden muß, je weiter wir uns dem Gelenkende, d. h. also der „Oberfläche" nähern (s. o. S. 24): das kann man sich nicht mehr vorstellen. Genauso unverständlich ist es,

1. daß am Ende ein scheibenförmiger Fugenknorpel in gerade der Querschnittsebene erhalten bleibt, wo die „Verschiebung" der knorpeligen Epiphyse gegen ihre knöcherne Unterlage von Anfang an am kleinsten war, d.h. wo die „Abscherungsgröße" ihren niedrigsten Wert hatte (s. S. 24);

2. daß eine Knorpelfuge *überhaupt* bestehen bleiben kann. Nach Roux spielt sich nämlich an der Grenze zwischen dem schon knöchernen und dem noch knorpeligen Teil eines verknöchernden Skeletstückes ganz allgemein folgendes ab: ⟨Indem der ossificirte Theil seine nächste knorpelige Umgebung (das wäre in diesem Falle die Basis der Knorpelepiphyse, d. Ref.) *ruhig* stellt, also vor Abscheerung schützt, schreitet die Knorpelzerstörung und Verkalkung und die nachfolgende Ossification peripher fort⟩ (Roux 1895, Bd. I, S. 811).

Demzufolge müßte der Verknöcherungsprozeß die knorpelige Epiphyse von ihrer Basis her ergreifen und immer weiter gelenkwärts vordringen — was selbstverständlich nur ein ganz kontinuierlicher Vorgang ohne irgendwelche Auslassung sein könnte. Wie also sollte hierbei ⟨eine neue Stelle stärkster Verschiebung, also Abscheerung⟩ (s. o. S. 82) nicht nur entstehen, sondern auch erhalten bleiben, d. h. von der Ossifikation übersprungen werden ?

Hält man daher nebeneinander, wie Roux an der einen Stelle die Entstehung und langfristige Erhaltung des Fugenknorpels erklärt (Stelle stärkster Abscherung!), und was er an anderer Stelle (Roux 1895, Bd. I, S. 810 und 720) über die

Ursache der Knorpelzerstörung und -verknöcherung, ebenfalls bei der Epiphysenscheibe, geschrieben hat (zu starke Ruhigstellung, weil Knochen und Knorpel zackenartig ineinandergreifen), so kann die knorpelige Epiphysenfuge nur auf ähnlich rätselhafte Weise erhalten bleiben, wie ihre ⟨functionelle Erhaltungsfähigkeit⟩ endlich einmal schwindet: nämlich ⟨aus unbekannten localisirten Gründen ...⟩ (Roux 1895, s. o. S. 86).

Betrachten wir — diesmal am Beispiel des Fugenknorpels — die „Verschiebungs"-Wirkung bei *axialem Druck*, so erhalten wir ein nicht minder zweifelhaftes Ergebnis.

Wird ein Zylindersegment aus elastischem Material axialem Druck ausgesetzt (s. Abb. 31b), so finden auch bei dieser Beanspruchung Verschiebungen in den

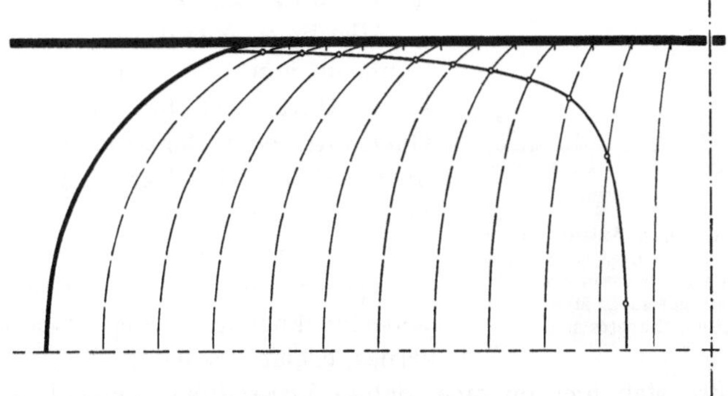

Abb. 40. Linker oberer Quadrant eines Zylinders, der unter axialen Druckkräften zur Tonne verformt wurde. Die Kurve verbindet alle Punkte, die bei der Verformung um die gleiche Strecke zentrifugal verschoben worden sind. Die Ausgangslagen der hier zu Kurven ausgebogenen ehemaligen Senkrechten (vgl. Abb. 31a) sind oben markiert. Der der Rotationsachse (strichpunktiert) zunächst gelegene Kurvenpunkt ist extrapoliert

einzelnen Horizontalebenen des Körpers statt. Allerdings handelt es sich hierbei nicht um Horizontalschub im Sinne der Abb. 27—30, sondern um *Zentrifugalschub* (s. Abb. 2b, Querpfeile).

Von der Zentrifugalverschiebung ausgenommen bleiben die Materialteilchen an folgenden geometrischen Örtern:

1. Entlang den Berührungsebenen zwischen dem Körper und den pressenden Flächen (s. S. 87). Der festen Verbindung zwischen Modellkörper und Klemmbacken entspricht beim Fugenknorpel dessen feste Verhaftung mit dem Knochen.

2. Entlang der ganzen Mittelachse, weil hier die Mittelpunkte der Materialteilchen senkrecht übereinander stehen bleiben (s. S. 15f. und 87).

Alle übrigen Massenpunkte erleiden Verschiebungen, deren Absolutwerte um so größer werden, je weiter sie von den Stirnflächen des Körpers und von dessen Mittelachse zugleich entfernt sind.

Suchen wir nun — analog den minimalen Schubspannungen, s. S. 92f. — die Grenze auf, innerhalb deren die „Verschiebungen" so klein sind, daß sie die Verknöcherung nicht stören; und außerhalb deren die „Verschiebungen" groß genug sind, den Knorpel dauernd zu erhalten: so ergibt sich die in Abb. 40 eingezeichnete Kurve. (Dargestellt ist wieder nur der linke obere Quadrant eines axialen Schnittes.)

Ergänzen wir diese Abbildung wiederum nach rechts und unten zur vollen Figur (Abb. 41) und lassen wir die letztere um ihr Mittellot rotieren, so erhalten

wir eine räumliche Vorstellung von den Arealen minimaler „Verschiebung"
(punktiert) und ausreichender „Abscherung" (hell).

Träfe also die Verschiebungshypothese zu, so müßte eine achsrecht komprimierte Knorpelfuge eine zentrale Knochensäule mit breiten Kapitälen enthalten,
während ihr knorpelig verbleibender Anteil etwa einem plumpen Autoreifen
entspräche.

Diese „Ableitung" ist indessen nicht nur deshalb mißlich, weil sie auf einer
falschen Prämisse fußt; sie ist auch unzutreffend, weil es eine ausschließlich achs-
rechte Druckbelastung einer Knorpelfuge nicht
gibt. Denn die typische Beanspruchung des
Fugenknorpels ist stets aus Längsdruck und
Querschub zusammengesetzt (s. S. 95).

Allerdings scheint ROUX bei seinen Überlegungen von diesen beiden Grenzmöglich-
keiten (Horizontalschub als Folge einer reinen
Querkraft, oder Zentrifugalschub als Folge
einer axialen Druckkraft) gar nicht ausgegangen zu sein. Wie hätte er sich sonst
die zentrale Verknöcherung des epiphysären
Knorpelknaufes, d.h. die Entstehung eines
isolierten kugeligen oder ovoiden Knochenkernes, erklären sollen ?

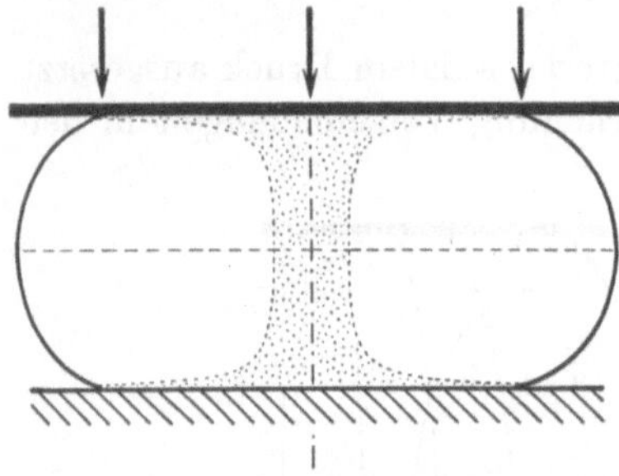

Abb. 41. Zum vollständigen Axialschnitt er-
gänzte Abb. 40. Der punktierte Bereich gibt
die Zone wieder, innerhalb deren die „Verschiebungen" einen gewissen Mindestwert
nicht überschreiten. Näheres s. Text

ROUX mußte sich hiervon eine andere Vorstellung gemacht haben. Denn
wenn er von der „Verschiebung" ⟨bei stattfindenden Gelenkbewegungen⟩ spricht
(womit nur Rotationsbewegungen um das Drehzentrum herum gemeint sein
können); wenn ROUX ⟨bei den Verschiebungen der sich berührenden Scelettheile
aneinander⟩ die „Abscherung" an der Oberfläche am stärksten sein und ⟨gegen
das Centrum zu⟩ stetig abnehmen läßt (sic!): so dürfte ROUX tatsächlich etwas
anderes im Auge gehabt haben; nämlich den *Tangentialschub* parallel den ge-
krümmten Oberflächen der Gelenkkörper (oder senkrecht zu deren Krümmungs-
radien). Dieser Tangentialschub soll nach ROUX (1912, S. 356) ⟨durch Reibung
vermittelt⟩ werden.

Wie auch immer ROUX diese von außen nach innen abnehmende „Verschiebung", gleichsam um ein ruhendes, d. h. abscherungsfreies Zentrum herum — das
es gar nicht geben kann — sich gedacht haben mag; was auch immer man sich
vorstellen soll unter dem Begriff der „Gegenabscherung" (ROUX 1895, Bd. II,
S. 228), den ROUX für diesen Fall geprägt hat und der in diesem Zusammenhange
verdächtig genug ist: schon die theoretische Voraussetzung für diese Tangential-
verschiebung, nämlich eine nennenswerte *Reibung* der Gelenkkörper aneinander,
ist gar nicht gegeben.

Ähnlich wie bei den Gelenken der Technik, deren bewegte Teile im „normalen"
Betrieb nicht aufeinanderreiben, sondern auf einem zwischengeschalteten Ölfilm
gleiten, so daß an Stelle der äußeren Reibung der Metallflächen die unvergleichlich
schwächere innere Reibung der Flüssigkeitsteilchen tritt: so wird auch bei den
organismischen Gelenken die Reibung (und damit auch der Tangentialschub)
zur bedeutungslosen Größe. Denn ⟨... wegen der großen Glätte der Gelenkknorpel und der Schlüpfrigkeit der Gelenkschmiere ... kann man sagen, daß die

Bewegungen ... so leicht vor sich gehen, daß die Gelenke selbst für die exakteste Untersuchung als völlig reibungslos betrachtet werden können⟩ (R. Fick 1910, S. 63).

Gesamtergebnis: Weder die theoretischen Voraussetzungen noch die biologischen Tatsachen sind mit Rouxs Theorie in Einklang zu bringen.

Der *pathologischen* Knorpelbildungen soll nur ergänzend und insofern gedacht werden, als Roux solche ausdrücklich erwähnt und ihr weiteres Schicksal von äußeren mechanischen Einwirkungen abhängig macht, und zwar im Sinne seiner Theorie. Hierher gehören die Enchondrome und die Ekchondrosen.

Roux (1895, Bd. II, S. 228f.) geht in diesem Falle davon aus, daß bei kurzen knorpeligen Skeletstücken — genau wie bei den knorpeligen Epiphysen — ⟨die Ossification *mitten im Innern des Knorpelstückes*, also ... an der Stelle geringster Abscheerung vor sich geht⟩. Er schreibt: ⟨Ferner erklärt sich bei unserer Annahme der Umstand, daß auch die kurzen Knorpel, sowie die Enchondrome und die Ekchondrosen von innen aus verkalken und ossificiren.⟩ Auch das stimmt — und zwar aus mehr als einem Grunde — mit der Erfahrung nicht überein.

Die Enchondrome (oder Chondrome) verknöchern nämlich durchaus nicht regelmäßig, sondern neigen sehr häufig zu sekundären Umwandlungen (Erweichung, Verfettung der Zellen, schleimige Umwandlung oder totale Verflüssigung der Grundsubstanz); und wenn sie verkalken und verknöchern, so braucht dies keineswegs immer „von innen aus", d. h. von ihrem Zentrum her zu geschehen. Sie können sich ebensogut auch mit einer peripherischen Knochenschale umgeben.

Die zentralen Chondrome — ein weiteres Beispiel für Knorpel in der Markhöhle, s. S. 42f. — stehen vollends in schroffem Gegensatz zu Rouxs Theorie, zumindest was ihre dauernde Erhaltung anlangt. Obwohl sie in eine starre Knochenröhre eingeschlossen und demnach vor Druck, Zug und „Abscherung" denkbar gut geschützt sind, erhalten sie sich nicht nur, sondern sie können nach oft jahrzehntelanger Ruhezeit plötzlich zu expansivem Wachstum neigen. Warum sie dies tun, ist unbekannt. Daß sie dazu aber von „funktionellen" Reizen angeregt würden, das wird selbst ein überzeugter Anhänger der Rouxschen Lehre nicht zu behaupten wagen.

Aber — so wird man einwenden — gibt es nicht auch überzeugende Beweise *für* Rouxs Theorie? Krompechers Frakturversuche gelten als solche. Und weil ⟨Krompechers *Lehre* von den feingeweblichen Heilungsvorgängen eines Knochenbruches ... heute von vielen als gesicherte Erkenntnis hingenommen wird⟩ (Hasche-Klünder u. Gelbke 1952), ist es notwendig, sich mit diesen Versuchen eingehend zu befassen.

St. Krompechers Experimente

Krompecher (1935, 1937) bediente sich folgender Versuchsanordnung: Bei Hunden wurden Ulna und Radius proximal und distal quer durchbohrt. Durch die Bohrkanäle wurden Stahlstifte geführt, die an ihren Enden in Kolben eingefaßt waren. Diese Kolben wurden nun paarweise rechts und links auf eine Gewindestange aufgeschoben. Waren danach die beiden Knochen in der Mitte zwischen den Stahlstiften quer durchsägt, so konnten ihre Stümpfe mit Hilfe

von Stellschrauben nach Belieben einander genähert oder voneinander entfernt
werden (Abb. 42 und 43).

Ergebnis: ⟨In Fällen, wo wir die Bruchenden unter mäßigem Druck einander
näherten, erhielten wir immer einen knorpeligen Kallus ... Bei unter Druck ent-
standenem Kallus differenziert sich das zwischen den Bruchenden befindliche
pluripotente, undifferenzierte Mesenchym (das Granulationsgewebe) in Knorpel-

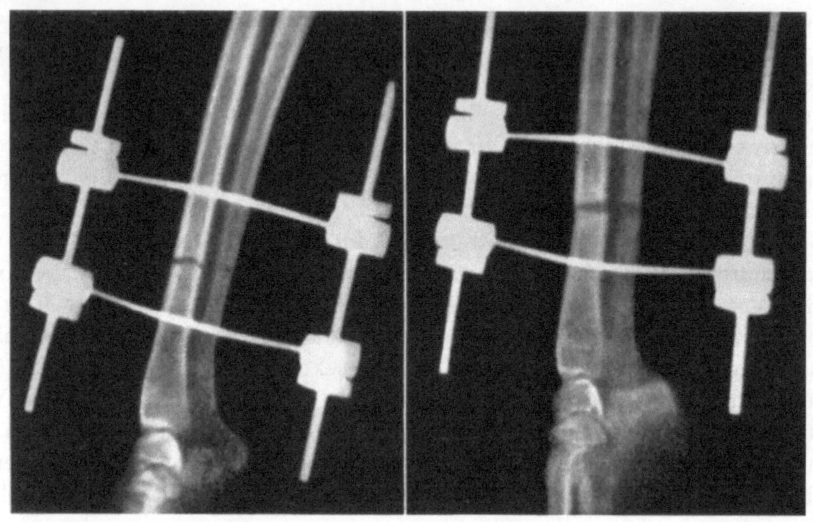

Abb. 42. Versuchsanordnung KROMPECHERs. Mit Hilfe zweier Stahlbügel, die an einem seitlichen Gestänge ver-
stellbar befestigt sind, werden die Bruchenden aufeinandergepreßt. Originalbeschriftung: ⟨Regenerative Knochenbildung unter experimentell erzeugtem Druck. Zwischen den Bruchenden entstand druckfester knorpeliger
Kallus. Röntgenkopie.⟩ Nach KROMPECHER (1937)

gewebe. ... In jenen Fällen dagegen, wo die Bruchenden voneinander entfernt
einer Zugwirkung ausgesetzt waren, bildete sich immer bindegewebiger Kallus.⟩
(KROMPECHER 1935.)

Auffälligerweise bezeichnet KROMPECHER nicht „Druck und Abscherung"
(ROUX) als den spezifischen Bildungsreiz für Knorpel, sondern *reinen Druck*.
„Verschiebung" — nach ROUX die wesentliche Voraussetzung der „Abscherung"
und damit der Knorpelbildung (s. S. 14) — soll nach KROMPECHER die Total-
verknorpelung des Frakturblastems sogar verhindern und eine Pseudarthrose
verursachen. KROMPECHER schreibt: ⟨Die Entstehung des Knorpelüberzuges
der Pseudarthrosen deutet dahin, daß die Knorpeloberflächen einander berührt,
und — wenn auch in geringem Maße — aufeinander doch einen Druck ausgeübt
haben. Dabei glaube ich aber, daß eine Seitenverschiebung eine wesentliche
Rolle spielen kann. ... Die Entstehung einer Pseudarthrose kann also theoretisch
so gedacht werden, daß einander *sanft berührende*[1], granulierende Knorpeloberflächen einer häufigen Seitenverschiebung (nicht Abreibung) ausgesetzt sind.⟩
Dagegen soll ⟨eine, unter *starkem*[1] Drucke ausgeführte Abreibung nicht zur
Pseudarthrose, sondern zur knorpeligen Verwachsung⟩ führen (KROMPECHER
1935).

Was dabei unter „Abreibung" im Gegensatz zu „Verschiebung" verstanden
werden soll, ist nicht erläutert und bleibt unklar. Von grundsätzlicher Bedeutung

für unsere folgende Fragestellung ist das allerdings nicht; denn Druck („wenn auch in geringem Maße") im Verein mit „Verschiebung" steht noch in Einklang mit der Theorie Rouxs, und „Druck mit Reibung" stimmt mit Kassowitz' Ansicht überein.

Dagegen weicht Krompechers Versuch, die Entstehung einer Pseudarthrose zu deuten, von Rouxs Theorie beträchtlich ab. Roux nennt nämlich „stärkste Verschiebung" als Ursache des Pseudarthrosenspaltes, und „*starken*[1] Druck mit Reibung" als Grund für die Entstehung und die Erhaltung des Pseudarthrosenknorpels (s. S. 129). Demgegenüber spricht Krompecher lediglich von „sanfter Berührung bei häufiger Seitenverschiebung" — was zudem wenig Wahrscheinlichkeit für sich hat. Denn es gibt doch wohl kaum eine Pseudarthrose, bei der die End-zu-End vereinigten Bruchstümpfe sich nur „sanft" berühren, d. h. keinen nennenswerten Druck aufeinander ausüben.

Auf diese Ansichten Krompechers so ausführlich einzugehen war notwendig. Denn zum einen entfernt sich Krompecher damit erheblich von Roux, und zum anderen sind sie die Grundlage einer Auseinandersetzung gewesen, die Krompecher (1956) mit Hasche-Klünder u. Gelbke geführt hat. Ausgehend von Krompechers Experimenten hatten diese beiden Autoren nämlich eigene Versuche angestellt. Sie waren dabei aber zu ganz anderen Ergebnissen gekommen.

Angaben über die genauere Durchführung seiner Experimente macht Krompecher (1935 und 1937) leider nicht. Es ist auch nirgends klar ausgedrückt, was seine Versuchsanordnung im eigentlichen erreichen sollte: ob „mäßigen" Druck, ob „starken Druck mit Abreibung", ob Ausschaltung der Seitenverschiebung, d. h. also „reinen" Druck.

Um Hasche-Klünders u. Gelbkes Entgegnung verständlich zu machen und meine eigenen Bedenken (s. u. S. 105 f. und 107) zu begründen, ist es notwendig, folgende Rekonstruktion zu versuchen: Nach Krompechers Ansicht entsteht bei „sanfter Berührung und häufiger Seitenverschiebung" der granulierenden Bruchflächen kein solider Knorpelcallus, sondern eine Pseudarthrose. Infolgedessen dürfte es Krompecher darauf angelegt haben

1. die Bruchstümpfe gleich „unter Druck" zusammenzuhalten und
2. die Seitenverschiebung (also Rouxs „Abscherung"!) auszuschalten.

Außerdem hatte Krompecher (1935) darauf hingewiesen, daß *nach älteren Anschauungen* ⟨der knorpelige Kallus nicht notwendigerweise, sondern nur in solchen Fällen auftritt, wo die Bruchenden aneinander reiben⟩. Nachdem hier von „Druck" überhaupt nicht die Rede ist, dürfte es Krompecher besonders gereizt haben zu erproben, ob Knorpel nicht auch ganz ohne Bewegung und Reibung, wohl aber unter *reinem Druck* entsteht (vgl. oben S. 62, besonders aber Krompecher 1956, S. 474ff.). Hier tauchen sofort zwei Fragen auf:

1. Verbürgte Krompechers Versuchsanordnung tatsächlich eine *reine Druckwirkung*?

Nach Hasche-Klünder u. Gelbke (1952) ist das — und mit Recht — zu bezweifeln. Denn: infolge der Biegsamkeit der Stahlstifte war weder eine Abwinkelung der Bruchstümpfe noch eine Verschiebung in der Bruchspaltebene zu vermeiden. Die gegenseitige Verwindung des seitlichen Gestänges (Torsionswirkung! s. Abb. 43) war sogar mit Sicherheit zu erwarten. „Verschiebungen"

---

[1] Im Original nicht hervorgehoben.

im Sinne von Scher- oder Schubwirkungen auf das Gewebe im Bruchspalt konnten daher keineswegs ausgeschaltet sein.

2. Wurde mit der angewandten Methodik überhaupt ein *zwischen den Bruchenden* gelegenes Blastem komprimiert?

Auch diese Frage kann man nicht ohne weiters, sondern erst nach einer Reihe von Rückschlüssen beantworten. Zum Beispiel schreibt KROMPECHER (1937, S. 78): ⟨Der Druck, der angewandt wurde, war während der ersten Tage ein geringer und wurde während der Kallusbildung ... öfters gesteigert.⟩ Heißt das nun „in den ersten Tagen nach der Operation" oder bedeutet das „in den ersten Tagen der Druckanwendung", weil vorher ein druckfreies Intervall eingeschaltet war?

Man könnte geneigt sein, das letztere anzunehmen, und zwar auf Grund folgender Ausführungen KROMPECHERs. Er schreibt (1937, S. 87): ⟨Was das Maß des Druckes und den Zeitpunkt der Einwirkung desselben anbelangt, sei folgendes erwähnt. In Einklang mit klinischen Erfahrungen kann auf die Notwendigkeit eines Ruhestadiums hingewiesen werden, während dessen das Granulationsgewebe zwischen die Bruchenden hineinwächst. Die Differenzierung der pluripotenten Mesenchymzellen kann gewiß nur nach eingetretener Organisation des Blutgerinnsels eintreten, welcher Zeitraum der von den Chirurgen mit gutem Erfolg angewandten Ruhezeit von 3—4 Tagen entspricht. Könnte sich nämlich zwischen den Bruchenden kein Granulationsgewebe einlagern und ausbilden, müßten die Knochenenden blank aneinanderstoßen. Abb. 72 (sc. l. c.) zeigt solch einen Fall. Neben dem zu frühen Aneinanderdrücken wird hier auch der zu stark einwirkende Druck dazu beigetragen haben, daß die blanken Knochenenden durch osteoklastische Tätigkeit abgebaut wurden. Eine beginnende Kallusbildung konnte in diesem Falle nur an den entlasteten Stellen aufkommen.⟩

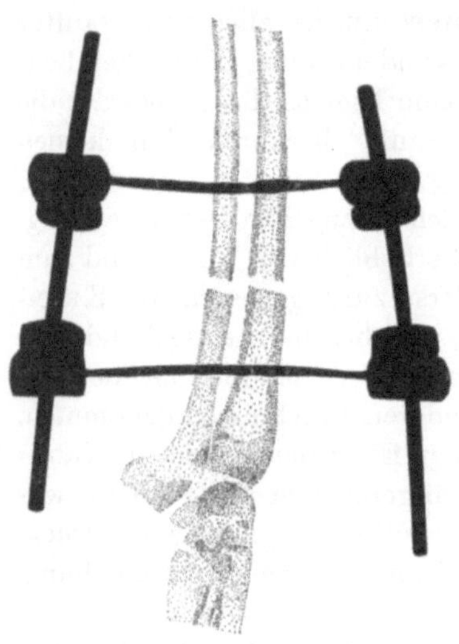

Abb. 43. Versuchsanordnung KROMPECHERs, die Bruchenden voneinander zu entfernen. Das Gewebe des Zwischencallus soll einer andauernden und langsam zunehmenden Zugbeanspruchung ausgesetzt werden. Nach KROMPECHER (1937), originalgetreu umgezeichnet. — In der Abb. 42 stehen die beiden seitlichen Stangen parallel, die vier Kolben liegen auf den Ecken eines Rechteckes. Hier dagegen bilden die beiden Stangen (von ihrer Eigenkrümmung abgesehen) einen nach unten offenen Winkel, die vier Kolben liegen jetzt auf den Ecken eines Trapezes. — Ein Rechteck wird in der Projektion nur dann zum Trapez, wenn seine Fläche nicht mehr eben ist, sondern wenn diese Fläche eine Verwindung erfahren hat; d.h. wenn je zwei gegenüberliegende Seiten gegenläufige Rotationen ausgeführt haben. Die beiden Rotationsachsen entsprechen den beiden Seitenhalbierenden des Rechteckes

Von all diesen Erwägungen, die ebenso wohlbegründet wie berechtigt sind, steht in KROMPECHERs Originalbericht (1935) aber nichts. Dazu kommt folgendes:

1. Das Ruhestadium, von dem KROMPECHER spricht, und ein ergiebiges Einwachsen von Granulationsgewebe in den Bruchspalt wäre bei den achsengerecht stehenden Fragmenten (s. Abb. 42a) nur möglich gewesen bei künstlicher Offenhaltung eines Zwischenraumes, d. h. bei Distraktion der Knochenstümpfe. Nun hätte aber eine solche Maßnahme die unerwünschte „Seitenverschiebung" sehr wahrscheinlich im Gefolge gehabt; denn die durchbohrten Knochen waren auf den

Stahlstiften (als Querachsen) immerhin drehbar gelagert, so daß pendelnde Bewegungen gegeneinander unvermeidlich gewesen wären. Das aber widersprach Krompechers Absicht.

2. Entsprechend der Beschreibung des Operationsganges wurden die beiden Knochen (s. Abb. 42) zuerst durchbohrt, dann auf die Stahlstifte gezogen und danach durchtrennt. Anschließend wurde das seitliche Gestänge montiert. Weiter: ⟨Bei dem Experiment, wo wir während der Kallusbildung, die wir *zwischen den zersägten Knochenenden*[1] ... erwarteten, eine Druckwirkung erzielten, wurden die Schraubenmuttern bzw. die Stahlstifte und damit natürlich die Bruchenden einander genähert. Gleich nach der Operation ... wurden zur Kontrolle Röntgenaufnahmen gemacht.⟩ (Krompecher 1937, S. 78.)

Über eine „Ruhezeit", d. h. ein druckfreies Intervall, ist also nichts berichtet. Das Röntgenbild in der Abb. 42a, offenbar eine Kontrollaufnahme „gleich nach der Operation", zeigt denn auch die bruchwärts konkav durchgebogenen Stahlstifte. Man muß daher schließen, daß die Stumpfenden *sofort* nach der Knochendurchtrennung aufeinandergedrückt wurden.

Unsere Frage, ob in Krompechers Druckversuch überhaupt ein *zwischen den Bruchenden gelegenes* Blastem komprimiert wurde, ist also mit Nein zu beantworten.

Das Granulationsgewebe konnte nämlich erst *nach dem Eingriff* und nur dort zwischen die aufeinandergedrückten Knochenstümpfe einwachsen, wo diese nicht bündig aneinanderstießen, sondern wo Spalten oder Lücken ausgespart waren (z. B. bei unebenen Sägeflächen oder bei keilförmigem Klaffen des Spaltes). An jenen Stellen dagegen, wo die Fragmente tatsächlich aufeinanderdrückten, da war zum Einwachsen gar kein Platz; und bei der Operation zufällig zwischen die Druckstellen hineingeratenes Bindegewebe — die letzte Möglichkeit einer interfragmentären Blastemquelle — wäre bei der angewandten Technik unfehlbar zerquetscht worden.

Mit anderen Worten: Wo tatsächlich *gedrückt* wurde, da war kein Blastem; wo aber das Blastem sich entwickelte, *da herrschte kein Druck*. Was Krompecher angestrebt hatte (s. S. 101 f.), das hatten seine Versuchsbedingungen also in Wirklichkeit nicht erreicht.

Außer ihrer Kritik an Krompechers Versuchsanordnung haben Hasche-Klünder u. Gelbke zu beanstanden, daß Krompecher über seine experimentellen Daten nur sehr spärliche und wenig genaue Angaben macht. Auch das trifft zu. Weder in der Originalmitteilung (1935) noch in seiner Monographie (1937) spricht sich Krompecher z. B. darüber aus, wie viele Versuche er angestellt hat; ob die Ergebnisse sämtlich übereinstimmten (was nach Hasche-Klünder u. Gelbke und nach meinen eigenen Erfahrungen zu bezweifeln ist, besonders hinsichtlich der Zugversuche; s. u. S. 109 f.), oder ob auch Abweichungen beobachtet wurden; ob die Tiere in den ersten Tagen versuchen konnten, das operierte Glied zu belasten, oder ob sie daran gehindert wurden; wie lange die Frakturen der Druckwirkung ausgesetzt waren, wie oft die komprimierenden Stahlstifte nachgestellt wurden — und ähnliches mehr. Auch sind die Röntgenogramme und die histologischen Belege nicht mit zeitlichen Daten versehen; es ist auch nicht an-

---

[1] Im Original nicht hervorgehoben.

gegeben, ob die Mikrophotogramme aus jenen Versuchen stammen, die in den Röntgenübersichten dargestellt sind.

Obwohl Krompecher (1956) seinen Kritikern sehr ausführlich entgegnet hat, ist er deren Wunsch nach präziseren Versuchsdaten auch nachträglich nicht nachgekommen, sondern er hat sich lediglich auf eine Erwiderung mehr allgemeinen Charakters beschränkt (l. c. S. 505).

Wer in Krompechers Abhandlungen (1935 und 1937) nach überzeugenden Beweisen sucht, wird aber noch etwas anderes vermissen: nämlich ein deutliches Übersichtsbild wenigstens eines der Druckversuche.

Das wäre ein histologischer Schnitt, der nicht nur den Callus, sondern auch die beiden Bruchstümpfe in hinreichender Ausdehnung zeigt. Denn nur dann könnte man sich eine Vorstellung machen von der endgültigen Stellung der Fraktur, von der Lage, der Ausdehnung und der Form des Callus, von der Beschaffenheit und besonders von der Topik der Gewebe, aus denen der Callus zusammengesetzt ist. Ein Bildausschnitt, der keine Orientierung gibt, versagt dem Leser gerade die Möglichkeit, die er sich vor allem wünscht: er will nämlich die mechanischen Bedingungen, von denen ein spezielles Gewebe — in diesem Falle der Knorpel — kausal abgeleitet ist, sichtbar vor sich haben, damit er die ursächlichen Beziehungen zwischen Mechanik und Gewebe auch selber ableiten und deshalb einsehen kann.

Wie aufschlußreich derartige Gesamtübersichten sein können, zeigen z. B. die Abb. 14 und 15 nach Wurmbach (s. o. S. 52ff.), über deren so wesentlichen knorpeligen Anteil ein Röntgenbild gar nichts hätte aussagen können. Eine Röntgenaufnahme kann eben nur ergänzen, ein Ersatz für das histologische Übersichtsbild ist sie nicht (vgl. z.B. die Abb. 7a und b).

Von den Abbildungen Krompechers sind für den Leser nur die Röntgenaufnahmen aus sich heraus analysierbar; und weil mir daran einiges aufgefallen ist, was Hasche-Klünder u. Gelbke (1952) in ihrer Kritik unerwähnt gelassen haben, so sei im folgenden versucht, aus den Abb. 42a und b wenigstens das herauszulesen, was sie für sich allein aussagen.

In der Abb. 42b sind die Radiusstümpfe stärker aufeinandergepreßt, was aus der Annäherung der seitlichen Kolben und der stärkeren Durchbiegung der durchbohrenden Stahlstifte zu entnehmen ist. Weiter: in der Abb. 42a stehen die Radiusstümpfe achsrecht, in der Abb. 42b dagegen bilden sie einen deutlichen, nach links offenen stumpfen Winkel.

Schon hiermit ist erwiesen, daß die angestrebte Versuchsbedingung (reine Druckwirkung auf den Zwischencallus) nicht recht erfüllt sein kann, zumindest nicht für das ganze Zwischenblastem. Denn wenn ein vorher durchwegs gleich breiter Bruchspalt (a) keilförmig geworden ist (b), dann kann das Zwischenblastem dort, wo sich die Bruchflächen voneinander entfernt haben, nicht den gleichen äußeren Bedingungen ausgesetzt gewesen sein wie dort, wo sich die Bruchflächen einander genähert haben (vgl. Abb. 13 und dazugehörigen Text auf S. 50). — vorausgesetzt allerdings, daß die Bruchstümpfe nicht intermittierend gegeneinander abgewinkelt worden sind (Wackelbewegungen).

Nun aber das Auffälligste: in der Abb. 42b ist der Bruchspalt nicht nur rechts, sondern in fast ganzer Quere deutlich breiter als in Abb. 42a. Das ist zum Teil sicher auf die Winkelstellung der Bruchstümpfe zurückzuführen, aber nicht darauf allein.

Da es für die Beantwortung der Frage, wodurch die Bruchspaltverbreiterung zustande gekommen sein könnte, von ausschlaggebender Bedeutung ist, ob die Projektionen in den beiden Aufnahmen übereinstimmen, habe ich nach brauchbaren Vergleichsmarken gesucht. Die verläßlichsten, nämlich die Längen der beiden seitlichen Stangen, sind infolge der oberen Beschneidung des Bildes 42 b leider nicht verwertbar. Dafür sind in beiden Aufnahmen die Corticalisschatten des Radius (links, von der Gelenk- bis zur Sägefläche) genau gleich lang. Um eine ins Gewicht fallende projektionsbedingte Verzeichnung in der hier bedeutungsvollen Längsrichtung (Bruchspaltbreite!) kann es sich also nicht handeln.

Was kann demnach die Ursache der auffälligen röntgenologischen Bruchspaltverbreiterung sein?

Nicht nur möglich, sondern sogar sehr gut denkbar wäre z. B. folgendes: ein knorpeliger Intermediärcallus könnte die beiden Radiusstümpfe aktiv auseinandergetrieben haben. Hatte doch das Experiment gezeigt, daß der wachsende Knorpel einen geradezu unwahrscheinlich hohen Quellungs- und Wachstumsdruck entfalten kann. So z. B. war ein frisch und autoplastisch in einen Defekt der Rattenfibula eingeklemmtes Knorpelstück dazu imstande, die Bruchflächen innerhalb von 8 Tagen um etwa das Doppelte ihres anfänglichen Abstandes voneinander zu entfernen (s. Abb. 9 a und b). Das erscheint um so erstaunlicher, als die Rattenfibula mit der Tibia ganz besonders fest und praktisch unverschieblich verbunden ist (s. S. 44).

Wollte man nun bei dem Druckversuch KROMPECHERs etwas Ähnliches annehmen, so hätten sich die Stahlstifte um den gleichen Betrag wie die Bruchflächen voneinander entfernen müssen. Das ist aber nicht der Fall. Vergleicht man nämlich in Abb. 42 a und b ihre Abstände in der Mittelachse des Radius, so ergibt sich, daß die Stahlstifte sich in der Abb. 42 b einander genähert haben. Hieraus wird man aber den Schluß ziehen müssen, daß die Bruchenden während des Versuches kürzer, d. h. ein Stück weit abgebaut worden sind. Die röntgenologische Auflockerung der Stumpfenden und die Verbreiterung des Defektes in der Abb. 42 b sind anders wohl kaum zu erklären[1]. Ein histologisches Übersichtsbild der gesamten Bruchstelle wäre also aus mehr als einem Grunde von Bedeutung gewesen.

Aber selbst dann, wenn KROMPECHER in seinen Druckversuchen einen einwandfrei *zwischen den Bruchflächen* gelegenen Intermediärcallus erhalten hätte (in der Abb. 61 seiner Monographie von 1937 liegt der Callusknorpel nämlich zwischen neugebildeter Spongiosa!): wäre damit vielleicht die Frage entschieden gewesen, ob dieser Intermediärknorpel sich tatsächlich nur auf Grund der Gewebskomprimierung entwickelt haben kann? Die Antwort hierauf lautet abermals und eindeutig: nein!

KROMPECHER scheint nämlich — ähnlich wie ich selbst (ALTMANN 1950) — einige in der einschlägigen Literatur verzeichnete Tatsachen unberücksichtigt gelassen zu haben, die unbedingt hellhörig machen müssen. Hierher gehören die Angaben WURMBACHs und ZIEGLERs (s. S. 66), ganz besonders aber gewisse Beobachtungen, über die KOCH und PARTSCH (beide 1924) berichtet haben.

---

[1] Dies kann selbstverständlich nur unter der Voraussetzung gelten, daß es sich in den Abb. 42 a und b um zwei aufeinanderfolgende Stadien des gleichen Versuches, und nicht etwa um zwei verschiedene Versuchsfälle handelt.

KOCH hatte aus einem Kaninchenradius einen Span entnommen und damit den tragenden Querschnitt des Knochens ein Stück weit auf die Hälfte verkleinert; PARTSCH hatte aus einer Kaninchentibia ein Corticalisstück ausgemeißelt, um ein Markhöhlenfenster anzulegen. Wohlgemerkt handelte es sich in beiden Fällen nur um eine Verletzung, nicht aber um eine Zusammenhangstrennung der Knochen.

Die hier interessierenden Ergebnisse: In KOCHs Experiment ⟨entstand auch bei dieser unvollständigen Resektion *Knorpelgewebe an den Knochenenden*⟩[1]. PARTSCH erhielt ⟨gegenüber dem Corticalisfenster eine fast den ganzen Markzylinder durchsetzende spongiöse Endostcalluswucherung, welche an einer Stelle sogar *knorpelige Einsprengungen*⟩[1] aufwies (nebenbei eine weitere Variation des Themas „Knorpel in der Markhöhle").

Allein mit diesen beiden Beispielen „afunktioneller" Knorpelgenese ist der Beweisführung KROMPECHERS — und genauso der Theorie eines ROUX oder KASSOWITZ — schon ein beträchtliches Stück Boden entzogen. Denn wenn das bindegewebige Blastem einer Knochenwunde auch ganz ohne Druck Knorpel erzeugen kann, dann ist es doch sehr die Frage, ob ein Frakturblastem ganz allgemein — sei es nun bei einem speziellen Druckversuch (KROMPECHER), oder sei es bei einem gewöhnlichen Querbruch — tatsächlich allein dank seiner Druckbeanspruchung einen knorpeligen Callus liefert.

Außerdem muß hier noch einmal die Frage gestellt werden, was KROMPECHER mit seiner Versuchsanordnung eigentlich im Auge gehabt hat. Um im Gefolge einer Fraktur lediglich Knorpel zu erhalten, hätte es eines derartigen Aufwandes nämlich nicht bedurft. Denn bei jeder gewöhnlichen Fraktur ist doch das knorpelige Zwischenstadium des Callus die Regel, während die unmittelbare Verknöcherung des Frakturblastems zu den Seltenheiten gehört. Auch die experimentelle Erfahrung, daß es viel schwieriger ist, einen knorpelfreien Callus zu erzielen als einen knorpelhaltigen, rechtfertigt diese Frage. Man darf sie daher wohl in dem Sinne beantworten, daß KROMPECHER mit seiner etwas schwierigen Technik tatsächlich beabsichtigte, das Frakturblastem unter „reinen" Druck zu versetzen und Verschiebungen von ihm fernzuhalten.

Die Behauptung KROMPECHERs, daß eine unter „reinem" Druck stehende Fraktur regelmäßig einen knorpeligen Callus hervorbringe, haben nun HASCHE-KLÜNDER u. GELBKE (1952) erneut experimentell geprüft. Die von ihnen als unzureichend angesehene Versuchsanordnung KROMPECHERs wurde durch eine stabile Druckosteosynthese ersetzt: ein modifizierter Marknagel sollte die Bruchenden nicht nur aufeinanderpressen, sondern auch alle Bewegungsreize sicher von ihnen fernhalten.

Die Versuchsergebnisse der beiden Autoren weichen nicht unerheblich von den Angaben KROMPECHERs ab. Von zehn solchen, mit Marknagel fixierten Frakturen heilten nämlich nur fünf mit ausschließlich desmaler, die anderen fünf dagegen mit zwar überwiegend desmaler, aber *stellenweise chondraler* Callusbildung. HASCHE-KLÜNDER u. GELBKE leiten hieraus ab, ⟨daß bei Druckeinwirkung ohne Rotations-, Scher- und Biegekräfte ein rein desmaler Callus die endgültige knöcherne Verfestigung vorbereitet. Knorpelige Gewebsteile bildeten sich nur dann im Callus, wenn Teile des sich im Bruchspalt bildenden Mesenchyms einer Gewebsunruhe unterworfen waren. Je größer die scherenden Kräfte *anzunehmen*[1]

---

[1] Im Original nicht hervorgehoben.

waren, die auf das Keimgewebe einwirkten, um so ausgedehnter waren die knorpeligen Gewebsanteile im Callus.⟩

In der Tat: bei der angewandten stabilen Druckosteosynthese „scherende Kräfte", vollends aber „Mikrobewegungen an umschriebener Stelle"(!) objektiv nachzuweisen, das ist unmöglich. Also muß man auf diese Momente *schließen* — und zwar eben daraus, daß Knorpel gebildet wurde! Die fünf knorpelpositiven Resultate werden denn auch prompt dem Mißlingen völliger Ruhigstellung infolge „technischer Mängel" zur Last gelegt: ein weiterer Beweis dafür, welche Schule jener unerlaubte gedankliche Kurzschluß gemacht hat, daß Knorpel immer das Ergebnis einer aus Druck und Scherung zusammengesetzten Beanspruchung sei (s. S. 39). Dieses Denkschema ist offenbar schon so tief verwurzelt, daß es den Blick von widersprechenden Tatsachen abwendet, als seien sie nicht vorhanden. Wie anders sollte man sich das Folgende erklären?

HASCHE-KLÜNDER u. GELBKE zitieren z. B. WIEDER (1908), nach dessen Aussage das Regenerationsgewebe in Knochendefekten keinen Knorpel produziert, wenn die völlige Zusammenhangstrennung des Knochens vermieden wird. Sie zitieren — zwar in anderem Zusammenhang — aber auch gerade jene Arbeit KOCHs (1924), in welcher über ein genau gegenteiliges Ergebnis berichtet wird (s. S. 106). Daß in diesem Falle zwei Aussagen — nämlich das eine Mal *keine* Knorpelbildung *wegen* Fehlens, das andere Mal hingegen *positiver* Knorpelbefund *trotz* Fehlens äußerer mechanischer Reize — sich gegenseitig aufheben, das scheint HASCHE-KLÜNDER u. GELBKE gar nicht aufgefallen zu sein.

Betrachtet man die regenerativen Vorgänge nach Frakturen als ein Geschehen, dem als Zweck die knöcherne Wiedervereinigung der Bruchstümpfe übergeordnet ist — und HASCHE-KLÜNDER u. GELBKE gingen tatsächlich von diesem Leitgedanken aus —, so erscheinen die Versuchsergebnisse KROMPECHERs in einem abermals anderen Licht: Die knorpeligen Verbindungen der Fragmente, die KROMPECHER beschrieben hat, dürften nämlich aller Wahrscheinlichkeit nach nichts anderes gewesen sein, als bereits komplette Pseudarthrosen. Bei der angewandten Versuchstechnik, die eine „reine" Druckbeanspruchung an der Trennstelle nicht nur nicht erreichen konnte, sondern geradezu verhindern mußte, wäre das auch gar kein Wunder; denn die Stahlstifte und das seitliche Gestänge sind so ideal lange Hebelarme, daß schon geringe, auf die Stiftenden oben und unten einander entgegengesetzt einwirkende Kräfte merkliche Torsionen und damit eben „Verschiebungen" im Frakturbereich herbeiführen müssen (s. Abb. 43).

Die Knorpelbildungen, die KROMPECHER mit dieser seiner Versuchsanordnung erzielt hat, würde z. B. ROUX ohne Frage als besten Beweis dafür angesehen haben, daß seine — ROUXs — Lehre richtig ist. Konnte man „Druck und Abscherung" (Torsion! s. o. S. 22) überhaupt noch besser verwirklichen?

Nun war es KROMPECHER aber doch gar nicht darum gegangen, „Druck mit Verschiebung" zu erzeugen, sondern er wollte ganz im Gegenteil *reinen Druck*!

Nach ROUX hingegen darf es bei „reinem" Druck gar keinen Knorpel geben, denn bei „Druck ohne Abscherung" — und genau das ist „reiner" Druck — entsteht ja Knochen (s. S. 10)!

Es scheint KROMPECHER nicht im entferntesten in den Sinn gekommen zu sein, wie sehr die Deutung, die er selber seinen Versuchsergebnissen unterlegte, der Theorie ROUXs widersprach. Wie hätte er sonst ⟨die Heranziehung der Auffassung von Roux für außerordentlich auszeichnend erachten⟩ können ? So jedenfalls hatte sich Krompecher ausgedrückt, als auf der 43. Anatomenversammlung in Jena (1935) seine Experimente diskutiert und — seltsamerweise — als Bestätigung der Lehre Rouxs angesehen worden waren.

Auf jener Tagung hatte Krompecher über seine Druck- und Zugversuche erstmalig berichtet. Die Diskussion, die sich an seinen Vortrag anschloß, kann den heutigen Leser recht nachdenklich stimmen. Denn wie sehr man damals aneinander vorbeiredete, und daß Roux — den man überzeugt zu bestätigen vermeinte — in Wirklichkeit gründlich mißverstanden wurde, indem man Krompecher beipflichtete: das scheint weder damals noch später bemerkt worden zu sein. Der Versammlungsbericht verzeichnet folgende Diskussionsbemerkungen:

⟨W. Roux hat ... immer wieder darauf hingewiesen, daß im Bindegewebe, das auf Zug beansprucht wird, sich die Bindegewebsfasern ... in der Zugrichtung anordnen. ... Wird das Gewebe aber auf Druck beansprucht (von „Abscherung" ist also keine Rede! d. Ref.), so bildet sich Knorpel aus. ... Die Versuche des Herrn Vortragenden bestätigen nun in einwandfrei schöner Weise, daß das, was Roux angenommen hat (nämlich: Druck mit ⟨*starker Verschiebung* benachbarter Substanzschichten gegen einander, *Abscheerung*⟩, d. Ref.) richtig ist.⟩ (Stieve.)

⟨... pflegte ich schon immer darauf hinzuweisen, daß das Vorhandensein von Knorpel am Skelett funktionell immer darauf hinweist, daß an diesen Stellen eine mechanische Beanspruchung auf Druck kombiniert mit kleiner Bewegung, eine „Durchknetung", festgestellt werden kann. Diese ... Ansicht hat durch die Versuche von Krompecher (der doch *reinen Druck* erzeugen und „Bewegung", d. h. Verschiebung vermeiden wollte, d. Ref.) eine gute Bestätigung gefunden.⟩ (Richter.)

⟨Ich begrüße die klaren Ergebnisse der Experimente, durch die die früheren Angaben (etwa Rouxs? d. Ref.) über die Entstehungsbedingungen des Knorpels bestätigt werden. Selbst geringste Verschiebungen (die Krompecher hatte ausschalten wollen, d. Ref.) unter Druck führen zur „spezifischen Deformation", bei der, wie ich früher zeigte (s. o. S. 32f., d. Ref.), die Bindegewebsmaschen gespreizt werden und der Reiz zur Knorpelbildung gegeben wird.⟩ (Benninghoff.)

Daß Benninghoff zwischen seinen eigenen und Krompechers Ansichten Übereinstimmung zu finden glaubte, ist seltsam genug; seltsamer noch, daß Krompecher dem nicht widersprach. Denn: Krompecher hatte „*reinen* Druck" gewollt, Benninghoff dagegen sprach von „*Verschiebungen* unter Druck."

Krompecher hatte beabsichtigt, *ein Blastem zu komprimieren*, und zwar zwischen den Bruchenden; Benninghoff dagegen redete von einer „*Spreizung bindegewebiger Maschen*". Wäre etwas Derartiges beim Bindegewebe eines gestauchten und abgehobenen Periosts (siehe S. 34), d. h. außerhalb des Bruchspaltes, wenigstens noch denkbar, so ist eine solche „spezifische Deformation" zwischen den Bruchflächen, d. h. im Intermediärcallus, sicher nicht möglich, so daß sie in Krompechers Druckversuch gar nicht in Betracht kommen konnte.

Dazu widersprachen beide — Benninghoff und Krompecher — in bester Absicht und ohne es zu merken Roux, der doch *Druck auf die Zelle*, aber niemals „Öffnung der Zellspalten" d. h. Entlastung der Zelle (s. o. S. 36) gemeint hatte; der ⟨Druck *mit starker Abscheerung verbunden*⟩ als den „funktionellen Bildungsreiz des Knorpels" bezeichnet hatte, aber niemals „reinen" Druck.

Hasche-Klünder u. Gelbke (1952) waren — entgegen Krompecher — von folgenden, ganz anderen Überlegungen ausgegangen: Der knorpelige Frakturcallus ist eine „Umwegdifferenzierung". Der direkte Weg ist die unmittelbare Verknöcherung des Bindegewebscallus, und die letztere kann nur bei völliger Gewebsruhe erfolgen. Wird dagegen das Frakturblastem „beunruhigt", d. h. auf Scherung beansprucht, so kann die Heilung nur über den Umweg eines Knorpelprovisoriums und dessen enchondrale Verknöcherung erreicht werden. Daraus folgt: Ein knorpelhaltiger Callus ist das Differenzierungsprodukt eines Frakturblastems, das Bewegungsreizen ausgesetzt war. Hasche-Klünder u. Gelbke stimmten also mit Roux überein.

Eine ganz ähnliche Ansicht — und zwar im Zusammenhang mit der Knorpelbildung bei Rippenbrüchen — vertrat LAUCHE (1937), der auf die „Abscherung"
als maßgeblichen Bewegungsreiz hingewiesen und gleichzeitig folgendes zu bedenken gegeben hatte: ⟨Druckeinwirkung, die KOMPECHER neuerdings (1935)
als auslösenden Faktor für die Bildung von korpeligem Kallus annimmt, kommt
für die Rippenfrakturen kaum in Betracht⟩ (l. c. S. 242). Bezeichnenderweise
handelt LAUCHE den knorpeligen Callus bei den „Störungen der Knochenbruch-
heilung" ab (d. h. er faßt ihn ebenfalls als Umwegdifferenzierung auf) und stellt
fest, ⟨daß unter idealen Heilungsbedingungen kein Knorpel auftritt⟩.

Unter „idealen Heilungsbedingungen" kann demnach nur die völlige Gewebsruhe im Frakturbereich verstanden werden; denn nur so ist das Überspringen
des knorpeligen Zwischenstadiums und die direkte Verknöcherung des Bindegewebscallus denkbar. Folgerichtig hatten HASCHE-KLÜNDER u. GELBKE denn
auch versucht, mit der stabilen Druckosteosynthese alle Bewegungsreize zuverlässig auszuschalten.

Aber auch diese Experimente gehen an der eigentlichen Frage nicht weniger
vorbei, als die Versuche KROMPECHERs. Denn die stabile Druckosteosynthese
schafft, weit mehr noch als KROMPECHERs Versuchsanordnung, ein von Anfang
an festgerammtes System, in welchem lediglich *Knochen* aufeinandergepreßt
werden. Die eigentlich interessierende Bedingung — nämlich die Kompression *des
Regenerationsblastems* — ist hier noch weniger erfüllt als in KROMPECHERs Versuch.

Die Ergebnisse, die HASCHE-KLÜNDER u. GELBKE mit ihren Druckversuchen
erhielten, sind für unsere Fragestellung trotzdem von großer Bedeutung, und zwar
wegen des gefundenen Zahlenverhältnisses zwischen knorpelfreien und knorpelhaltigen Regeneraten. Es lautet auf 5:5. Obwohl die Gesamtzahl der Experimente — es waren zehn — für eine Statistik viel zu klein ist, so gibt dieses Verhältnis von 1:1 doch einen wichtigen Hinweis und regt zu folgender Überlegung an:

Wenn bei Ausschaltung äußerer mechanischer Momente die Wahrscheinlichkeit, daß periostale Knorpelbildung eintritt, genauso groß ist wie die Wahrscheinlichkeit, daß diese Knorpelbildung unterbleibt, dann kann die „äußere" Mechanik
nicht das allein Ausschlaggebende sein. Es muß daher ein Faktor angenommen
werden, der mit äußerer Mechanik nichts zu tun hat und deshalb auch experimentell nicht ohne weiteres und nicht in jedem Falle erzwungen werden kann.

Wenn also Knorpel „afunktionell" entsteht, dann dürfte es sich nicht um eine
Reaktion auf äußere Reize, d. h. um eine „abhängige" Differenzierung (ROUX)
handeln, sondern um eine spontane Leistung der Zelle. Und daß die Zelle zu
dieser spontanen Differenzierung nicht nur als Bestandteil eines Blastems, d. h.
im Zusammenwirken mit ihresgleichen, sondern auch als Einzelkörper und selbst
unter extrem afunktionellen Umständen fähig ist, das wird noch gezeigt werden
(S. 159f.).

KROMPECHERs Zugversuche wurden von HASCHE-KLÜNDER u. GELBKE
ebenfalls nachgeprüft. Analog zu ihren Druckexperimenten bemühten sich die
Autoren auch hierbei, im Defektbereich jede Gewebsbeunruhigung zu vermeiden
und eine stabile Distraktionsnagelung (reine Zugwirkung) zu erzielen. Wenn auch
— wie ausdrücklich bemerkt wird — diese Methode lediglich ⟨die stabile Distraktion *zweier Bruchenden*[1]⟩, nicht dagegen die Dehnungsbeanspruchung des

---

[1] Im Original nicht hervorgehoben.

Regenerationsblastems ermöglichte, die Krompecher angestrebt hatte, so stehen
ihre Ergebnisse doch in auffälligem Gegensatz zu Krompechers Angaben (s. o.
S. 100). Von fünf Versuchen lieferte nämlich nur ein einziger einen knorpelfreien.
rein desmogenen Callus, so daß es Hasche-Klünder u. Gelbke ⟨ganz unvor-
stellbar erscheint, daß Krompecher ... *immer nur*[1] rein desmogenen Callus
gefunden haben will⟩. Sie hätten noch hinzufügen können, daß auch Koch
(1924) derartige Extensionsversuche ausgeführt hat und über zwei Fälle (Trümmer-
brüche) berichtet, bei denen ⟨zwischen den Knochensplittern sich große Massen
von Knorpelgewebe fanden, ... ohne daß Reibung oder Druck dafür verantwortlich gemacht werden könnten. Die von der Muskulatur getrennten und deren
Einwirkungen entzogenen losen Knochensplitter — so fährt Koch fort — können
unmöglich aneinander reiben, und eine Druckwirkung kommt nicht in Betracht.⟩
Wie erklären sich diese auffälligen Unterschiede?

Daß Krompecher bei seinen Zugversuchen „immer bindegewebigen Callus“
gefunden hat, das braucht durchaus nicht unmöglich zu sein. Aber selbst dann
wäre ein grundsätzliches Bedenken gerechtfertigt; nicht gegen die Befunde, aber
gegen Krompechers Deutung. Denn in diesem Falle würde es sich ja um „negative Ergebnisse“ handeln, und diesen gegenüber ist immer die größte Vorsicht
geboten (Spemann, s. o. S. 39).

Vielleicht hat das Ganze aber auch einen rein methodischen Hintergrund.
Und hier wäre es grundsätzlich wichtig, auf die folgende Frage genaue Antwort
zu haben: Wurden die *gesamten* Operationsprodukte an Hand *lückenloser* Schnittserien *vollständig* durchgesehen?

Was ein derartiges Unterfangen schon bei einem einzigen Callus eines größeren
Versuchstieres — und Krompecher arbeitete an Hunden — bedeutet, das kann
man sich in etwa ausmalen; und nun gar bei einer größeren Reihenunter-
suchung? — Wie unerläßlich dies trotzdem wäre, weiß ich von meinen eigenen
Versuchen her, deren Material trotz der Winzigkeit des Rattenunterschenkels
weit über 10000 Einzelschnitte umfaßt: der Knorpel findet sich nämlich gar nicht
selten an Stellen, wo man ihn am allerwenigsten vermutet hätte!

Krompecher (1956, S. 500f.) hält seinen Kritikern entgegen, daß sie sich
allein auf das regenerative Wachstum beschränkt, die embryonale und die pathologische Histogenese aber ganz außer Betracht gelassen haben.

Das ist zwar richtig, in diesem Zusammenhang jedoch kaum von Bedeutung.
Denn was wäre damit schon gewonnen? Über die wirklichen Ursachen der Binde-
und Stützgewebsdifferenzierung bei embryonalen oder bei pathologischen Bil-
dungsvorgängen weiß man nichts.

Mögen einige Paradebeispiele aus der normalen Entwicklung es noch so ver-
lockend machen, die Differenzierung eines spezifischen Binde- oder Stützgewebes
rein mechanistisch, d. h. im Sinne Rouxs als Anpassung an eine spezifische Beanspruchung zu deuten: in Anbetracht der typischen, stets gleichen Form, mit
der sich selbst das kleinste und einfachste Skeletstück — sei es knorpelig oder sei
es knöchern — an seinen Platz im Organismus einfügt, wird man diesen Versuch
bald aufgeben. Denn gemessen an dieser *typischen Gestalt* ist jeder mechanische
Reiz etwas unvergleichlich Ungefähres, Rohes und Ungezieltes. Daran zu glauben.

---

[1] Im Original nicht hervorgehoben.

daß eine so oder so geartete „Einwirkung" auf ein genau abgestecktes „Wirkungsfeld" beschränkt bleibe, mutet phantastisch an.

Bei der pathologischen Histogenese liegen die Dinge nicht einfacher. Genügt es doch schon, sich z. B. der heterotopen Knochen- oder Knorpelbildungen (Enchondrome!) zu erinnern. Beweisen, daß derartige Dinge auf mechanischem Wege entstanden sind, kann man jedenfalls nicht. Oft genug liegt es sogar außerhalb der Denkmöglichkeit, eine mechanische Einwirkung dafür verantwortlich zu machen (z. B. Knorpel- oder Knochenbildungen im Ovar).

Um Mißverständnissen vorzubeugen: das Folgende bezieht sich nicht auf KROMPECHER, sondern auf die Willkür, mit der im allgemeinen verfahren wird.

So etwa deutet man die einen Knorpelheterotopien beim Erwachsenen mechanisch oder „funktionell" (vgl. P. RATHKE, oben S. 66), während man andere, bei denen das allzu offensichtlich nicht angeht (zentrale Enchondrome!), auf „fetale Reste" zurückführt. Das ist eine bedenkliche Künstelei. Denn schließlich mußten diese „fetalen Reste" auch einmal entstanden sein. Aber wie? Und wieso — d. h. dank welcher „funktionellen Beanspruchung" — konnten sie sich so lange erhalten?

Daß man bei der *embryonalen* Gewebedifferenzierung das eine Mal überzeugt auf Mechanik und Kausalität schwört (vgl. die Sekundärknorpel!), während man ein anderes Mal mit größter Selbstverständlichkeit Begriffe handhabt, die keinen Vorstellungsschimmer von Mechanik oder irgend sonst einer Causa efficiens erwecken (z. B. „gestaltende, qualitativ differenzierende Energien" oder „determinierende Faktoren", s. u. S. 154 f.): das ist eine vollends unerträgliche Zweigeleisigkeit des Denkens.

KROMPECHER (1956) war vorsichtig genug, sich auf solche Beispiele aus der Embryonalentwicklung zu beschränken, bei denen von *Druck*wirkung zu sprechen wenigstens einen Sinn hatte. Er schreibt aber auch: ⟨Daß in der Embryonalzeit und auch im postembryonalen Wachstum alle direkt druckbeanspruchten Knochenoberflächen einen Knorpelüberzug aufweisen, ist ein Befund, eine Tatsache.⟩ (l. c. S. 487.) Nun wohl. Es ist aber doch die Frage, ob man z. B. eine fast noch vollknorpelige Epiphyse als Knorpel*überzug* bezeichnen darf; erst recht aber, ob alle knorpeligen Epiphysen auch „direkt druckbeansprucht" sind.

Beim Epiphysenknorpel des Trochanter minor z. B. kann man sich das schon nicht mehr ohne weiteres vorstellen. Noch schwieriger dürfte dies bei der proximalen Epiphyse der Fibula sein; denn woher sollte diese „direkte Druckwirkung" kommen?

ROUX hat denn auch bei den knorpeligen Apophysen — und der Trochanter minor des Kleinkindes ist eine solche — von Druck überhaupt nicht gesprochen. Stillschweigend und als ob es sich um etwas Selbstverständliches handelte, wurde der sonstige „funktionelle Reiz des Knorpels" (*Druck* und Abscherung!) in diesem Falle etwas abgewandelt: hier ist nur noch von ⟨Verschiebungswirkung gegen die Diaphyse⟩ die Rede; d. h. von „Abscherung", ⟨die von den an jeder Apophyse angreifenden Muskeln bewirkt wird⟩ (ROUX 1912, S. 25; vgl. auch oben S. 84).

Eine stattliche Häufung von Epiphysen- oder Apophysenknorpeln, deren Knochenkerne zum Teil erst um die Mitte des 2. Lebensjahrzehntes auftreten, zeigt das noch wachsende Hüftbein. Mag man der Sitzbeinapophyse eine „direkte Druckwirkung" wenigstens unter gewissen Umständen zubilligen, so kommt etwas Derartiges für das Tuberculum ilicum und pubicum, für die Spina ischiadica und erst recht für die Epiphysis marginalis sicher nicht in Frage. Wie sollte eine Knorpelleiste, an der die schräge und die quere Bauchmuskulatur doch fortwährend zieht, einer „direkten Druckwirkung" ausgesetzt sein?

Man könnte einwenden, es handle sich in diesen Fällen um recht weit hergeholte oder gar absichtlich abwegige Beispiele. Indessen: ein Epiphysenknorpel ist eben — ein Epiphysenknorpel, zumal wenn er noch ausdrücklich so heißt. Was demnach KROMPECHER — und im Grunde genauso ROUX — bei dem einen Knorpel für recht hält, das muß einem anderen, vergleichbaren Knorpel billig sein und darf für ihn nicht weniger gelten. Denn: ⟨Ein induktiv gefundenes Gesetz muß eben auf alle Fälle passen, oder es ist falsch.⟩ (KASSOWITZ, s. o. S. 38.)

Ferner schreibt KROMPECHER (1956, S. 483): ⟨Im späteren Verlaufe der Entwicklung erscheint das kausale Verhältnis zwischen den spezifischen Bildungsfaktoren und den Gewebsformen noch prägnanter: an den Verbindungsstellen zwischen den Epiphysen und Diaphysen, wo nur eine Druckwirkung bzw. eine durchknetende Wirkung herrscht, erhält sich der Knorpel als Fuge...⟩

Das mag noch hingehen bei Fugenknorpeln in Skeletstücken, denen eine ausgesprochene Stützfunktion obliegt (wenn wir davon absehen, daß hier keineswegs „nur eine Druckwirkung" vorliegt); oder bei Fugenknorpeln, die fortwährenden Bewegungsreizen ausgesetzt sind. Wie aber verhält sich dies etwa beim proximalen Fugenknorpel der Fibula, erst recht aber bei der Synchondrosis sphenooccipitalis, für die etwas Derartiges unter gar keinen Umständen gelten kann?

Desgleichen dürfte es mehr als bedenklich sein zu behaupten, daß ⟨die erste Ausbildung der Gelenke ... der direkten Funktion der Muskulatur entspricht⟩. KROMPECHER (l. c. S. 483) geht sogar noch weiter, indem er schreibt: ⟨Das Skleroblastem als Ganzes ist dem — durch die synergetische Wirkung der Flexoren und Extensoren entstandenen (sic!) — Drucke ausgesetzt und ist knorpelig: an jenen Stellen, wo zu dem Drucke die Seitenverschiebung, die Gleitbewegung hinzutritt, bildet sich und bleibt ein Gelenk erhalten.⟩

Bei diesem Versuch, die embryonale Gelenkbildung „funktionell" zu deuten, hat KROMPECHER neben so manchem, was man grundsätzlich dagegen anführen könnte, auch einen recht handgreiflichen experimentellen Gegenbeweis außer acht gelassen: HAMBURGER (1928) hatte bei Froschlarven frühzeitig verhindert, daß in die Extremitätenknospe Nerven einwuchsen. Das Ergebnis waren nervenlose Glieder, bei denen es selbstverständlich auch keinen muskulär bedingten Gelenkdruck geben konnte. Trotzdem und erstaunlicherweise entwickelten sich nicht nur ganz normal gestaltete Extremitäten, sondern auch regelrechte Knorpel auf sämtlichen Gelenkenden. Nicht genug damit: die Anordnung der Chondrone im Oberschenkelkopf zeigte darüber hinaus sogar die bekannte „funktionelle" Struktur!

Daraus folgt: Wenn zwischen aktiver Gliedbeweglichkeit und embryonaler Gelenkbildung nachweislich kein „funktionelles" Abhängigkeitsverhältnis zu bestehen braucht, dann kann man auch nicht den Gelenkdruck für die Differenzierung (oder das Erhaltenbleiben) der Gelenkknorpel verantwortlich machen.

KASSOWITZ hatte die Bildung des Callusknorpels in Zusammenhang gebracht mit bestimmten mechanischen Einwirkungen, denen das Callusblastem im Frakturbereich ausgesetzt ist.

Diese Gedankengänge weiter verfolgend hatte ROUX versucht, mit den gleichen mechanischen Faktoren die dunklen Ursachen gewisser embryonaler Binde- und Stützsubstanzdifferenzierungen aufzuhellen. Das war ein verfänglicher Analogieschluß.

Wenn sich nun aber KROMPECHER zur Erklärung gewisser *regenerativer* Binde- und Stützsubstanzbildungen auf die Analogie mit der *embryonalen* Gewebedifferenzierung berufen will, dann ist das noch weit verfänglicher; denn damit würde die eine Unbekannte durch eine andere Unbekannte ausgedrückt und also — um einen Vergleich zu gebrauchen — X mit Y „erklärt".

HASCHE-KLÜNDER u. GELBKE taten also recht daran, sich an das zu halten, was noch am ehesten zu übersehen ist: nämlich die Gewebedifferenzierung bei der Frakturheilung unter exakten experimentellen Bedingungen. Daß die beiden Autoren glaubten, ihre Beobachtungen richtig zu deuten, indem sie diese mit der Theorie ROUXs in Einklang brachten: das war freilich ein Irrtum. Aber den habe ich selber lange genug mit ihnen geteilt.

Periostale Knorpelbildung ohne erkennbare äußere Mechanik

Zu diesem Kapitel gibt es eine ganze Reihe einschlägiger Beobachtungen. BUCHHOLZ (1863) und GROHE (1899) transplantierten Periost intramuskulär bei Kaninchen, BONOME (1885) bei der Ratte. MORPURGO (1899) arbeitete an Hühnern und verpflanzte Periost in Kämme und Bartlappen. Die Autoren stellen übereinstimmend fest, daß in vielen Fällen Knorpelbildung stattgefunden habe.

COHNHEIM u. MAAS (1877) brachten bei Kaninchen, Hunden und Hühnern von der Tibia abgelöste Perioststücke in die Vena jugularis ein. In den kleineren Ästen der A. pulmonalis schließlich hängengeblieben, vaskularisierte sich dieses Strandgut „wie ein einfacher Thrombus von den Vasa vasorum der betreffenden Arterie aus" und produzierte innerhalb zweier Wochen auf der ehemals knochennahen ⟨inneren Periostfläche die schönsten Lagen hyaliner Knorpelzellen⟩.

Kommt auch bei der Versuchsanordnung, die MORPURGO oder COHNHEIM u. MAAS angewandt haben, die Möglichkeit einer mechanischen Irritation des Bildungsgewebes sicher nicht in Betracht, so sind die knorpelpositiven Resultate nach intramuskulärer Periosttransplantation in dieser Hinsicht viel weniger zweifelsfrei. Könnten nicht vielleicht die Verschiebungen (Abscherung!), die im tätigen Muskel immer erfolgen, die Knorpelbildung in Gang gebracht haben? P. RATHKE hatte das immerhin als tatsächlich angenommen (s. S. 66).

Um diese Annahme auf ihre Stichhaltigkeit zu prüfen, habe ich mehrere Versuche angestellt und bin dabei ausgegangen von der Vorstellung, daß im Muskel eine Reibung (Abscherung) zwischen den Weichteilen und einem festen Material viel wahrscheinlicher ist, als zwischen Weichteilen (Muskulatur und Perioststücke) allein. Ich habe daher mazerierten Knochen in die Muskulatur der Ratte verbracht, und zwar in Form von Einzelstücken und in Form von Kombinaten (zwei Knochenstückchen in engster Nachbarschaft, lediglich getrennt durch eine dünne Bindegewebslamelle). Die Versuche verliefen ausnahmslos negativ, Knorpelbildung habe ich dabei niemals beobachtet. Ich halte daher die oben erwogene Möglichkeit — und aus dem gleichen Grunde auch P. RATHKEs Hypothese — für äußerst unwahrscheinlich. KOCHs Extensionsversuch (s. S. 110) spricht übrigens genauso dagegen.

Die gleichen Einwände gegen die „mechanistische" Erklärung gelten auch für jene Fälle, in denen überlebende periostgedeckte Knochentransplantate neben periostalem Knochen „gelegentlich" auch periostalen Knorpel hervorgebracht hatten (z.B. BONOME 1885; AXHAUSEN 1909; DE JOSSELIN DE JONG u. EYKMAN van der Kemp 1928). In der überwiegenden Mehrzahl derartiger Transplantationsexperimente produzierte das Periost sogar reinen Knochen (was bekanntlich nur in „äußerster Ruhe" geschehen kann, vgl. S. 65), und es kam *nur gelegentlich* vor, daß die Knochenbildung — und zwar aus ganz unbekannten Gründen — in Knorpelbildung „umschlug".

Diese oft unvermittelt-sprunghafte Änderung der Differenzierungsrichtung des periostalen Muttergewebes — Carla Zawisch-Ossenitz (1927) spricht von einem Hin- und Herschwanken der blastischen Potenz des Periosts — ist seit langem bekannt. Die (meist vergänglichen) Ergebnisse derartiger, entweder gleichzeitig ablaufender oder periodisch einander ablösender Bildungsprozesse sind dann ein ausgesprochenes Mischgewebe. In engstem räumlichem Zusammenhange finden sich hierbei: Knochen, Chondroidknochen (Schaffer 1888; C. Zawisch-Ossenitz 1927 und 1929), chondroides Gewebe (Schaffer 1930) und echter Knorpel beieinander, manchmal in fließenden Übergängen, manchmal aber auch mit mehr oder weniger scharfen Grenzen gegeneinander abgesetzt. Ein sehr bekanntes Beispiel hierfür ist der Übergang von Perichondrium zu Periost an der Ossifikationsgrube wachsender Röhrenknochen, an der sog. Ranvierschen Encoche. Zwei weitere Beispiele periostaler Knorpelbildung hat Schaffer (1897) beschrieben; und zwar an der Dorsalseite der Endphalangen und am Tuber calcanei, beide Male im Einstrahlungsbereiche von Sehnen.

Während nun Schaffer sich hinsichtlich der periostalen Knorpelbildung an der Ranvierschen Encoche jedes Erklärungsversuches enthält, deutet er einen solchen für das Vorkommen von Knorpel in Sehnenansätzen unmißverständlich an. Er schreibt (l. c.): ⟨Die Knorpelzellen gehen hier aus indifferenten Bildungszellen hervor, welche sich — sichtlich unter verschiedenen mechanischen Einflüssen — theils in Knochenzellen, theils in Knorpelzellen, theils in typische Sehnenzellen umwandeln können.⟩

Welcher Natur diese „verschiedenen mechanischen Einflüsse" sein sollen, ist freilich nicht näher angegeben; aber daß sie ersichtlich sind, das ist zu bezweifeln. Nach Schaffers Abbildung vom Calcaneus (1897) ist z. B. der Übergang von Knochengewebe in das Sehnengewebe, welches die gekapselten Zellen enthält, so abrupt, das Nebeneinander der verschiedenen Gewebe so eng, daß es einen recht gekünstelten Eindruck macht, für Abstände von mikroskopischer Größenordnung „verschiedene mechanische Einflüsse" geltend zu machen. Hieran glaube ich nicht, und nach meinen Erfahrungen mit der umhülsten Fraktur habe ich dazu wohl einige Ursache. Besonders verwiesen sei in diesem Zusammenhang auf jene knötchenförmige periostale Sekundärknorpelbildung, die auf S. 70 f. beschrieben ist. Wie sich gleich zeigt, ist diese Beobachtung durchaus nicht neu, sondern höchstens die Umstände, unter denen sie gemacht wurde. Lange vordem hatte C. Zawisch-Ossenitz (1927) etwas ganz Ähnliches am Femur eines zweimonatigen Meerschweinchens folgendermaßen beschrieben: ⟨Fast genau in der Schaftmitte befindet sich auf der Beugeseite periostal ein kleines Knötchen, das den Eindruck von Kallusgewebe macht: ein Haufen dickkapseliger Knorpelzellen, regellos, ohne territoriale Gliederung beisammen liegend, mit wenig Grundsubstanz zwischen sich. Über die Bedeutung dieses Knötchens bin ich mir nicht klar geworden; Beziehungen zu einem bestimmten Muskelansatz fehlen, ein pathologischer oder ein bloßer „Zufalls"-befund kann es aber auch nicht sein, da ich

es im Femur eines neugeborenen Meerschweinchens gleichfalls, nur in verkleinertem Maßstab, fand.⟩

Eine Abbildung hat die Autorin leider nicht beigefügt. Die Beschreibung ist indessen so eindeutig, daß es sich nur um „periostale Knorpelbildung ohne erkennbare äußere Ursache" handeln kann. Ein gewisser, aber sicher nicht wesentlicher Unterschied gegenüber meiner Beobachtung besteht darin, daß das Callusknötchen nicht mehr über die Knochenoberfläche hinausragte, sondern „in den Knochen eingelagert", d. h. sekundär von periostalem Knochen umbaut worden war. Wahrscheinlich handelt es sich hier um einen jener Fälle von plötzlicher Produktionsumstellung des Periosts, deren Ergebnis dann ein zwar örtlich umschriebenes, aber gegen die Nachbarschaft unscharf begrenztes knorpeliges (oder sehr knorpelähnliches) Gewebe ist. C. Zawisch-Ossenitz beschreibt das wie folgt: ⟨An seiner Peripherie liegen Knorpel- und Knochenzellen in buntem Durcheinander beisammen, es gibt da Zellen, die man durchaus nicht einer bestimmten Gruppe anreihen kann (großblasig, doch ohne Kapsel, andere, etwas basophile Substanz um sich ausscheidend), und die Grundsubstanz zwischen den Knorpel-(Kallus-) Zellen und die des umgebenden Knochens sind, wenigstens in der Färbung, nicht zu unterscheiden. Soweit die dichtgedrängten Zellen eine Beurteilung zulassen, ist die des Kalluskörperchens vielleicht etwas homogener. Dieses Durcheinander von Zellen ist schon in der Kambiumschicht des Periosts selbst sichtbar: es gibt da größere und kleinere Zellen, solche, die bereits einen basophilen Ring um sich schließen und andere ohne einen solchen.⟩ (1927, S. 493.)

Diese Beschreibung trifft nun sehr genau auch auf jenes eigentümliche Mischgewebe zu, das man an vielen Stellen des noch in Bildung begriffenen Frakturcallus vorfindet, besonders in dessen mehr peripherischen perichondrium- oder periostnahen Abschnitten. Dieses hat große Ähnlichkeit mit zwei Knochengewebstypen, deren einen Schaffer (1888 und 1933) als Chondroidknochen, und deren anderen C. Zawisch-Ossenitz (1927 und 1929a und b) als basophilen Insel- oder Mischknochen (s. Abb. 44) bezeichnet hat. Beide Formen finden sich in der periostalen Schale rasch wachsender Röhrenknochen, vorzugsweise in der Höhe der Epiphysenfuge (in der von C. Zawisch-Ossenitz „telodiaphysär" genannten Zone). Den beiden Geweben ist weiterhin gemeinsam, daß sie als Bildungen von nur vorübergehender Bedeutung im Zuge des Unbaues der Compacta rasch der Resorption verfallen (Schaffer 1933).

Der Zwittercharakter dieses Gewebes äußert sich nicht nur in der Verquickung knorpeliger und knöcherner Merkmale, sondern auch darin, daß es knorpelähnlich expansiv zu wachsen und kurz darauf zu knochenartiger Festigkeit zu erstarren vermag. C. Zawisch-Ossenitz (1927) faßt das folgendermaßen auf: ⟨Der telodiaphysäre Mischknochen ist eine Aushilfsbildung innerhalb der Knochen junger, stark wachsender Tiere... Sie tritt vikariierend ein bis die Bildung regelrechten Knochens den Anforderungen entspricht.⟩

Diese Deutung hat um so mehr für sich, als die Bruchheilung den Organismus vor die gleichen Bauprobleme stellt: nämlich ein rasch und schon während der Errichtung tragfähiges Provisorium zu erstellen. An manchen — und bezeichnenderweise an den mehr peripherischen — Abschnitten löst der Callus diese Aufgabe tatsächlich mit ganz ähnlichen Baumaterialien, wie sie der telodiaphysäre Mischknochen enthält.

Der Chondroidknochen, der Inselknochen, der telodiaphysäre und der callöse Mischknochen haben so vieles gemeinsam, daß es naheliegt, sie als zusammengehörige Glieder einer Formen- oder Entwicklungsreihe anzusehen. Auch der fließenden Übergänge halber, die es zwischen ihnen gibt, wird man diese periostalen Bildungsprodukte auffassen dürfen als Gestaltungsvarian-

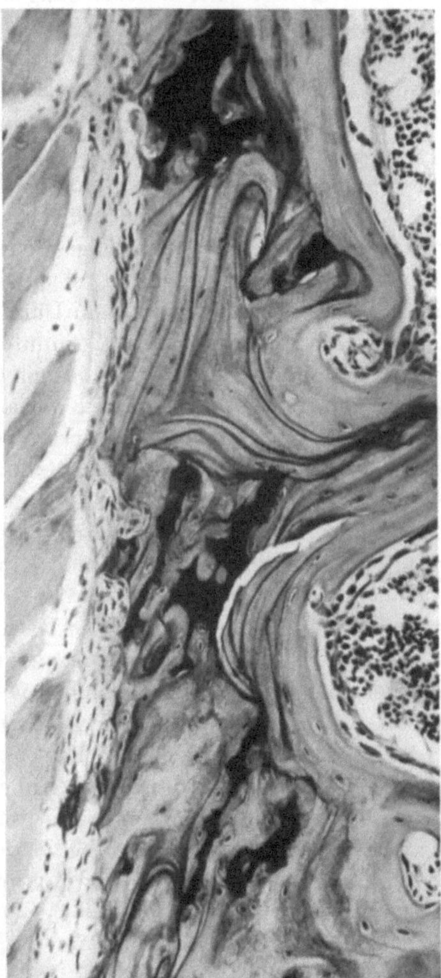

Abb. 44

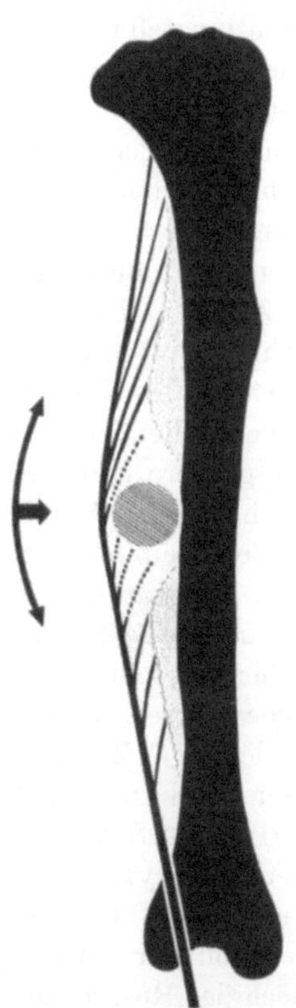

Abb. 45

Abb. 44. Ausschnitt aus der sog. hypepiphysären (oder telodiaphysären) Zone der Rattenfibula. Basophile Inseln (tiefdunkel) in der Knochenrinde. Links Anschnitte von Muskelfasern, die ins Periost einstrahlen. Rechts ist der Markraum des Fibulakopfes zu sehen. Abbildungsmaßstab 167:1, Färbung Hämatoxylin — Chromotrop

Abb. 45. Schematisch dargestellte Versuchsanordnung, mit der sich „Spongiosakeile ohne Fraktur" erzeugen lassen. Schwarz: Rattentibia in sagittaler Projektion. Schraffiert: implantierter Fremdkörper (maceriertes Knochenstückchen). Er hebelt die Muskulatur von ihrer knöchernen Unterlage ab, so daß ihre fächerförmig gespreizten Fasern steiler ins Periost einstrahlen. Gestrichelt: bei der Operation vom Periost abgetrennte Fasern. Punktiert: neugebildete Spongiosamassen, die sich auf dem unverletzten Knochen abgelagert haben, so weit wie das Periost bogenförmig abgehoben war. Näheres s. Text und ALTMANN (1949)

ten des gleichen Muttergewebes. Ist doch das Periost ein Gewebe von ausgesprochen vielseitiger blastischer Potenz; am jungen, rasch wachsenden Knochen besteht diese von Natur aus, und das Periost des gebrochenen Knochens erlangt sie wieder dank der traumatischen Aktivierung.

Ob aber den morphologisch und mechanisch verschiedenwertigen Periostdifferenzierungen auch verschiedene Gestaltungsmotive ⟨*funktioneller Natur*[1] zugrunde liegen können, ja vielleicht müssen⟩, wie C. Zawisch-Ossenitz (1929a, S. 99) andeutet, das ist wieder einmal die Frage.

1949 hatte ich zeigen können, daß es möglich ist, das Periost auch ohne Fraktur zur Knochenbildung anzuregen. Man braucht dazu lediglich die Muskulatur von ihrer knöchernen Insertionsfläche auf die Dauer abzuspreizen (Abhebelung vermittels eines unterlegten Fremdkörpers, s. Abb. 45). Die passiv gespannten Muskelfasern ziehen dann das Periost von seiner knöchernen Unterlage bogenförmig ab. Das Bindegewebsmaschenwerk zwischen dem Knochen und der Fibroelastica des Periosts wird infolgedessen entfaltet und fest verspannt. In diesem Lehrgerüst entwickelt sich regelmäßig und innerhalb weniger Tage proximal und distal des Implantates je eine Auflagerung spongiösen Knochens (siehe Abb. 46a), die mit den Spongiosakonsolen oder -keilen des Frakturcallus identisch ist (s. S. 46f.).

Was mir damals weniger wichtig vorkam (weil mein ganzes Interesse der Knochenbildung galt), das erscheint mir heute in wesentlich anderem Lichte. Ein scheinbar unerheblicher Nebenbefund wurde folgendermaßen zum gewichtigen Indiz:

In den meisten Fällen zwar bestanden jene Neubildungen nur aus spongiösem Knochen, aber zwei Versuchsresultate wichen von dieser Regel ab. In dem einen Falle hatte sich zwischen Knochen und Implantat ein ziemlich massiges Knorpelpolster angelegt. Es schien mir das Nächstliegende, dieses auf „Druck und Abscherung" zurückzuführen und im Sinne Rouxs folgendermaßen zu deuten: ⟨Die das Implantat gegen die Tibiaoberfläche drückende Muskulatur wird bei der Kontraktion sich nicht in reiner Druckwirkung erschöpfen (s. Abb. 45, dicker Pfeil), sondern sie wird, den beiden schwächer gezeichneten Pfeilen entsprechend, das Implantat auch in kranialer und caudaler Richtung zu verschieben ... in der Lage sein. Diese Verschiebung wird um so ausgiebiger erfolgen, je mangelhafter das Implantat (infolge von Weichteilinterposition) an der Tibiaoberfläche fixiert ist.⟩ (Altmann 1949, S. 464.) Ich hielt also die Bedingung von „Druck und Verschiebung" (Abscherung) für erfüllt und die Entstehung des Knorpels für kausal erklärt.

Obwohl diese Deutung inzwischen so zweifelhaft geworden ist wie die Theorie, auf der sie fußt: mit überzeugenden Gründen widerlegen kann ich sie in diesem speziellen Falle nicht. Denn hierzu wäre nachzuweisen, daß das implantierte Knochenstückchen keine Verschiebungen erlitten haben kann, und dieser Nachweis ist nicht möglich.

Der andere Fall (Abb. 46b) hätte mich freilich schon damals zur Vorsicht mahnen müssen. Hier fand sich nämlich auf der Tibiaoberfläche eine Insel chondroiden Gewebes, sehr ähnlich dem von C. Zawisch-Ossenitz beschriebenen Callusknötchen, wahrscheinlich sogar damit übereinstimmend. Die verknorpelten Zellen lagen innerhalb eines Spongiosakeiles, waren also von dem Implantat durch eine Schicht neugebildeten Knochens getrennt. Das *letztere* ist entscheidend. Denn wie sollte in größerer Entfernung von dem implantierten Fremdkörper das Periost im Sinne von „Druck und Abscherung" beeinflußt gewesen

[1] Im Original nicht hervorgehoben.

sein, während gleichzeitig an einer dem Implantat beträchtlich näher gelegenen Stelle die Bedingung „äußerster Ruhe und Abwesenheit aller Bewegung" nachweislich erfüllt gewesen ist? Der hier angelegte Knochen läßt nämlich einen anderen Schluß nicht zu (vgl. S. 65).

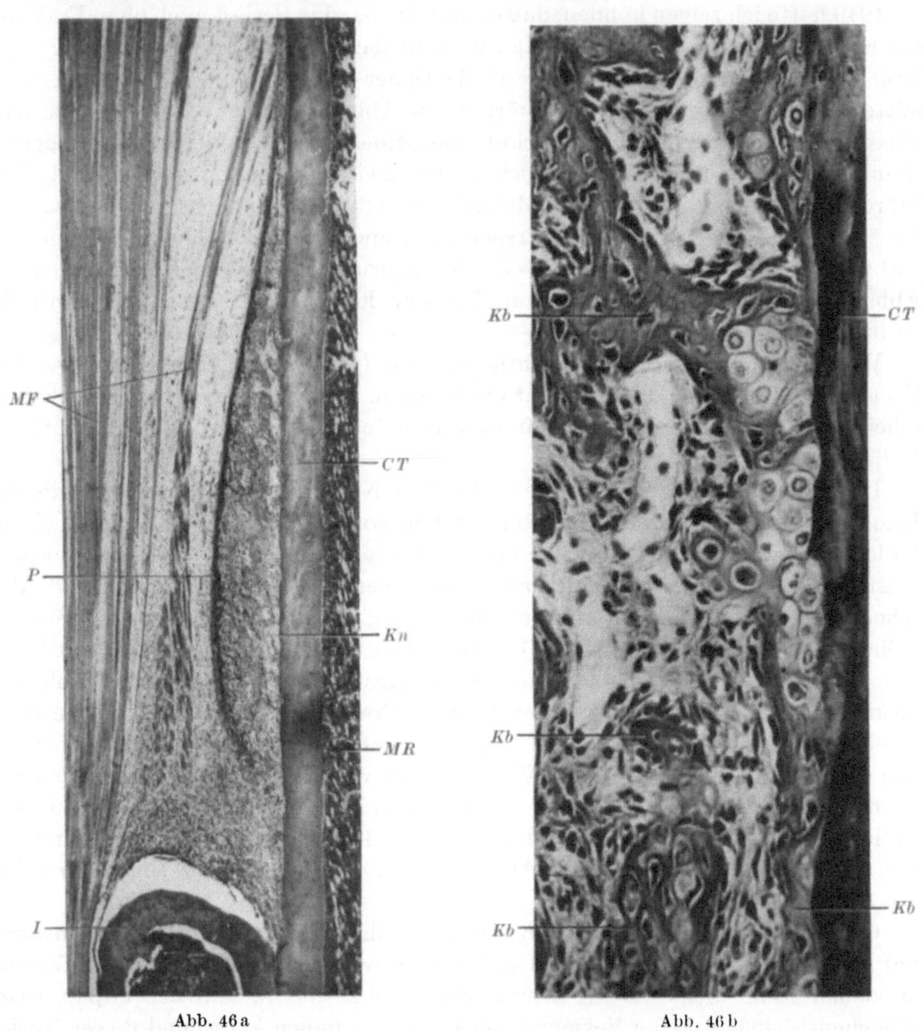

Abb. 46 a   Abb. 46 b

Abb. 46a. Experimentell erzeugter „Spongiosakeil" nach 6 Tagen Versuchsdauer, der oberen Hälfte der Abb. 45 entsprechend. *CT* Corticalis der Tibia; *I* Anschnitt des Implantates (Knochenröhrchen mit eingewachsenem Granulationsgewebe); *Kn* Lager von verknorpelten Zellen (s. Abb. 46b); *MF* abgehobelte Muskelfasern; *MR* Markraum der Tibia; *P* bogenförmig abgehobenes Periost. Abbildungsmaßstab 27.3:1.
Färbung Hämatoxylin-Delafield — Chromotrop

Abb. 46b. Ausschnitt aus der mit *Kn* bezeichneten Stelle der Abb. 46a. *CT* Corticalis der Tibia; *Kb* Bälkchen der neugebildeten (und noch in Bildung begriffenen) Knochenspongiosa. Abbildungsmaßstab 240:1.
Färbung Eisenhämatoxylin Weigert — Thiazinrot — Pikrinsäure

Bei halbwegs kritischer Betrachtung hätte dieser Befund zumindest nachdenklich machen müssen. Allein: ich vertraute der Rouxschen Theorie so vorbehaltlos, daß ich gar nicht erkannte, was ich da in Wirklichkeit gesehen, beschrieben und sogar abgebildet hatte (l. c. S. 465, Abb. 10).

Ein wesentlich später durchgeführtes Experiment lieferte aber ein noch deutlicheres Ergebnis. Und hier hätte mehr als Vorbehaltlosigkeit dazugehört, eine Erklärung mit Hilfe der Rouxschen Hypothese im Ernst zu versuchen.

In einer Versuchsreihe, über deren Ergebnisse später zusammenhängend berichtet werden soll, hatte ich die auf S. 58 beschriebene Versuchsanordnung etwas abgeändert, und zwar in Anlehnung an eine Methode, die PAUWELS (1960b, S.506ff.) bei klinischen Operationen angewandt hatte. An Stelle einer Knochenröhre wurde eine Kunststoffmatrize aus Plexiglas®[1] mit zwei voneinander getrennten Bohrungen in einen entsprechend weiten Fibuladefekt (Ratte) eingefügt, so daß diesmal jeder Knochenstumpf seine eigene Umhüllung erhielt (Abb. 47).

Genau analog den früheren Ergebnissen (ALTMANN 1950) wurden die beiden Knochenschäfte innerhalb weniger Tage umbaut von Spongiosakegeln, die sich mit ihren Basen auf die Hülsenenden abstützten (vgl. Abb. 16 und 18a). Dabei handelte es sich auch in dieser Versuchsreihe ganz vorwiegend um reinen spongiösen Knochen, bis auf die folgende auffällige Ausnahme: Ganz ähnlich wie in

Abb. 47. Schematisch dargestellte Implantation einer Plexiglas-Hülse mit doppelter Bohrung. Links: der distale Fibulastumpf wird etwas abgebogen, so daß die Hülse übergestreift werden kann. Rechts: die Hülse in endgültiger Lage. Die Nahtfixation der Hülse wurde weggelassen. Näheres s. Text

Abb. 46b, nur in noch weiterer Entfernung von dem Fremdkörper und durch eine noch beträchtlichere Schicht neugebildeten Knochens von ihm getrennt, hatte hier das Periost eine Insel einwandfreien Hyalinknorpels hervorgebracht (Abb. 48 und 49).

Warum? Diese Frage ist mit Hilfe der Rouxschen Hypothese ebensowenig zu lösen wie etwa das Problem der embryonalen Knorpelbildung. Druck und Abscherung? Wie man sieht, liegt die Knorpelinsel (Abb. 48) in einer tiefen Delle des Spongiosakegels, also einwandfrei im Druck-„Lee". Im übrigen: Sollte die Plexiglas-Hülse wirklich gedrückt haben, so konnte sie dies *nur als Ganzes* tun, und es bleibt unverständlich, daß auf der anderen (im Bild linken) Seite auch nicht eine Spur von Knorpel zu finden ist (vgl. S. 71 und Abb. 19a und b).

In der Umgebung der Knorpelinsel (Abb. 49) findet man nun so ziemlich all das, was C. ZAWISCH-OSSENITZ an dem Callusknötchen (s. S. 114f.) beschrieben hat. Links, zwischen der Fibulaoberfläche und der Knorpelinsel ein Gewebe mit den Kennzeichen des Chondroidknochens: eosinophile Grundsubstanz mit einem Stich ins Bläuliche, an vielen Stellen infolge der Einlagerung zahlreicher, sehr

[1] Für die Sonderanfertigung dieser Werkstücke sage ich der Firma Röhm & Haas (Darmstadt), besonders aber Herrn Prokuristen WESTHAUS auch an dieser Stelle meinen herzlichsten Dank.

feiner blauer Körnchen ein gesprenkeltes Aussehen bietend. Die eingeschlossenen
Zellen sind rund. Ihrem allgemeinen morphologischen Verhalten entspricht weitgehend jene Beschreibung, die C. ZAWISCH-OSSENITZ (1929a) von den Pseudoknorpelzellen gegeben hat: ⟨mehr oder weniger dicke, oft ganz zarte (basophile) Kapsel; ein oft die Zellhöhle ausfüllendes, bläulich-glasiges Protoplasma, meist aber retraktil, manchmal mit noch wohlerhaltenem Zellkörper, sehr oft aber stark geschrumpft, dunkelblau und an ebensolchen Fäden wie an einem Strahlenkranz in der Kapsel hängend ... Ihnen allen gemeinsam ist .... daß sie die genannten Merkmale, auch wenn sie alle vorhanden sind, stets so tragen, daß sie niemals irgendeinem Evolutionsstadium einer echten Knorpelzelle voll und ganz entsprechen.⟩ Beispiele: ⟨Ein stark retraktiler, nur an Fäden aufgehängter Zellkörper, dabei eine ganz zarte Kapsel; oder im Gegenteil starke Kapsel, dafür aber ein die Lichtung ausfüllendes Plasma usw.⟩

Das Callusknötchen (vgl. S. 114f.) und die hier abgebildete Knorpelinsel unterscheiden sich allerdings in folgendem: Handelt es sich dort um ein Mischgewebe, so haben wir hier reinen großblasigen Knorpel vor uns. Ist die Grundsubstanz des Callusknötchens von der des umgebenden Knochens „nicht zu unterschei

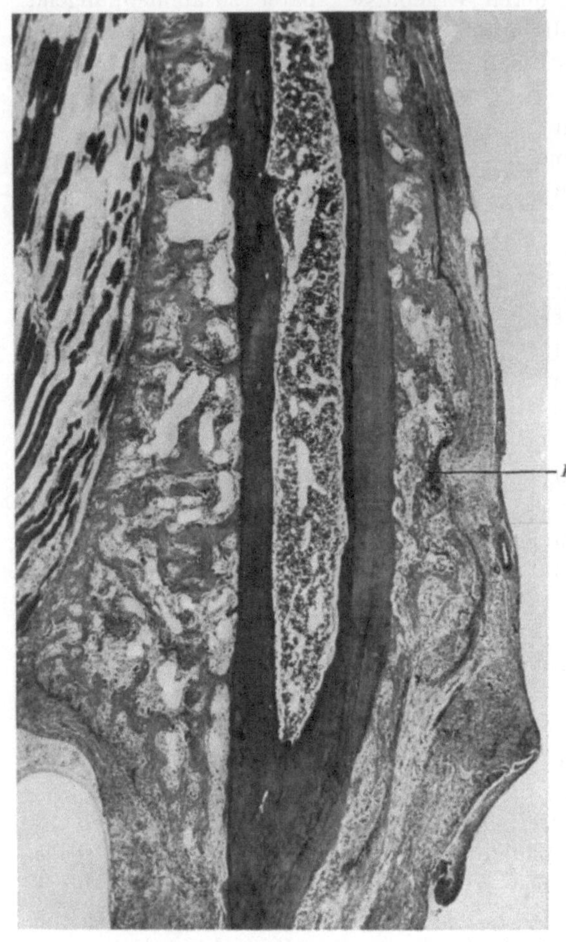

Abb. 48. Längsschnitt eines proximalen Fibulastumpfes (vgl.
Abb. 47) nach 10 Tagen Versuchsdauer. Die Hülse war vor der
histologischen Verarbeitung entfernt worden. Die Lage ihres
oberen Randes ist unten links noch deutlich zu erkennen. Rechts
und links der Fibula angebaute Spongiosakeile. Der rechte hat
eine nabelförmige Einziehung, in deren Tiefe eine Insel von
Knorpelgewebe (*Kn*) liegt. Abbildungsmaßstab 33,6:1, Färbung
Hämatoxylin-Delafield — Chromotrop)

den", so sticht die tief basophile, homogene Interzellularsubstanz der Knorpelinsel
deutlich von ihrer Umgebung ab. Die Grenzen sind infolgedessen nicht verwaschen, sondern überall sehr scharf.

Zum Abschluß sei noch eine Überlegung angestellt. Wie aus der Abb. 49 hervorgeht,
finden ober- und unterhalb, besonders aber links der Insel Resorptionsprozesse statt, die sich
fraglos in Richtung auf den Knorpel zu vorarbeiten. Nun braucht man sich nur vorzustellen,
daß die dünneren Scheidewände zwischen den Knorpelzellen abgebrochen und daß die Zell-

höhlen — analog der Eröffnungszone des Säulenknorpels — von ihrem Inhalt entleert werden. Folgte nun diesem Prozeß die Ausfüllung der Knorpelgrundsubstanzwaben durch Knochengewebe nach, und würde weiterhin das Ganze von Geflecht- oder Lamellenknochen ummauert, so hätten wir das klassische Bild einer basophilen Insel vor uns. Ob das Periost während der Embryonalzeit oder während des späteren Wachstums etwas Ähnliches wie die hier

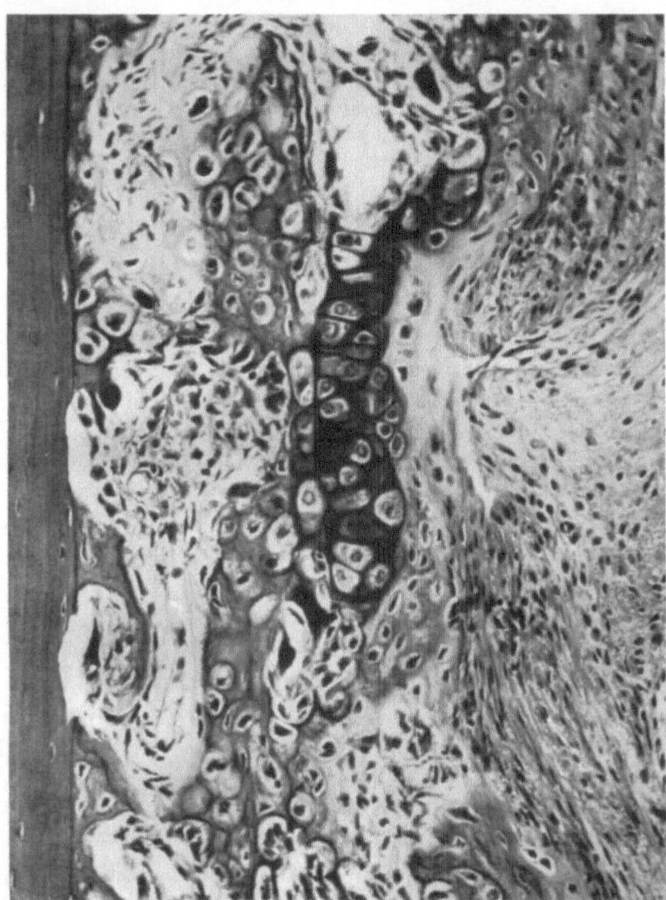

Abb. 49. Ausschnitt aus der Abb. 48. Die Knorpelinsel und ihre nähere Umgebung. Beschreibung im Text. Abbildungsmaßstab 237:1, Färbung wie in Abb. 48

beschriebene Bildung hervorbringt, weiß ich freilich nicht. Ich verfüge über keine einschlägigen Eigenuntersuchungen. C. ZAWISCH-OSSENITZ, die sich mit diesem Gegenstande sehr gründlich befaßt und die mannigfachen Entstehungsweisen der basophilen Inseln im menschlichen und im tierischen Knochen erstmals aufgeklärt hat, erwähnt an keiner Stelle etwas Ähnliches.

In einem Punkte allerdings glaube ich eine andere Meinung als die Autorin vertreten zu müssen. Es handelt sich dabei um folgende Frage: Wie entsteht die typische Form der basophilen Inseln?

Am histologischen Schnitt findet man von kleinsten zwickelartigen Flecken über Strickleiter- und Hirschgeweihformen oder weitverzeigte Netzfiguren alle Übergänge bis zu groben Klumpen (SCHAFFER 1933). Dabei erscheint der Umriß der Inseln bald zierlich geschweift, bald eingezogen zu tiefen Buchten, und in diesen letzteren ist recht häufig ein Globulus osseus gelegen. Meist aber — und das ist charakteristisch — haben die Inseln so scharfe Umrisse, als wäre ihr Negativ zuvor in den Knochen hineingestanzt worden (Abb. 44).

Für dieses Verhalten deutet C. ZAWISCH-OSSENITZ (1929b) folgende Erklärungsmöglichkeit an: ⟨Nun scheint ... die basophile Substanz ... anfänglich doch eine gewisse Plastizität zu haben, denn es kommt außerordentlich häufig vor, daß die Auflagerung von Knochenmasse an eine solche Insel in globulöser Form erfolgt, und es macht den Eindruck, als ob die Inseln erst *durch den Druck des sich bildenden Globulus*[1] ihre buchtig geschweiften Formen erhielten.⟩

Folgt man indessen L. FICK und F. PAUWELS (s. o. S. 65) — und es gibt keinen stichhaltigen Grund, weshalb man das nicht tun sollte —, so kann man sich mit dieser Deutung nicht einverstanden erklären. Denn daß das Osteoid einen Druck *ausüben* kann, das ist ebenso unwahrscheinlich, wie daß es einen Druck *auszuhalten* vermag.

Die Inselbuchten können demnach nicht anders entstanden sein als infolge voraufgegangener Abbau- und Resorptionsprozesse.

Knorpelbildungen ohne äußere mechanische Einflüsse bei Transplantationsexperimenten

K. RÖHLICH (1941) implantierte in die Glutäalmuskulatur von Kaninchen periost- und marklose Knochenröhren (Humerus oder Femur), deren Zellen zuvor durch eine Behandlung mit 96%igem Alkohol (1—5tägig) abgetötet worden waren. Bei zwei derartigen Versuchen (Dauer: 79 und 90 Tage) fand RÖHLICH innerhalb des Diaphysenrohres neben neugebildetem, aus dem eingewachsenen Lagerbindegewebe hervorgegangenem Knochen auch hyalines Knorpelgewebe. Dieses saß als kuppenartiger Vorsprung der inneren Röhrenwandung auf und entstammte demselben Muttergewebe wie der neugewachsene Knochen. (Ein weiteres Beispiel für „Knorpelbildung in der Markhöhle", wenn auch unter wesentlich anderen Bedingungen als bei der Fraktur, s. S. 42f.).

Im Zusammenhang mit Untersuchungen, die den mechanischen Ursachen der Knochenbildung galten (ALTMANN 1950), bin ich diesen Angaben RÖHLICHs nachgegangen und habe in zahlreichen Experimenten ebenfalls Knochenröhren in die Muskulatur (der Ratte) implantiert. Die Versuchsanordnung wurde lediglich insofern abgeändert, als nicht frisch entnommener und alkoholbehandelter, sondern mazerierter und ausgekochter Knochen verwendet wurde. Knorpelbildung habe ich dabei niemals beobachtet.

Gegen RÖHLICHs Befunde besagt das indessen nichts. Die Knorpelbildung innerhalb implantierter Knochenröhren kann durchaus ein ebenso seltenes Ergebnis zufällig zusammentreffender Faktoren sein, wie es der Callusknorpel in der Markhöhle ist (s. S. 42).

Auf Grund bestimmter Erwartungen — sie traten nicht ein und bleiben deshalb unerörtert — hatte ich in einigen Fällen die Versuchsanordnung abermals abgewandelt, und zwar folgendermaßen: die Knochenröhren wurden vor ihrer Implantation (zwischen die Schichten der muskulären Bauchwand) mit frisch entnommenem Knorpel (Schwertfortsatz des gleichen Tieres) beschickt. Um die Austauschmöglichkeiten zwischen dem Rohrinneren und dem Implantatbett zu erhöhen, hatte ich die Rohrwandung an mehreren Stellen mit Bohrlöchern versehen (s. Abb. 50).

Wie aus der gleichen Abbildung hervorgeht, ist die implantierte Knochenröhre erfüllt von eingesproßtem, stellenweise stark vascularisiertem Bindegewebe. Dieses hat die eingebrachten Knorpelstücke allseitig umwachsen und den Anschluß an

---

[1] Im Original nicht hervorgehoben.

deren perichondrale Umhüllung hergestellt. Trotzdem sind die beiden Knorpelplatten selber fast vollständig abgestorben (Abb. 50—53).

Die Knorpelzellen müssen vor ihrem Untergang beträchtlich aufgequollen sein; denn die (danach verkalkte) Grundsubstanz ist auf ein dünnwandiges Wabenwerk zusammengedrängt. Die leeren Zellhöhlen haben eineinhalbmal bis doppelt so große Durchmesser wie im Normalzustand. Ganz vereinzelt und zwischen diese großblasigen Alveolen eingeschlossen, an Volumen jedoch viel geringer, liegen noch einige erhaltengebliebene Zellen (s. Abb. 51, links oben).

Das Perichondrium der beiden Knorpelstücke ist an vielen Stellen verändert. Seine Fibrillenbündel sehen dort verquollen aus, und ihre Zeichnung ist unscharf. Erhaltene Kerne sind verhältnismäßig selten.

An einigen Stellen dagegen war das Perichondrium nicht nur am Leben geblieben, sondern es hatte sogar neues Knorpelgewebe hervorgebracht (Abb. 51 und 52). Sowohl die Lage dieses Neuknorpels — er sitzt der toten Knorpelplatte als flache Kuppe breitbasig auf, Abb. 51 — als auch die in seiner Grundsubstanz eingeschlossenen elastischen Fasern — sie entstammen dem ehemaligen Stratum fibro-elasticum — weisen darauf hin, daß das Lagerbindegewebe als Matrix nicht in Frage kommt. Es handelt sich eindeutig um ein Differenzierungsprodukt des mitverpflanzten Perichondriums. Seine verknorpelten Zellen sind rund oder ovoid, sie liegen einzeln oder zu isogenen Gruppen vereinigt, von mehr oder weniger scharf abgesetzten basophilen Kapseln umgeben. Ihr Cytoplasma ist in vielen Fällen zart vakuolig, von schaumähnlichem Aussehen. Häufig enthält es entweder ein großes einzelnes, oder mehrere kleine, kreisrunde und optisch leere Bläschen (wahrscheinlich herausgelöstes Fett).

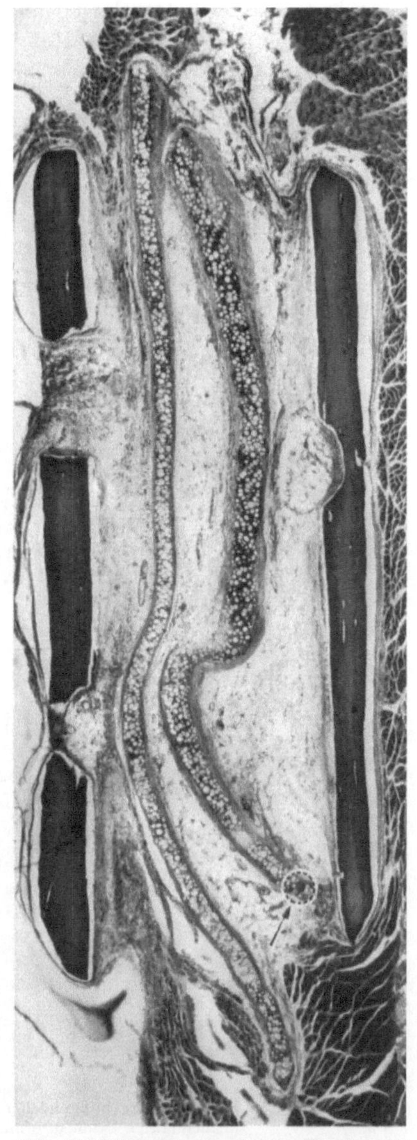

Abb. 50. Röhre aus maceriertem Knochen mit gelochter Wand, deren Hohlraum mit zwei Stücken des knorpeligen Schwertfortsatzes (Ratte) beschickt wurde. Das Ganze zwischen die Schichten der Bauchmuskulatur autoplastisch implantiert. Versuchsdauer 9 Wochen. Näheres s. Text. Abbildungsmaßstab 22.5 : 1, Färbung Hämatoxylin-Delafield — Chromotrop. — Die oberen Enden der beiden Knorpelplatten sind in der Abb. 51, der untere Abschnitt des Präparates ist in der Abb. 52 wiedergegeben. Stelle über der Pfeilspitze: s. Abb. 53

Das Wachstum dieses perichondralen Neuknorpels dürfte zur Zeit der Präparatentnahme noch nicht abgeschlossen gewesen sein, und zwar aus folgendem

Grund: das zarte Violett der Grundsubstanz geht in Richtung auf das bedeckende Bindegewebe immer mehr in Rot über, die Homogenität weicht allmählich einer deutlichen Faserstruktur. Dem entsprechen auch die wechselnden Zelltypen in dieser Übergangszone. Zwischen eindeutigen Fibrocyten (in der faserigen Außenschicht) und markant gekapselten Zellen (weiter in der Tiefe) finden sich alle

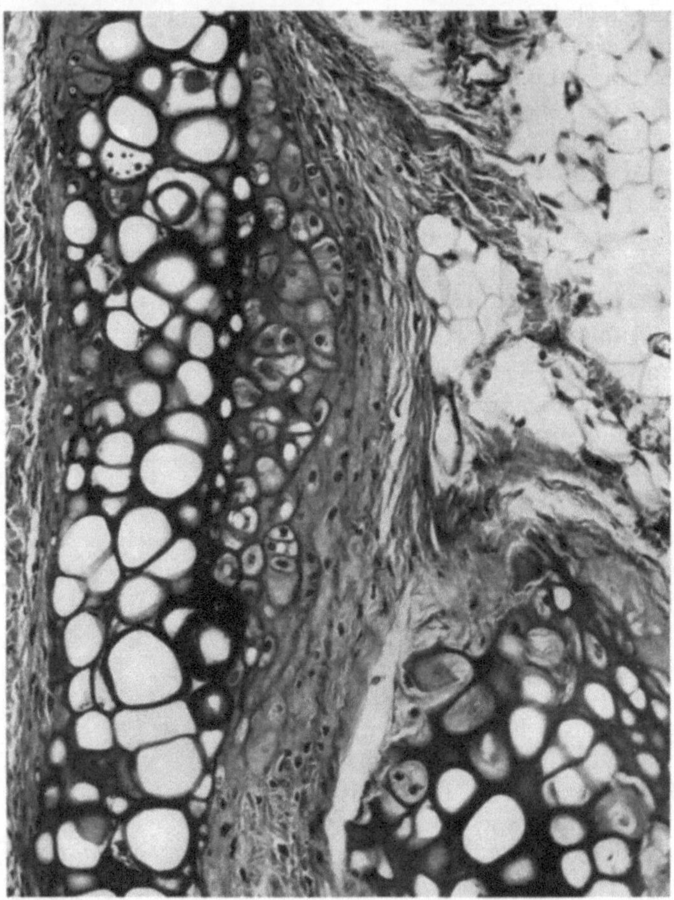

Abb. 51. Ausschnitt aus der Abb. 50 oben. Neubildung von Knorpel aus dem Perichondrium des linken Transplantates. Rechtes Knorpelstück: aufgebrochene Zellhöhlen mit eingewachsenem Granulationsgewebe, das fibrillenhaltige Grundsubstanz gebildet hat. Abbildungsmaßstab 223:1

möglichen Übergangsformen; d.h. die Abkugelung und die Kapselung der Zellen sowie die Maskierung der Fibrillenbündel war aus der Tiefe nach der Oberfläche hin fortgeschritten.

In Höhe der unteren Hülsenöffnung (vgl. Abb. 50) hat das Perichondrium sogar beider Transplantate, und zwar auf deren einander zugekehrten Flächen, neues Knorpelgewebe hervorgebracht. Wie aus der Abb. 52 hervorgeht, hat diese Verknorpelung nicht nur das Perichondrium selber erfaßt, sondern sie muß auch auf das Lagerbindegewebe übergegriffen haben, das ursprünglich zwischen die beiden Knorpelplatten hineingewachsen war. Die aufeinander zu gewachsenen Knorpelwucherungen sind so zu einer einheitlichen Anlage verschmolzen.

Über ganz ähnliche Vorgänge, allerdings aus der Fetalperiode, hat RUPPRICHT (1917) berichtet (Verschmelzung des Calcaneusknorpels mit dem Navicularknorpel; s. auch SCHAFFER 1930, S. 337).

Der beschriebene Befund ist an sich nichts Neues. Denn bekanntlich ist das Perichondrium auch fertig ausgebildeter (und nicht nur noch wachsender) Knorpel

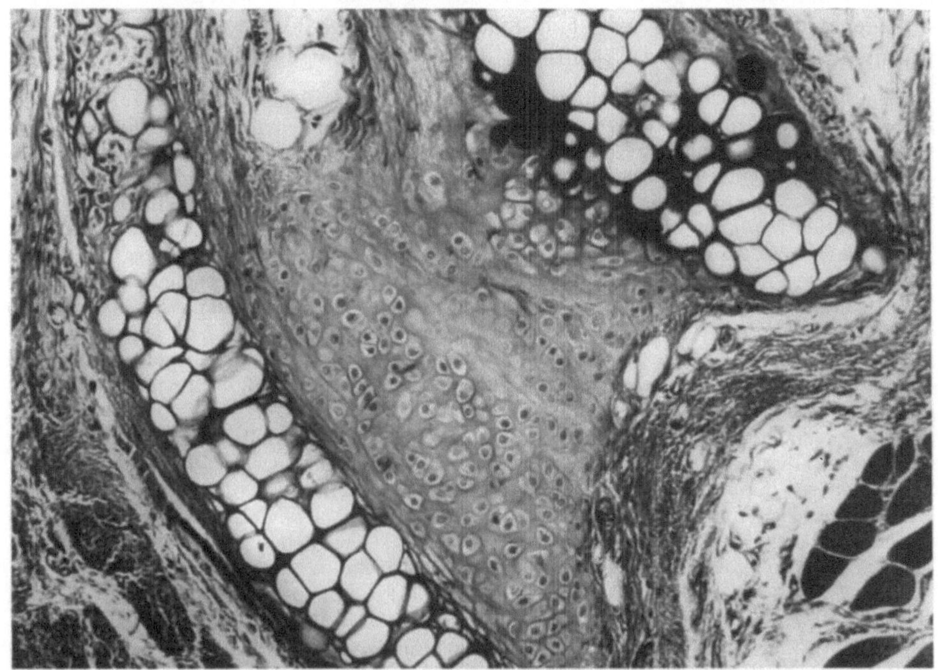

Abb. 52. Gleiches Präparat wie in Abb. 50, Bildausschnitt in Höhe des unteren Hülsenendes. Der Schnitt liegt in der Serie etwas tiefer als die Schnittebene der Abb. 50. Linkes Knorpeltransplantat: oben fortgeschrittene Auflösung der Grundsubstanz und bindegewebige Durchwachsung der eröffneten Zellhöhlen. Zwischen den beiden Knorpelplatten: von den einander zugekehrten Perichondriumlagen wurde neuer Knorpel gebildet. Die beiden Neubildungen sind aufeinander zugewachsen und zu einer einheitlichen Anlage verschmolzen. Die Zellhöhlen der beiden Transplantatknorpel selber sind stark erweitert und leer. Abbildungsmaßstab 170:1, Färbung wie in Abb. 50

durchaus dazu befähigt, an die alten Knorpelschichten neue anzubauen. SCHAFFER (1930) beschreibt einschlägige Beobachtungen an Tracheal- und besonders an menschlichen Rippenknorpeln. Bemerkenswert an den oben dargestellten Versuchsergebnissen (Abb. 50—52) ist aber, daß das Perichondrium von seinem Knorpelbildungsvermögen auch dann Gebrauch machen kann, wenn es von „funktionellen" Momenten, d. h. von äußeren mechanischen Reizen sicher nicht dazu veranlaßt ist.

An der Grundsubstanz des Transplantatknorpels haben sich stellenweise tiefgreifende Auflösungsprozesse abgespielt (s. Abb. 51, rechtes Knorpelstück; Abb. 52, links oben). Destruierende Elemente, etwa Riesenzellen, waren nirgends zu sehen. Auf welche Weise die Grundsubstanz abgebaut worden ist, kann ich vorläufig nicht sagen. Die betreffenden Bilder sind jedenfalls ähnlich denen, die ROULET (1935) bei der Knorpelauflösung im Explantat beschrieben hat: die Basophilie weicht immer mehr eosiner Färbbarkeit, wobei die Grundsubstanz

des Knorpels gleichzeitig gekörntes Aussehen und stellenweise eine sehr deutliche
Streifung erhält (Demaskierung der Fibrillen). Mancherorts sind die eröffneten
Knorpelhöhlen von eingewanderten Zellen besiedelt und von deren Bildungs-
produkten ausgefüllt. Oft ist dies eine mehr homogene, acidophile Substanz,
in welcher die sehr zart gefärbten und mit zipfelförmigen Ausläufern versehenen
Zellen eingebettet liegen, meist aber sind es mehr oder weniger dichte Netze
kollagener Fibrillen, die mit dem Kollagen jenseits der „Eröffnungszone" zusammenhängen (s. Abb. 51, rechtes Knorpelstück).

Die Frage nach den Differenzierungsursachen dieser Fibrillen — nicht nur innerhalb der
leeren Zellhöhlen, sondern auch innerhalb des nach außen weitgehend abgeschirmten Hülsenraumes — muß unbeantwortet bleiben. ROUX (1895, Bd. I, S. 549) hatte zwar geschrieben:
⟨Mir selber erscheint es wahrscheinlich, daß zur Fibrillenbildung überhaupt *von außen her
erzeugte Zugspannung* [1] nöthig ist, weil nur so die Continuität der Primitivfibrillen durch viele
Zellterritorien hindurch verständlich wird.⟩ Kann man aber diese Erklärung an Hand der
beschriebenen Vorgänge auch einleuchtend machen? Ich glaube kaum. Mag man immerhin
im Zweifel sein, ob das junge Keimgewebe im Bereiche der weiten Hülseneingänge (Abb. 50)
nicht vielleicht doch von der Umgebung her mechanischen Zugwirkungen ausgesetzt gewesen
sein könnte: für die Tiefe des Hülsenraumes gilt das sicher nicht, und für die leeren Knorpelhöhlen erst recht nicht. Jene teils zarten, teils aber auch recht kräftigen kollagenen Fasernetze
und -stränge sind daher genauso „afunktionell" entstanden wie z. B. der perichondrale Neuknorpel in der Abb. 52 oder der Callusknorpel in der Markhöhle.

Die andere Frage, warum der Transplantatknorpel so empfindlich, d. h. mit fast voll-
ständigem Zelluntergang reagiert hat, muß ebenfalls offenbleiben. Jedoch: So stoffwechsel-
genügsam, so „bradytroph", wie man das auf Grund seiner Gefäßlosigkeit anzunehmen
geneigt ist, scheint das Knorpelgewebe gar nicht zu sein. Jedenfalls verhielt es sich nach
seiner Verpflanzung nicht viel anders als Knochen, dessen Zellen nach Transplantationen
bekanntlich regelmäßig und innerhalb kurzer Zeit zugrunde gehen.

Allerdings zeigte auch das Perichondrium — die Ernährungsbasis des Knorpels — nach
seiner Verpflanzung auf weite Strecken merkliche regressive Veränderungen. Das ist zweifellos auf den Eingriff zurückzuführen. Die Abtrennung vom Mutterboden, besonders aber die
vorübergehend vollständige Unterbrechung des Blutzuflusses konnte auch an diesem Gewebe
nicht spurlos vorübergehen.

Wieso aber war das Perichondrium an ganz bestimmten Stellen am Leben geblieben oder
gar chondroblastisch tätig geworden? Es lag nahe, dahinter örtlich begrenzte, besonders
günstige Ernährungsbedingungen zu vermuten. Das traf aber nicht zu. Denn wo ganze
Büschel von Gefäßen, die aus dem Transplantatbett her zugewachsen waren, sich unmittelbar
an der Oberfläche des Perichondriums ausgebreitet hatten (s. Abb. 50, links, oberes Bohrloch),
da war dieses keineswegs — und ebensowenig der Knorpel selber — besser erhalten als ander-
wärts.

Könnte der Knorpel vielleicht infolge seiner „Funktionsberaubung" degeneriert sein?
Auch das ist kaum glaubhaft. Denn am knorpeligen Schwertfortsatz der Ratte sind keine
Muskeln befestigt. Mechanisch bedeutsame Verbindungen mit der Nachbarschaft bestehen
auch sonst nicht. Die Knorpelplatte ist im Gegenteil von einer weichen, leicht abziehbaren
Fettkapsel umhüllt. Ein konstruktives Bauelement der vorderen Bauchwand ist dieser
Knorpel also sicher nicht. Worin sollte daher seine „Funktion" bestehen? Er ist nur eines
von vielen Beispielen für permanente Knorpel ohne „Druck und Abscherung" (wie etwa die
Ohr- und Nasenknorpel).

Man kann den Schwertfortsatz aber auch „funktionell" einbauen, z. B. indem man ihn
in einen frisch gesetzten Fibulaspalt einklemmt, also auf Druck beansprucht (s. S. 35).
Das Perichondrium verknorpelt danach nicht nur inselweise wie in den Abb. 51 und 52, sondern
als Ganzes (vgl. Abb. 7a und 8). Dagegen verfallen die Zellen der Knorpelplatte selber
genauso dem Untergang, wie wenn der Knorpel in seine neue Umgebung „afunktionell"
eingefügt worden wäre.

---

[1] Im Original nicht hervorgehoben.

Weshalb das Präparat so eingehend beschrieben und abgebildet wurde, hat indessen noch einen anderen und ganz besonderen Grund. Eine winzige, durch nur wenige Schnitte der Serie hindurch verfolgbare Stelle (Abb. 50, Pfeil) deckte einen Modus der Sekundärknorpelbildung auf, den ich bis dahin noch nie gesehen hatte und zu welchem ich weder einen beschriebenen noch einen abgebildeten Parallelfall kenne. Während im allgemeinen die verkalkte Knorpelgrundsubstanz

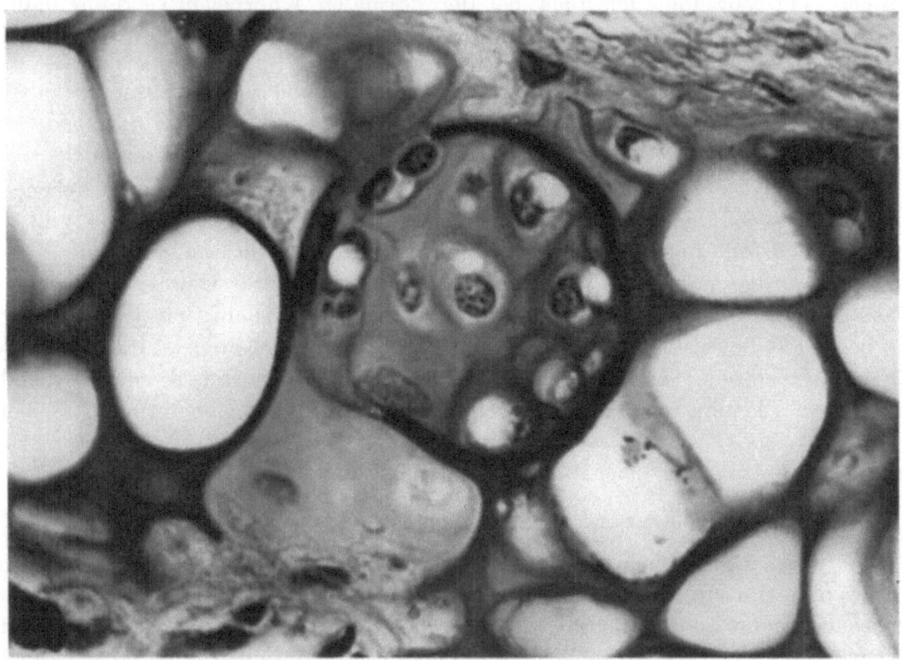

Abb. 53. Die in Abb. 50 mit Pfeil bezeichnete Stelle. Sekundäre, enchondrale Knorpelbildung in einer eröffneten Knorpelhöhle, deren verkalkte Wand (im Schnitt links) zweimal unterbrochen ist. Nähere Beschreibung im Text. Abbildungsmaßstab 868:1, Färbung Hämatoxylin-Delafield — Chromotrop

entweder ganz dem Abbau und der Resorption anheimfällt (z. B. bei Knorpeltransplantaten), oder nach Aufbruch der Zellhöhlen von Osteoblasten als Lehrgerüst zur Knochenablagerung benutzt wird (enchondrale Verknöcherung), ist hier ein Drittes geschehen: nämlich enchondrale Knorpelbildung.

Die Abb. 53 zeigt die betreffende Stelle bei stärkerer Vergrößerung. Eine beträchtlich erweiterte Knorpelhöhle mit stark verkalkter Wand (dunkelviolette Färbung) ist von homogener, basophiler Grundsubstanz ganz ausgefüllt. Darin liegen, in zwei konzentrische Kugelschalen geschichtet, die neugebildeten gekapselten Zellen. Ähnlich wie bei dem perichondral entstandenen Neuknorpel (Abb. 51) enthalten die meisten von ihnen eine große Vakuole.

Daß es sich hierbei um Abkömmlinge der ehemaligen Höhleninsassin handeln könnte, ist ganz unwahrscheinlich. Denn 1. sind alle übrigen derart erweiterten Grundsubstanzalveolen ausnahmslos leer, und 2. ist noch deutlich zu erkennen, wo die Wand dieser Knorpelhöhle eröffnet worden und wo das junge Bindegewebe eingedrungen ist: die scharfgezeichnete Kapsel ist links zweimal ein Stück weit unterbrochen.

Ob dieser intraalveoläre Sekundärknorpel erhalten geblieben wäre, ist fraglich. Zwei Zellen der äußeren Kugelschale sind nämlich bereits deutlich verändert. Der Kern rechts neben dem unteren Höhleneingang ist aufgequollen, sein Chromatin sehr blaß und undeutlich. Die Zelle unterhalb des Alveolenzenits hat verwaschene Grenzen, ihr Kern ist geschrumpft. Wahrscheinlich wären diese beiden Zellen bald darauf „verdämmert", d. h. in der Grundsubstanz aufgegangen; ein Vorgang, der auch bei der normalen Knorpelentwicklung häufig beobachtet wird (vgl. SCHAFFER 1930, S. 331f.). —

Wir hatten gesehen: eine Zelle äußeren Druck- und Scherkräften aussetzen, heißt keineswegs, die Zelle *spezifisch beanspruchen* (s. S. 24 f.). Infolgedessen können „Druck und Abscherung" der spezifische Knorpelbildungsreiz nicht sein.

Aber selbst wenn „Druck und Abscherung" — von außen her an der Zelle angreifend — eine spezifische „funktionelle Beanspruchung" wären: es gibt zu viele Knorpelbildungen, die sich offenbar ganz ohne dies, nämlich in einem vor jeder äußeren mechanischen Einwirkung geschützten Gewebe, vollziehen. Das zuletzt beschriebene Versuchsergebnis ist hierfür nur ein Beispiel, allerdings ein besonders beweiskräftiges. Die Knochenröhre und die starre, verkalkte Wand einer Knorpelhöhle: das ist soviel wie ein doppelt gesicherter Tresor. Nirgends konnte ein Blastem vor äußeren mechanischen Einflüssen sicherer sein als hier.

Ausblick

Hypothesen und Tatsachen einander gegenüberzustellen war der Zweck dieser Abhandlung. Daß es sich hierbei um eine beabsichtigt negative Auslese handeln werde, d. h. um ein Aufsammeln von Tatsachen, die der geläufigen Ansicht und insbesondere der Theorie ROUXs widersprechen, hatte ich bereits einleitend gesagt. Das Ergebnis war vorauszusehen. Es ist eindeutig, aber es befriedigt nicht. Einstweilen wissen wir nur, daß ROUXs Theorie mit den Tatsachen nicht zusammenstimmt. Wo liegt die Lösung ?

ROUXs Lehre umzudeuten oder auch nur in einem Punkte abzuändern, wie dies BENNINGHOFF versucht hat, geht nicht an. Ihr Grundgedanke, daß eine spezifische Beanspruchungs- oder Spannungsqualität eine spezifische Differenzierung hervorrufe, liegt so eindeutig fest, daß man daran nichts abwandeln kann, ohne an ROUXs Idee selber zu rühren.

Das „Substrat", das sich anpaßt, ist bei ROUX allemal die Zelle (ROUX 1895, Bd. I, S. 357f.); und der Reiz, der die Differenzierung der Zelle in eine bestimmte Richtung leitet, ist die mechanische Belastung oder — mit ROUXs Worten — die „funktionelle Beanspruchung" der Zelle.

Die Differenzierung selber ist ein Selektionsvorgang, wobei die Zellen vor der Wahl stehen, entweder sich anzupassen oder aber unterzugehen (ROUX 1895, Bd. II, S. 227). Die Ursache des Anpassungsgeschehens ist die dem „vermischten Muttergewebe" von außen aufgezwungene mechanische Bedingung, die Folge und schließlich das Endergebnis davon sind die Ausmerzung anpassungsunfähiger und das „Übrigbleiben" angepaßter Gewebsbestandteile.

W. HIS hatte hinter den verschiedenen Erscheinungsformen des faserigen Bindegewebes nach den „bedingenden Momenten" gesucht und war dabei auf die Mechanik gestoßen. Bindende Antworten hatte er nicht gegeben, aber er hatte mit seinen grundsätzlichen Fragen die Eckpfosten eines methodischen Gerüstes aufgestellt.

L. FICK hatte aus der formalen Genese eines ebenfalls speziellen Mesenchymabkömmlings — des Knochens — hergeleitet, daß eine weiche Grundsubstanz sich nur dann verfestigen und organisch formen kann, wenn sie während des Erstarrungsprozesses vor jeder Beanspruchung, d. h. Verformung, sicher ist; oder mit L. FICKs eigenen Worten: wenn ⟨*kein* mechanisches Moment im Wege, d. i. keine Kraft wirksam ist, welche die relative Lage der Molecüle in ihm verändern könnte⟩.

Auf diese beiden Vorgänger ist ROUX in bezeichnend verschiedener Weise eingegangen. Beim faserigen Bindegewebe konnte ROUX die HISschen Überlegungen in seine eigene Theorie wenigstens teilweise einbeziehen. „Zug" war eine „Wirkung", also ein Reiz. Hatte HIS in der Zugwirkung die Ursache der Faser*ausrichtung* erblickt, so ließ ROUX den Zug an der Zelle selber angreifen und damit zur Ursache der Faser*bildung* werden.

An L. FICK dagegen konnte ROUX nicht ohne weiteres anknüpfen. „Äußerste Ruhe und Abwesenheit aller Bewegung" oder genauer: ein Zustand, bei dem *„keine Kraft wirksam ist"*, das konnte kein Reiz sein. Wie sollte auch — so mag ROUX gedacht haben — ein Garnichts an „Wirkung" der Differenzierungsanlaß für den Knochen, also für ein hochgradig angepaßtes Gewebe sein? Für die Blastemzelle konnte ein Reiz immer nur als etwas Wirkendes aufgefaßt werden: nämlich als Beanspruchung; und zwar entweder als Dauerzustand oder als fortwährender Wechsel zwischen Inanspruchnahme und Entlastung.

Dementsprechend zitierte ROUX (1895, Bd. II, S. 229, Anm.) folgendermaßen: ⟨... Ludwig FICK, welcher auch schon „äußerste Ruhe und Abwesenheit aller Bewegung" (richtiger: „Verschiebung") als Vorbedingung der Knochenbildung für nöthig erachtet.⟩ Verschiebung ist gleichbedeutend mit „Abscherung".

Die „funktionelle" Beanspruchung nun in die Qualitäten Druck, Zug und Abscherung aufzugliedern und jeder einzelnen von ihnen die entsprechende Binde- oder Stützsubstanzart zuzuordnen, darin eben bestand ROUXs Versuch, kausal zu erklären, was sein Vorgänger nur gefragt hatte: nämlich ⟨warum denn eigentlich hier das eine, dort das andere Gewebe entsteht⟩ (W. HIS 1865).

Ansatz zu diesen Überlegungen und zugleich Beweis für die Richtigkeit seiner Schlüsse waren für ROUX aller Wahrscheinlichkeit nach die Vorgänge bei der Frakturheilung, in deren Verlauf die drei Kardinalformen der Binde- und Stützsubstanzen nach- und nebeneinander in Erscheinung treten; und zwar, wie ROUX im grundsätzlichen richtig vermutet hat, in ursächlicher Beziehung zu den mechanischen Gegebenheiten an der Frakturstelle.

Besonders aufschlußreich in diesem Zusammenhange ist die Pseudarthrose. ROUX hat sie als „Selbstgestaltung von neuen Gelenken" folgendermaßen kausal erklärt: ⟨An der Stelle „stärkster" Verschiebung entsteht resp. bleibt die Zusammenhangstrennung: ein Spalt; daneben, also an der Stelle starken Druckes mit Reibung (somit Abscheerung) entsteht und bleibt der Knorpel, an der ruhigeren Stelle daneben Knochen; in der Peripherie der Berührungsflächen dieser Scelettheile, also an den Stellen reinen Zuges entsteht Bindegewebe (Gelenkkapsel und Bänder) ...⟩ (ROUX 1895, Bd. I, S. 812.)

ROUXs Gedanke läßt sich etwa folgendermaßen bildlich wiedergeben: Wie ein Prüfstoff, der zwischen Lichtquelle und Prisma eingeschaltet ist, aus einem kontinuierlichen Spektrum ganz bestimmte und nur für diesen Stoff charakteristische Wellenlängen auswählt und so ein Linien- oder Bandenspektrum erzeugt, so sollte die „spezifische Einwirkung" aus der blastischen Gesamtpotenz eines Keimgewebes nur die reizadäquaten Teilpotenzen ansprechen und die Entwicklung in eine ganz bestimmte Richtung leiten, d. h. die Differenzierung determinieren.

ROUXs Theorie — ich sagte es schon einmal — war höchst originell; und weil sie mit ihrer bestechenden Einfachheit so überzeugend wirkte, schlug sie ein. Hier lag über der verwirrenden Vielfalt bindegeweiger Erscheinungsformen zum ersten Male das Koordinatennetz eines Systems. Von einer spezifischen Gewebsart auf die zugeordnete ursächliche „Wirkung" rückzuschließen schien also ebenso folgerichtig zu sein wie es einleuchtete, von einer spezifischen Beanspruchungsqualität die entsprechend angepaßte Gewebsart abzuleiten. Und weil man dieses Verfahren für logisch hielt, hat man ausgiebig davon Gebrauch gemacht.

Um bei dem obigen Vergleich zu bleiben: das Absorptionsspektrum eines Elementes ist so unverwechselbar, daß das Element daran jederzeit und mit Sicherheit identifiziert werden kann. Nur eben: man muß zuvor den umgekehrten Versuch gemacht und sein Emissionsspektrum ermittelt haben.

Derartige Versuche, auf ROUXs Theorie übertragen, sind bisher aber noch niemals angestellt worden. Man kann es auch gar nicht. Denn nachdem es zwar reine Druck-, Zug- und Schub-*Kräfte*, aber keine „reinen" Druck-, Zug- oder Schub-*Beanspruchungen* gibt; weil jede Einwirkung, die einen elastischen Körper aus seiner ursprünglichen Form bringt (d. h. ihn im wörtlichen Sinne de-formiert), notwendig *Normal- und Schubspannungen zugleich* in dem verformten Material hervorruft (s. S. 20 und 24 f.), so läßt sich ein Zustand „reiner" Normalspannungen — das Analogen zum Emissionsspektrum eines Elementes — eben nicht verwirklichen.

Als einziger Ausweg bliebe daher, in einer Reihe von Versuchen das zu prüfende Gewebe jedesmal unter die genau gleichen Außenbedingungen zu versetzen (vgl. etwa HASCHE-KLÜNDERs u. GELBKEs Versuche, s. S. 106 ff.). Aber eben hierbei erlebt man, daß die Ergebnisse recht verschieden ausfallen können. Daß vollends bei Ausschaltung jeder äußeren mechanischen Einwirkung — am reinsten verwirklicht bei der Gewebekultur in vitro — trotzdem Differenzierungen, und zwar recht verschiedener Art und recht verschiedener Stufen, herauskommen, scheint jeder vernünftigen Erklärung zu spotten.

Mag der Spektrum-Vergleich auch allzu gesucht erscheinen, weil Zellen oder Gewebe alles andere als chemische Elemente sind: in ROUXs Theorie mußte ein kardinaler Fehler stecken. Wo lag er?

Ohne es jemals besonders auszusprechen, aber im stillen desto gewisser, setzt ROUXs Anpassungslehre voraus, daß eine „spezifische Einwirkung" auf die Zelle auch entsprechend typische Veränderungen an der Zelle hervorruft; d. h. einen Zustand, der für die Zelle selber bemerkbar und unverwechselbar zugleich sein muß. Ist das tatsächlich der Fall?

Niemand hatte sich darum gekümmert; die Frage war nie gestellt worden. PAUWELS tat es. Und die Ergebnisse, zu denen er dabei kam, und die Folgerungen, die er daraus ziehen mußte, warfen schließlich die ganze Rouxsche Theorie um.

Bevor wir auf PAUWELS' Gegengründe und Gegenbeweise eingehen, müssen wir uns mit einigen Voraussetzungen vertraut machen.

Zellen sind Gebilde, die einen zwar sehr kleinen, aber immerhin deutlichen Verformungswiderstand zu erkennen geben. Auf kurzfristige mechanische Einwirkungen antwortet die Zelle mit Gestaltsänderung, die nach Aussetzen der Einwirkung rückgängig ist; d. h. die Zelle hat das Bestreben, in ihre ursprüngliche Gestalt zurückzukehren, ist also ein Körper mit elastischen Eigenschaften.

Dieses Verhalten hat seine Gründe im Dehnungswiderstand des Plasmalemms und in der Beschaffenheit des Hyaloplasmas. Die mechanischen Eigenschaften des Zellplasmas dürfen zwar in mancher, aber nicht in jeder Hinsicht denen einer Flüssigkeit gleichgesetzt werden. So z. B. sind ihm Binnenstrukturen eigen (Raumgitter von Polypeptidketten), die eine völlig freie Verschieblichkeit seiner Elementarteilchen verbieten. Infolgedessen können im Zellplasma Schubspannungen durchaus auftreten, in echten Flüssigkeiten dagegen nicht (s. S. 148).

Daraus folgt: jede Zellverformung, die von einer Deformation und Gegeneinanderverschiebung der elementaren Plasmateilchen begleitet ist, hat Spannungen im Gefolge, die im lebenden Gewebe zwar weder sichtbar zu machen noch zu messen sind; die aber nicht grundsätzlich anders sein können als die Verformungen der Elementarpartikeln und die Spannungen, die in einem homogenen Vergleichskörper bei analoger Beanspruchung auftreten. Mithin müssen die Regeln der Elastizitätslehre auch auf die Zelle anwendbar sein und angewandt werden.

Von diesem Grundgedanken ausgehend stellte PAUWELS (1960b) folgende Überlegungen an: Wird ein elastischer Körper von äußeren Kräften in einer bevorzugten Richtung erfaßt und kann sein Material unter dieser Einwirkung wenigstens etwas ausweichen, so wird der Körper im wörtlichen Sinne verformt. Das heißt: legt man durch den Körper vor und nach der Verformung einander entsprechende Schnitte, so sind die Schnittflächen einander nicht mehr ähnlich. So wird z. B. aus einem quadratischen Axialschnitt ein Rhombus (Abb. 1b) oder eine Figur mit ausgebauchten Seiten (Abb. 2b); genausogut können aber auch Quadrate zu Rechtecken werden (Abb. 55a—c). Mit anderen Worten: die äußeren Deformationsfiguren können ganz verschieden sein. Sie hängen nämlich in jedem Einzelfalle von den Voraussetzungen ab, unter denen der Körper verformt wird.

Dieser Verschiedenheit der äußeren Gestalt steht nun eine überraschende Übereinstimmung der Elementarteilchenverformung im Innern des Materials gegenüber. Waren die Elementarpartikeln vor der Deformation Kugeln, so sind sie danach allesamt zu Ellipsoiden geworden (auf der Schnittfläche also zu Ellipsen, vgl. Abb. 1b, 2b, 55b—d).

Dieser Gestaltswandel ist also allem Anschein nach ganz unabhängig davon, welcher Natur die einwirkende äußere Kraft ist; können doch selbst „reine" Druck- oder Zugkräfte das grundsätzlich gleiche Ergebnis zeitigen wie „reine" Schubkräfte oder gar wie Kombinationen von Normal- und Schubkräften (d. h. Schrägkräfte, wie sie in der Abb. 26d dargestellt sind). Das alles freilich unter der Voraussetzung, daß das Material unter der Beanspruchung nach irgendeiner Seite hin ausweichen kann, so daß es eine echte Deformation erleidet.

Ist das Material elastisch, so müssen in ihm unter der Deformation Zwangskräfte, d. h. also Spannungen auftreten, die die Verformung rückgängig zu machen

suchen. Will man nun aus einer gegebenen Deformationsfigur ableiten, welcher
Natur diese Spannungen sind, so braucht man nur die inneren Zwangskräfte zu
äußeren Kräften zu machen; nämlich indem man sie von außen her so angreifen
läßt, daß die Deformationsfigur unverändert erhalten bleibt.

Größe und Richtungswinkel der Spannungen entsprechen dann den Größen und den Richtungswinkeln der äußeren Kräfte, nur mit entgegengesetzten Richtungspfeilen.

Dies läßt sich folgendermaßen veranschaulichen (s. Abb. 54): Eine kreisförmige Platte aus elastischem Material sei von lauter gleich großen, achsenparallelen Druckkräften entsprechend der Abb. 55b in eine elliptische Platte verwandelt worden. Festgehalten wird dieser Verformungszustand unter den genau gleichen Bedingungen: nämlich von lauter Kräftepaaren, deren Wirkungslinien der kurzen Hauptachse der Ellipse parallel verlaufen und deren Angriffsstellen die einander unendlich benachbarten Punkte der elliptischen Krümmungsfläche sind.

Dabei nehmen folgende geometrischen Örter eine Sonderstellung ein:

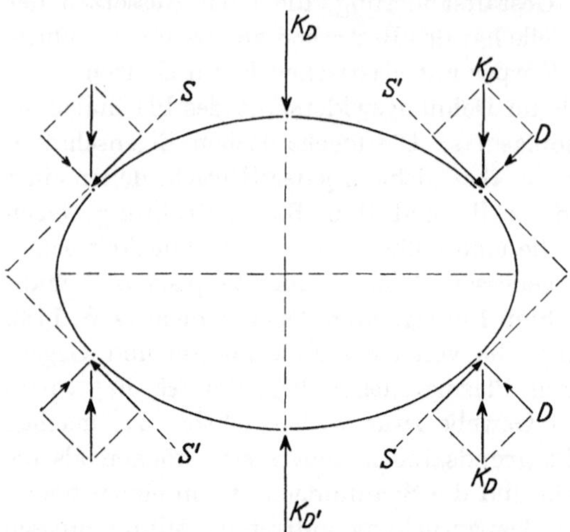

Abb. 54. Eine elliptische Deformationsfigur aus elastischem
Material werde von lauter gleich großen, achsenparallelen
Druck- und Gegendruckkräften entsprechend der Abb. 55b in
diesem Verformungszustand festgehalten. Denkt man sich an
beliebigen Ellipsenpunkten die Tangente gezeichnet, so gibt
es nur ein einziges Kräftepaar (K_D und $K_{D'}$), das auf dieser
Tangente senkrecht steht. Alle übrigen Kräftepaare schneiden
die ihnen zugehörigen Tangenten schräg, so daß sie in zwei
Komponenten zerlegt werden müssen; nämlich 1. in eine Teilkraft D, die die Tangente senkrecht trifft, und 2. in eine Teilkraft S, die in die Richtung der Tangente hineinfällt. — In der
Figur sind die vier Ellipsenpunkte gezeichnet, in denen die
Ellipsentangenten mit der Kraftrichtung (K_D) einen Winkel
von 45° einschließen. Näheres s. Text

1. **Das Kräftepaar**, dessen Wirkungslinie mit der kurzen Hauptachse der
Ellipse zusammenfällt, trifft die elliptische Kurve senkrecht, so daß es eine reine
Druckwirkung ausübt.

2. **Die Wirkungslinie der beiden Kräftepaare**, die man sich an den beiden Enden
der langen Ellipsenachse zu denken hat (in der Abb. 54 nicht gezeichnet), sind
Tangenten; d. h. an diesen Stellen treffen Kraft und Gegenkraft unmittelbar
aufeinander, weil sie kein Material zwischen sich fassen. Infolgedessen können
sie auch eine Verformung weder bewirken noch erhalten: sie heben sich gegenseitig auf.

Alle übrigen Kräftepaare treffen die Ellipsenoberfläche in einem bestimmten
Winkel, so daß sie in zwei Komponenten zerlegt werden müssen; nämlich 1. in
eine Teilkraft reinen Druckes (D), die die Ellipse senkrecht schneidet und in deren
Inneres hinein gerichtet ist; 2. in eine Teilkraft S mit reiner Tangentialwirkung.

Aus der Gesamtzahl aller denkbaren Punkte, an denen die verformenden
Kräfte K_D auf der Ellipsenperipherie schräg auftreffen, sind in der Abb. 54 vier
herausgegriffen. Sie liegen an spiegelbildlichen Stellen, und ihre Tangenten
schneiden die Richtung der Kräfte K_D unter Winkeln von 45°. Von diesen vier

tangentialen Teilkräften gehören je zwei zusammen, so daß zwei antiparallele Kräftepaare gegeben sind: nämlich $S - S$ und $S' - S'$. Diese Komponenten können — ihrer Natur nach — nichts anderes als Schubkräfte sein.

Daß in einem elastischen Material, das eine echte Gestaltsänderung durchgemacht hat, die zuvor kugeligen Elementarteilchen in jedem Falle zu Ellipsoiden werden, hat Pauwels (1960b) aus den drei Grundtypen der Verformung abgeleitet: nämlich aus der Deformation eines Körpers von quadratischem Axialschnitt 1. unter der Wirkung reiner Druckkräfte (Abb. 55b), 2. unter der Wirkung reiner Zugkräfte (Abb. 55c) und 3. unter der Wirkung reiner Schub- oder Scherkräfte (Abb. 55d).

Ob eine einzelne Verformungsellipse, wie sie der ebene Schnitt zeigt, das Ergebnis von Druck-, Zug- oder Schubkräften ist, läßt sich aus dieser einzelnen Verformungsellipse nicht ablesen; wohl aber, daß antiparallele, tangentiale Kräftepaare entsprechend der Abb. 54 daran unter allen Umständen beteiligt sein müssen.

Daraus folgt: weil in der Druck- und in der Zugdeformation die Schub*wirkung* genauso enthalten ist wie in der eigentlichen Schub*verformung*, so müssen auch in allen drei Fällen Schubspannungen auftreten. Und das wiederum bedeutet: wäre die Schubspannung ein maßgeblich differenzierender Faktor, so müßte jede beliebige äußere Einwirkung auf ein mesenchymähnliches (oder auch auf ein bereits bindegewebig differenziertes) Gewebe dieses zur Knorpelbildung veranlassen (Pauwels 1960b) — vorausgesetzt, daß seine Zellen eine echte Gestaltsverzerrung erleiden (s. o. S. 131).

Rouxs Theorie, die jeder einzelnen Kraft- oder Spannungsqualität eine nur ihr eigene, „spezifische Wirkungsweise" hatte zuerkennen wollen, konnte — so folgerte Pauwels aus alledem — nicht richtig sein. Denn die Gleichheit der Effekte am einzelnen Elementarteilchen (identische Verformungstypen) läßt keinen anderen Schluß zu, als daß auch die „Wirkungsweisen" auf die einzelne Zelle allemal gleich sein müssen, d. h. eben nicht „spezifisch verschieden" sein können.

Die Abb. 55b und c bedürfen im Hinblick auf die Ableitungen, deren wir uns auf S. 87ff. bedient haben, einer näheren Erläuterung, und zwar aus folgendem Grund: Bei allen Versuchen, den Schub (oder die Schubspannung) zeichnerisch zu veranschaulichen, waren wir ausgegangen von dessen Definition: nämlich daß Schub dann gegeben ist, wenn die Elementarteilchen senkrecht zur Verbindungslinie ihrer Mittelpunkte gegeneinander verschoben werden (s. S. 10 und 21); und zwar — wie ergänzend hinzugefügt werden muß — entweder in entgegengesetzten Richtungen (s. Abb. 5c) oder in der gleichen Richtung, jedoch um verschieden lange Strecken (s. Abb. 2b, 31b und 34).

Die Verhältnisse sind ohne weiteres aus der Anschauung verständlich, wenn eine derartige Verschiebung unter der Wirkung reiner (oder „primärer", Roux) Schubkräfte erfolgt (s. Abb. 1b und 55d). Sie sind es auch dann noch, wenn unter der Einwirkung reiner, axialer Druckkräfte aus einem Zylindersegment eine Tonne wird (s. Abb. 2b). Weil nämlich in diesem Falle aus den senkrechten Geraden nach lateral gekrümmte Kurven werden, so müssen nach der Verformung alle Punkte, die vorher senkrecht übereinandergelegen waren, in der Querrichtung gegeneinander versetzt sein: sie haben sich also senkrecht zu ihrer

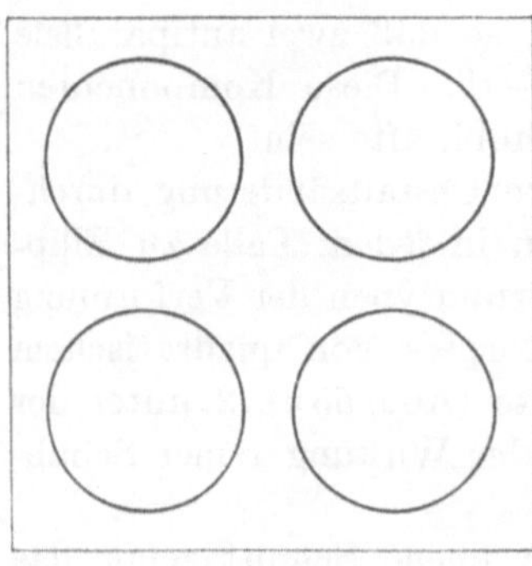

Abb. 55 a

Abb. 55. a Flächenparalleler Vertikalschnitt durch einen unbelasteten
Würfel aus elastischem Material. Die Elementarteilchen sind kugelförmig gedacht. — Entgegen den Verhältnissen der Abb. 2 und 31 soll
die elastische Verformung des Körpers von äußeren Widerständen
(Befestigung an den pressenden Flächen!) nicht beeinflußt sein.
b Verformung des Würfels unter der Wirkung axialer Druckkräfte.
c unter der Wirkung axialer Zugkräfte, d Verformung durch antiparallele Tangentialkräfte, d. h. durch reine Schub- oder Scherkräfte. —
Links neben jeder Zeichnung ist der Spannungszustand eines elementaren Einzelteilchens für die betreffende Verformung graphisch dargestellt. Es bedeuten: σ_D Druckspannungen, σ_Z Zugspannungen.
σ_S Schub- oder Scherspannungen. — Die Längen der verschieden
gerichteten Pfeile deuten die Größen der entsprechenden Spannungen
in den verschiedenen Richtungen an. Näheres s. Text.
Nach Pauwels (1960 b)

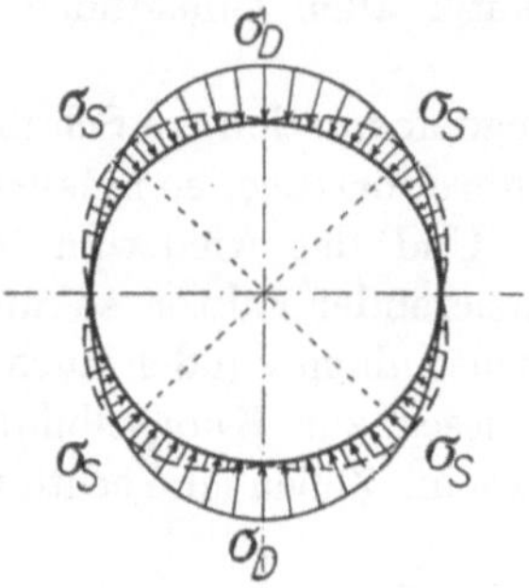

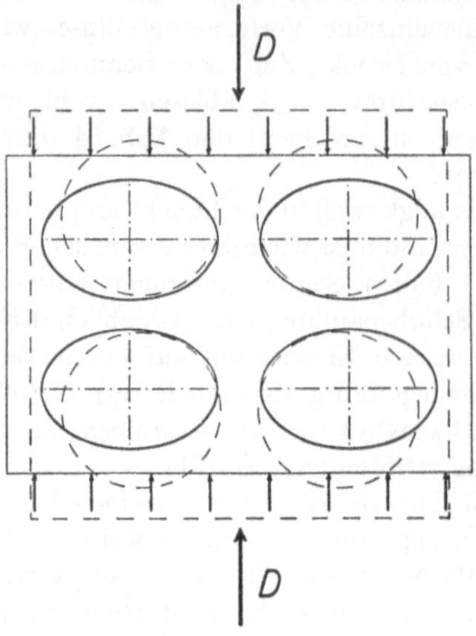

Abb. 55 b

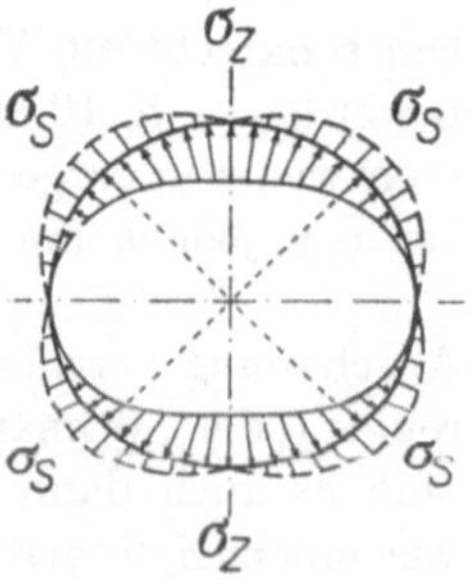

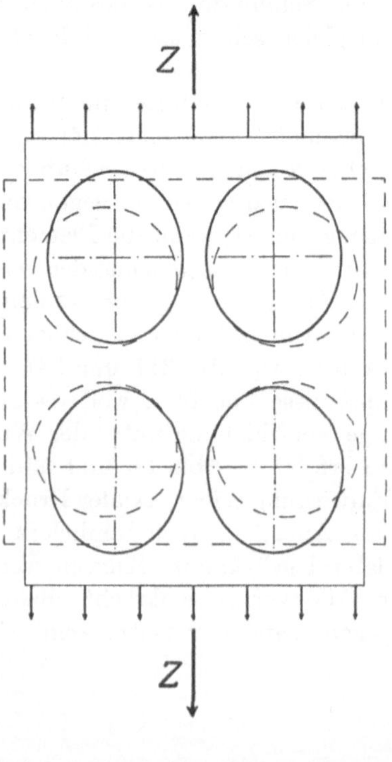

Abb. 55 c

ehemaligen Verbindungslinie verschoben, und zwar um lauter verschiedene Beträge (s. Abb. 31 und dazugehörigen Text). Oder anders ausgedrückt: weil die einzelnen Horizontalschichten verschieden große Querdehnungen ε durchgemacht haben, so können die Mittelpunkte der Verformungsellipsoide nicht mehr senkrecht übereinanderliegen (vgl. Abb. 2a und b).

In den Abb. 55b und c ist dies anders. Hier handelt es sich bei allen senkrechten und waagerechten Geraden um reine Längenänderungen, so daß diese auch nach der Verformung gerade bleiben: aus den Quadraten sind lediglich Rechtecke geworden. Das einzige, was hierbei eine Verschiebung erkennen läßt, ist 1. die Verformung der Kreise zu Ellipsen und 2. die Verlagerung der Ellipsenmittelpunkte gegenüber der ehemaligen Mittelpunktslage der Kreise: in der

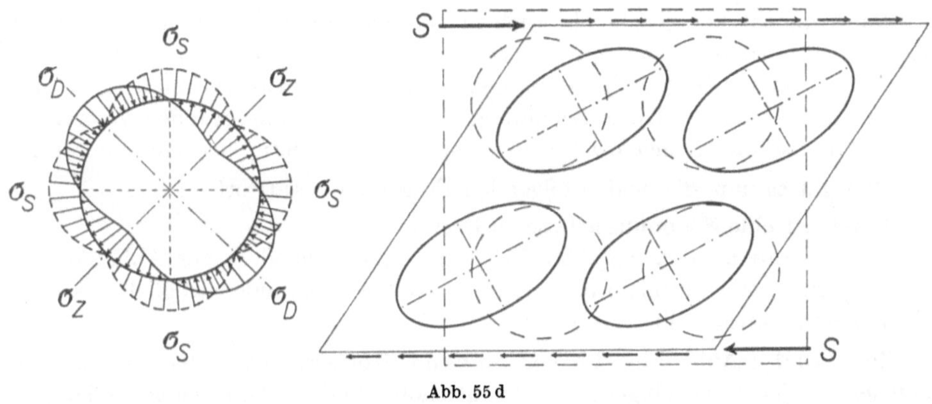

Abb. 55 d

Abb. 55b z. B. von der vertikalen Mittelachse (Pfeile D) weg und nach der (hinzuzudenkenden) mittleren Querschnittsebene hin; also eine Schrägverschiebung, genau wie in der Abb. 2b (s. auch S. 87).

Jedoch liegen in den Abb. 55b und c die Ellipsenmittelpunkte innerhalb der Rechtecke genauso paarweise auf senkrechten und waagerechten Geraden wie die Kreismittelpunkte innerhalb der Quadrate, und das heißt: von einem Verschobensein der Elementarteilchen „senkrecht zur Verbindungslinie ihrer Mittelpunkte" (s. o. S. 10 und 21) ist nichts zu sehen.

Oder anders ausgedrückt: weil man mit dem Begriff *Schubwirkung* ganz unwillkürlich die Vorstellung verbindet, daß aus etwas Aufrechtem und Rechtwinkeligem etwas Schräges, Schiefwinkeliges wird (s. Abb. 1a und b, Abb. 55a und d), so ist in den Abb. 55b und c der Schub durchaus unanschaulich. Ein Rechteck ist zwar etwas anderes als ein Quadrat, aber seine Seiten sind deswegen nicht weniger gerade und stehen nicht weniger aufrecht und rechtwinkelig. Wie kommt die in der Abb. 55b dargestellte Verformung überhaupt zustande?

Gegenüber der Abb. 2b stellt sie einen vereinfachten Fall dar; und zwar insofern, als der Körper mit den pressenden Flächen nicht fest verbunden, sondern gegen diese *reibungsfrei verschieblich* gedacht ist.

Man stelle sich etwa einen Gelatinewürfel entsprechend der Abb. 2a vor, der von lauter gleich großen, achsenparallelen Druck-Kräftepaaren, nun aber zwischen zwei geölten Platten zusammengedrückt wird. Weil in diesem Falle die Querdehnung nirgends behindert ist, wird die Deformationsfigur keine Tonne, sondern eine niedrige quadratische Säule.

Aus diesen Voraussetzungen ergibt sich: weil der Körper in der Abb. 55b nach der Abplattung in jeder beliebigen Querschnittshöhe den gleichen Querdurchmesser hat, so gibt es in diesem Falle für die einzelnen Querschnittsebenen auch keine unterschiedlichen Dehnungsgrößen ε in den einzelnen queren Richtungen (man vergleiche hiermit die grundsätzlich anderen Verhältnisse der Abb. 31 b!).

Daraus folgt: jene *horizontalen* Schubspannungen σ_S, die wir in den Abb. 31 ff. allein zugrunde gelegt hatten, sind im Falle der Abb. 55b überall gleich Null (s. die dazugehörige Spannungsellipse, bei der die vier möndchenförmigen Spannungsdiagramme für σ_S das Nullniveau — den Kreis — in der Horizontalen schneiden).

Das grundsätzlich gleiche gilt auch für die Schubspannung in allen vertikalen Richtungen. In den zur Tonne verformten Zylindersegmenten (s. Abb. 31 ff.) sind diese vertikalen Schubspannungen nämlich durchaus vorhanden; sie sind nur nicht sichtbar, weil jene Zeichnungen aus Anschauungsgründen vereinfacht sind (s. hierzu die kleingedruckte Begründung auf S. 89 f., besonders unter 2.).

Hier gilt es nun, die beiden folgenden Fragen zu beantworten:

1. Wie ist eine Spannungsellipse zu lesen?

2. Wie kann man in der Abb. 55b (und entsprechend in der Abb. 55c) die Schubspannungsverhältnisse ohne mathematische Umstände, lediglich aus einer Figur heraus, anschaulich machen?

Zu 1. In den Abb. 55b—d haben wir es mit Körpern zu tun, deren Elementarteilchen in jeder beliebigen Querschnittshöhe und entlang jeder beliebigen, einzelnen Querschnittsebene allesamt gleich*sinnig* und gleich *stark* verformt sind. Infolgedessen gilt die nebenstehende Spannungsellipse für jeden beliebigen Punkt im Innern des elastisch verformten Materials.

Als Beispiel wählen wir die Spannungsellipse der Abb. 55b. Diese sagt folgendes aus: Bei der Verformung unter reinen, axialen Druckkräften D treten in dem elastischen Körper zwei Spannungsarten gleichzeitig auf, nämlich Druck- und Schubspannungen (σ_D und σ_S).

Die Druckspannungen sind am größten in den Richtungen aller Schnittebenen, die der Druckachse (Pfeile D) parallel gelegt sind. Liegt die Schnittebene schief, so wird σ_D in dieser Richtung umso kleiner, je stärker ihr Richtungswinkel von der Druckachse abweicht. In allen horizontalen Richtungen ist σ_D gleich Null (s. die Schnittpunkte des Kreises — des Nullniveaus — mit den beiden durchgezeichneten Begrenzungsflächen). Weil nämlich das Material in allen Querrichtungen ausweichen kann, ohne auf äußeren Widerstand zu stoßen oder sonst behindert zu sein (keine Haftreibung an den pressenden Flächen, vgl. Abb. 2 b!), so gibt es in allen queren Richtungen auch keine queren Druckspannungen σ_D.

Die Druckspannungen (und genauso die Zugspannungen) sind in den Abb. 55b bis d als Pfeile eingezeichnet: ihr Winkel zu den Koordinatenachsen bezeichnet die Richtung, ihre Länge bezeichnet die jeweilige Größe der Spannung.

Dagegen sind die Schubspannungen σ_S in die Diagramme nur als Längen (d. h. als Größen) eingetragen. Das ist eine Vereinfachung, und zwar der Übersichtlichkeit der Diagramme zuliebe. Denn korrekterweise müßte man die Schubspannungen in jeder einzelnen Richtung mit zwei gegenläufigen Pfeilen darstellen: nämlich als Schub und Gegenschub (s. Abb. 60 b) oder als Verschiebungs*streben* und Verschiebungs*widerstand* (s. die beiden Halbpfeilpaare am Ende der Winkelschenkel in der Abb. 60 b. Vgl. auch Abb. 28 a und Abb. 39, obere Bildhälfte).

Beim Schub ist nämlich die für σ_S maßgebliche Verschiebungskomponente in jedem Figurenquadranten in zwei, und zwar einander parallelen, gegenläufigen Richtungen zu suchen. Bei Druck und Zug hingegen liegen die für σ_D und σ_Z maßgeblichen Verschiebungskomponenten in nur einer, und zwar der Kraftachse parallelen Richtung (Längsverkürzung bei Druck, Längsdehnung bei Zug, s. Abb. 55 b und c).

Für die Schubspannung σ_S in der Abb. 55 b gilt: ihr Maximum liegt in jeder beliebigen Schnittebene, die unter 45° durch den Körper hindurchgeht. Wählen wir eine steilere oder eine flachere Schnittebene, so nimmt die Schubspannung ab. Das heißt: in allen Schnittebenen, die wir parallel oder senkrecht zur Druckachse (also vertikal oder horizontal) durch den

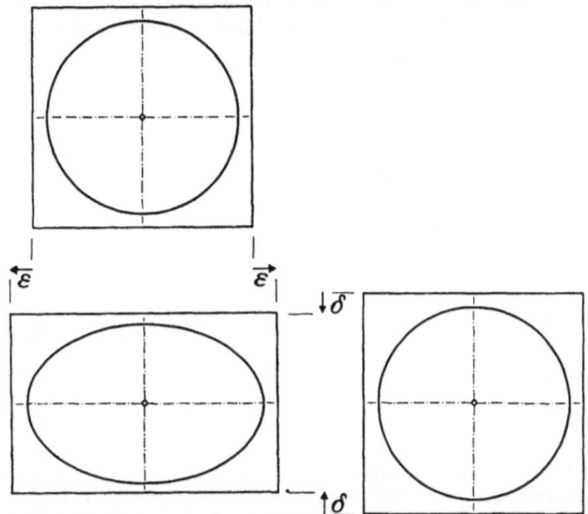

Abb. 56. Deformation eines Quadrates zu einem inhaltsgleichen Rechteck, welches um 2 δ niedriger und um 2 ε breiter als das Quadrat ist. Der dem Quadrat einbeschriebene Kreis wird zur inhaltsgleichen Ellipse

Körper hindurchlegen, ist σ_S in dieser Richtung gleich Null (s. die vier möndchenförmigen, gestrichelten Begrenzungsflächen für σ_S, die das Nullniveau — den Kreis — in der Mittelsenkrechten oben und unten, in der queren Halbierungslinie rechts und links schneiden). Vertikal oder horizontal gerichtete Schubspannungen gibt es in diesem Falle also nicht.

Mit anderen Worten: die Spannungsdiagramme für σ_D, σ_Z und σ_S, die den Abb. 55 b—d beigegeben sind, gelten nicht für eine bestimmte, einzelne Schnittebene des elastisch verformten Körpers; sie bezeichnen lediglich, in welchen *Richtungen* und mit welcher Größe (Pfeillängen!) die verschiedenen Spannungsarten wirken. Demnach handelt es sich um Vektordiagramme, die innerhalb aller axialen Schnittflächen an jeder beliebigen Stelle gelten.

Zu 2. Die Schubspannungsverhältnisse lassen sich folgendermaßen anschaulich darstellen:

In der Abb. 56 werde — entsprechend der Abb. 55 b — ein Quadrat zu einem inhaltsgleichen Rechteck verformt. Demzufolge wird auch der dem Quadrat einbeschriebene Kreis zu einer inhaltsgleichen, dem Rechteck einbeschriebenen Ellipse.

Das Rechteck ist in allen, der senkrechten Achse parallelen Richtungen um -2δ niedriger als das Quadrat (Längsverkürzung), in allen der Querachse parallelen Richtungen um $+2\varepsilon$ breiter als das Quadrat (Querdehnung).

Unter den vorausgesetzten Verhältnissen (Deformation einer rechtwinkeligen Säule zu einer anderen, ebenfalls rechtwinkeligen Säule von figurenähnlichem Grundriß) läßt sich rein rechnerisch ermitteln, wohin sich jeder einzelne Punkt der Peripherie und der Fläche einer axialen, kreisförmigen Schnittfigur verschiebt, wenn diese zur Verformungsellipse wird; d. h. man kann einen sog. *Verschiebungs-plan* aufstellen (s. PAUWELS 1960a, S. 200ff.).

Hierfür gilt: Den Schnittpunkt des Koordinatenkreuzes ausgenommen verschiebt sich jeder beliebige Punkt in einer bestimmten Richtung und um eine bestimmte Strecke. Waren seine Koordinaten auf der Kreisfigur x und y, so sind sie auf der Verformungsellipse x' und y'.

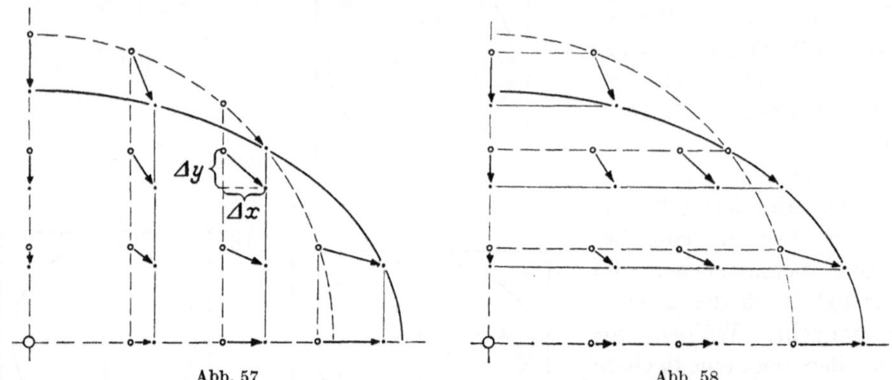

Abb. 57. **Deformation eines Kreisquadranten zu einem inhaltsgleichen Ellipsenquadranten.** Alle Punkte, die auf der Kreisfigur auf achsenparallelen Senkrechten gelegen sind (Ringe auf gestrichelten Linien), erleiden *in der Querrichtung* reine Parallelverschiebungen. In ihrer Endlage (schwarze Punkte auf ausgezogenen Linien) haben sich ihre Abstände verringert

Abb. 58. **Dasselbe wie in Abb. 57.** Alle Punkte, die auf der Kreisfigur auf achsenparallelen Waagerechten gelegen sind, erleiden *in vertikaler Richtung* reine Parallelverschiebungen. In ihrer Endlage haben sich ihre Abstände vergrößert. — Näheres zu Abb. 57 und 58 s. Text

Diese neuen Koordinaten errechnen sich folgendermaßen: $x' = x \cdot \lambda$, und $y' = y \cdot \mu$. Die beiden (konstanten) Faktoren λ und μ ergeben sich aus den Verhältnissen der waagerechten und der senkrechten Halbachse der Ellipse (a und b) zum Kreisradius (r). Es heißt demnach: $\lambda = a/r$, $\mu = b/r$.

In den folgenden Abbildungen sind nur die rechten oberen Quadranten des Kreises und der Ellipse (s. Abb. 56) gezeichnet, und zwar mittelpunkts- und achsengerecht übereinanderprojiziert.

Die Abb. 57 und 58 zeigen — zunächst ganz allgemein — folgendes: Die beiden Schenkel des Koordinatenkreuzes nehmen — genau wie in der Abb. 2b — eine Sonderstellung ein: auf der senkrechten Achse erleiden die Punkte eine reine Vertikalverschiebung, auf der waagerechten Achse eine rein horizontale Zentrifugalverlagerung. Alle übrigen Punkte — auf der Peripherie und der Fläche des Kreises — werden schräg verschoben; und zwar von der Mittelsenkrechten weg und zu der queren Halbierungslinie der Ellipse hin (vgl. Abb. 2a und b. Abb. 31ff.!).

Die Schrägverschiebung kann man sich aus zwei zueinander senkrechten Einzelbewegungen zusammengesetzt denken: nämlich in der Senkrechten um eine bestimmte Strecke Δy, in der Waagerechten um eine bestimmte Strecke Δx.

Verfolgt man dieses Wandern der Punkte nicht an wahllosen Einzelstellen, sondern an bestimmten Punktreihen, so erhält man Verschiebungspläne, wie sie

z. B. für einzelne vertikale (Abb. 57) oder horizontale (Abb. 58) oder schräge
Geraden (Abb. 59a) errechnet sind.

Aus der Abb. 57 ergibt sich: alle Punkte, die vor der Verschiebung auf einer
einzelnen, achsenparallelen Senkrechten gelegen waren, liegen danach auf einer
dazu parallelen Senkrechten. In der Querrichtung haben sie sich demnach alle
um die gleiche Strecke verschoben, in senkrechter Richtung dagegen sind sie
enger zusammengerückt: d. h. sie haben sich ausschließlich *in ihrer Verbindungs-*
linie einander genähert.

Aus der Abb. 58 folgt:
alle Punkte, die vor der
Verschiebung auf einer
achsenparallelen Waage-
rechten gelegen waren,
liegen auch nach der Ver-
schiebung auf einer achsenparallelen Waagerechten.
In der Vertikalen haben
sie demnach eine reine
Parallelverschiebung er-
fahren, in der Querrich-
tung hingegen sind sie weiter auseinandergerückt:
d. h. sie haben sich aus-
schließlich *in ihrer Ver-*
bindungslinie voneinander
entfernt.

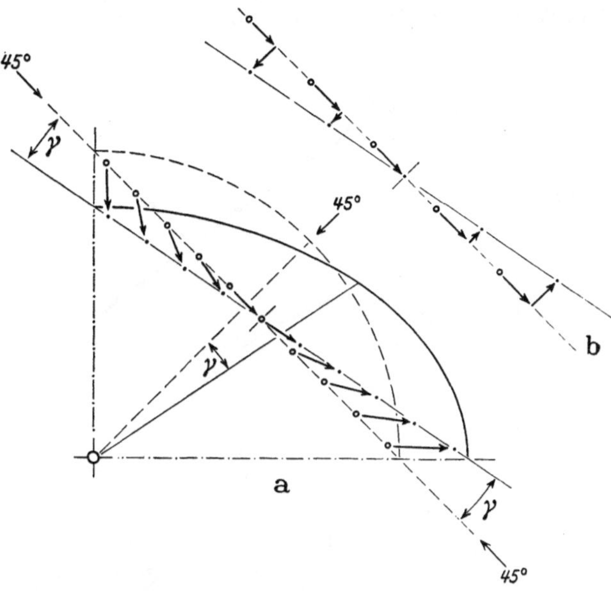

Mithin gilt: nachdem
die Punkte vor und nach
der Verschiebung auf
achsenparallelen Geraden
liegen; d. h. nachdem die
Verformung die Punkte
weder in senkrechter noch
in waagerechter Richtung
gegeneinander versetzt hat,
so kann von Schub in
diesen beiden Richtungen
nicht die Rede sein. Ge-

Abb. 59. a Deformation eines Kreisquadranten zu einem Ellipsenquadranten. Eingezeichnet sind die Verschiebungen von Punkten (Ringe),
die in der Kreisfigur anf einer Sekante von 45° Neigung (gestrichelt)
gelegen sind. Die beiden Strahlen, die vom Schnittpunkt der Koordinatenachsen ausgehen, sind ein Kreisdurchmesser von 45° (gestrichelt), der
zum entsprechenden Durchmesser der Deformationsellipse (ausgezogen)
wird. Sie schließen den Winkel γ ein. Näheres s. Text. — b Die tatsächliche Verschiebung der Punkte in a (Pfeile) läßt sich in zwei Komponenten zerlegen: die eine in Richtung der gestrichelten Geraden von
45°, die andere senkrecht dazu. Ein einziger Punkt verschiebt sich in
nur einer Richtung, nämlich auf der gestrichelten Geraden selber. Seine
Endlage ist markiert, sie stellt eine „Wendemarke" der Verschiebungsrichtung dar. Die beiden unmittelbar rechts und links davon gelegenen
Punkte verschieben sich in entgegengesetzten Richtungen (s. die Pfeile
S—S in der Abb. 60b), die weiter davon entfernt verschieben sich in der
gleichen Richtung, aber um verschieden große Strecken. Näheres s. Text

geneinander versetzt sind lediglich die Verbindungslinien. Die Punkte selber stehen
hernach genauso senkrecht übereinander und waagerecht nebeneinander wie vorher.
Eine Winkelabweichung γ, die wir mit einem Elastizitätsmodul Φ zur Errechnung
der Schubspannung σ_S multiplizieren könnten (vgl. Abb. 1 und 35), ist nirgends
zu sehen.

Dies sieht jedoch ganz anders aus, wenn wir als Bezugssystem nicht eine den
Koordinatenachsen parallele, sondern eine dazu schräge Gerade wählen. Aus
bestimmten Gründen schneide diese punktverbindende Gerade die x-Achse und
die y-Achse von links oben nach rechts unten unter 45° (s. Abb. 59a, gestrichelt).

Auch in diesem Falle machen alle Punkte entsprechende Schrägverschiebungen durch, und auch jetzt liegen sie am Ende wieder auf einer Geraden. Jedoch
verläuft diese der ursprünglichen Punktverbindung nicht mehr parallel, sondern
sie hat sich gegen diese um einen bestimmten Winkel gedreht. Diesen Winkel
nennen wir — aus gleich ersichtlichen Gründen — abermals γ (vgl. Abb. 1 und 35).

Eine gerade Punktreihe, die zu den Koordinatenachsen schräg verläuft, kann nämlich
niemals parallel zu sich selber verschoben werden, wenn der Körper unter den deformierenden
Kräften eine echte Gestaltsverzerrung erleidet. Dies kann man sich auch ohne Errechnung
eines Verschiebungsplanes klarmachen: man braucht sich nur in das Quadrat und das Rechteck der Abb. 56 die Diagonalen hineinzudenken, und dann die beiden Figuren mittelpunkts-
und achsengerecht übereinander zu projizieren. Auch hier wird die Quadratdiagonale um
einen bestimmten Winkel gedreht, wenn sie zur Rechteckdiagonalen wird. In der Abb.
59a sind diese beiden Diagonalen — vom Koordinatenschnittpunkt ausgehend — eingezeichnet. Auch sie schneiden sich unter dem Winkel γ.

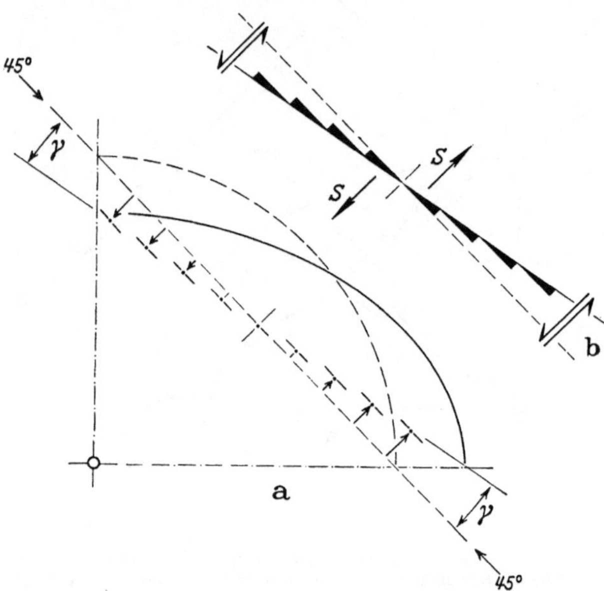

Abb. 60. a Dasselbe wie in der Abb. 59a. Gezeichnet sind nur die Ab-
solutverschiebungen, um welche die Punkte von ihrer ursprünglichen
Verbindungsgeraden (45°, gestrichelt) senkrecht wegrücken. Die Ver-
schiebung findet auf beiden Seiten der „Wendemarke" in entgegengesetzten
Richtungen statt. b Relative Verschiebung der Punkte von Schicht zu
Schicht. Sie ist überall gleich groß. Näheres s. Text

Im folgenden gilt es, eine gewisse Vorstellungsschwierigkeit zu überwinden. Weil nämlich in der Abb. 59a die Punkte auch nach ihrer Verschiebung auf einer einzigen, lediglich flacher verlaufenden Geraden liegen, so kann man in dieser Figur nicht sehen, inwiefern die Punkte „senkrecht zu ihrer Verbindungslinie" gegeneinander verschoben sein sollen. Es wird aber sofort deutlich, wenn wir analog
den Abb. 57 und 58 verfahren: nämlich indem wir die Punkte sich so verschieben lassen, daß sie zuerst ein Stück weit in ihrer ehemaligen Verbindungslinie (in Richtung von 45°), dann aber senkrecht dazu verlagert werden (s. die in
der Abb. 59 rechts oben gesondert herausgezeichnete Figur b). Mit anderen
Worten: wir müssen in diesem Falle nicht die Koordinatenachsen, sondern die
45°ige Gerade zum Bezugssystem machen.

Dann aber ergibt sich: Während in der Ausgangslage alle Punkte auf einer
einzigen 45°igen Geraden liegen, befinden sie sich nach ihrer Verschiebung auf
lauter verschiedenen Geraden von 45°. Sie haben sich also ebenfalls senkrecht,
aber um verschieden lange Strecken von ihrer ehemaligen Verbindungslinie entfernt, so daß sie nun gestaffelt liegen (s. Abb. 60a; vgl. hiermit die Abb. 1—3
und 6b!).

Ferner lehrt die Abb. 59 b: Die einzelnen Punktverschiebungen in der Abb. 59 a (Pfeile) können als Resultanten zweier Einzelbewegungen aufgefaßt werden, deren Richtungspfeile senkrecht aufeinanderstehen; ausgenommen einen einzigen Punkt: dieser verschiebt sich nämlich genau in Richtung von 45° nach rechts unten, so daß eine seitliche Abweichung unterbleibt. Seine Endlage ist in den Abb. 59 und 60 besonders markiert. Er stellt nämlich eine Wendemarke dar: links davon strebt die für den Schub maßgebliche Bewegungskomponente nach der senkrechten Koordinatenachse hin, rechts davon strebt sie von dieser weg. Die Abb. 59 b und 60 a machen also ohne weiteres anschaulich: die Punkte auf beiden Seiten der „Wendemarke" rücken tatsächlich in entgegengesetzter Richtung von ihrer ehemaligen Verbindungsgeraden weg und auseinander, so daß sie am Ende sichtbar „senkrecht zu ihrer Verbindungslinie" verschoben sind; und zwar „in parallelen Schichten" und um verschieden große Einzelstrecken, wie es die Definition des Schubes verlangt.

Konnte uns der „Verschiebungsplan" der Abb. 59 a weder über die Schub*richtung* noch über die Schub*größe* unterrichten, so ist aus den Abb. 59 b und 60 a wenigstens die Schubrichtung eindeutig ablesbar: sie verläuft nämlich um 45° gegen die Kraftrichtung — den Druck — geneigt (s. die Pfeile D in der Abb. 55 b). Doch gilt dies, wie gleich vorweg betont sei, nur für den Maximalschub und die höchsten Schubspannungen, die bekanntlich beide unter 45° zur Richtung der Kraft (Druck oder Zug) zu suchen sind (vgl. die entsprechenden Diagramme für σ_S in den Spannungsellipsen der Abb. 55 b und c). Unsere Zeichnungen (Abb. 59 und 60) stellen demnach einen herausgegriffenen Einzelfall für eine bestimmte Richtung des Schubes und seiner Spannung σ_S dar. Wie groß ist diese Maximalspannung σ_S?

Man könnte von der Abb. 60 a zu der Annahme verleitet werden, sie sei an der „Wendemarke" gleich Null und werde um so größer, je weiter wir uns von dieser, entlang der gestrichelten Linie, entfernen. Ist doch die Pfeillänge — die Größe der Verschiebung — an der Wendemarke gleich Null, während sie von da aus immer mehr zunimmt.

Das ist aber nicht so. Genau entsprechend der Abb. 6 b (und dem dazugehörigen Text) ist für die Spannung nicht die Absolutverschiebung (in diesem Falle der senkrechte Abstand von der gestrichelten Bezugsgeraden von 45°) maßgebend, sondern die Schiebungsgröße von Schicht zu Schicht oder von Stufe zu Stufe, wie dies in der Abb. 60 b dargestellt ist (vgl. hierzu S. 23).

Man sieht: genau wie in der Abb. 6 b erhalten wir rechts und links der „Wendemarke" je eine Treppe aus gleich hohen (Schichtdicke) und gleich breiten (Schiebungsgröße) Stufen, die in unserem Schema aus lauter kongruenten, rechtwinkeligen Dreiecken (schwarz) bestehen, wie sich aus der Figur leicht ableiten läßt.

Maßgeblich ist auch hier wieder — genau wie in der Abb. 6 b — der Winkel, den die Hypothenuse mit der langen Dreieckskathete bildet. Wie sich aus der Figur ebenfalls anschaulich ergibt, ist dies der gleiche Winkel γ, um den die beiden punktverbindenden Geraden gegeneinander gedreht sind (s. Abb. 59 a).

Mithin darf man sagen: In dem Deformationsrechteck der Abb. 56 ist die (zugleich maximale) Schubspannung in allen Ebenen, die um 45° gegen die Kraftrichtung geneigt sind,

$$\sigma_S = \gamma \cdot \Phi.$$

In diesem besonderen Falle ist γ zugleich der Winkel, um den eine Diagonale des Quadrates in der Abb. 56 gedreht ist, wenn sie in der Deformationsfigur als Rechteckdiagonale erscheint (s. S. 140).

Diese Beziehung ($\sigma_S = \gamma \cdot \Phi$) gilt nicht nur für die in der Abb. 60a und b eingezeichnete, sondern auch für die dazu senkrechte Schubrichtung, wie sich in einer weiteren, entsprechenden Ableitung genauso beweisen ließe. Denn weil Schub nur dann zustande kommt, wenn *zwei* Paare von antiparallelen Tangentialkräften, und zwar in entgegengesetzten Richtungen, an einem Körper angreifen (s. Abb. 54, $S-S$ und $S'-S'$), so muß es bei allen Schubbeanspruchungen auch immer zwei, und zwar gekreuzte Richtungen der Schubspannung σ_S geben (s. die Diagramme für $\sigma_{S_{max}}$ in den Abb. 55b und c, gestrichelte Diagonalen).

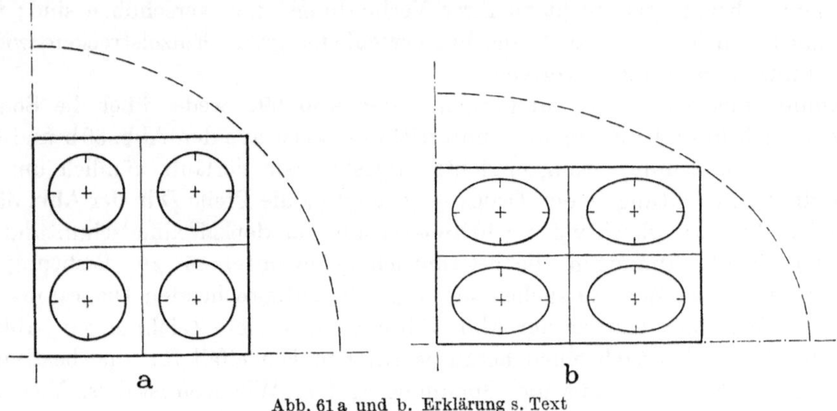

Abb. 61a und b. Erklärung s. Text

Bleibt noch eine letzte Frage; nämlich: Wieso müssen die Schubspannungen kleiner werden in allen Richtungen, die die Koordinatenachsen unter Winkeln schneiden, die nicht 45⁰ betragen?

Man könnte diese Frage rein aus der Überlegung folgendermaßen beantworten: Wenn bei zentrischem Kraftangriff (s. Abb. 55b und c die Pfeile D und Z) in allen Schnittebenen, die entweder parallel oder senkrecht zur Kraftrichtung durch den elastisch deformierten Körper hindurchgelegt werden, die Schubspannung σ_S gleich Null ist — wovon wir uns an Hand der Abb. 57 und 58 überzeugt hatten —; wenn andererseits bei dieser Verformung, die aus einem quadratischen Axialschnitt einen rechteckigen macht, Schubspannungen auftreten *müssen*, wie die Verformungsellipse beweist (s. Abb. 54 und dazugehörigen Text): so muß σ_S von der einen Nullrichtung aus eine bestimmte Winkeldrehung weit ansteigen, danach aber gegen die andere Nullrichtung wieder abfallen. Das Maximum für σ_S muß demzufolge in einer Richtung liegen, die von 90⁰ (Senkrechte) und 0⁰ (Waagerechte) genau gleich weit, d. h. um eben 45⁰ entfernt ist.

Man kann dies aber auch geometrisch exakt beweisen. Nämlich: in unserer Ableitung (Abb. 59 und 60) hatten wir als Bezugssystem eine punktverbindende Gerade (als Ausgangslage) gewählt, die beide Koordinatenachsen unter 45⁰ schneidet. Ob man diese Gerade nun steiler oder flacher legt; d. h. ob diese die y-Achse oder die x-Achse unter einem spitzeren Winkel schneidet, ist gleichgültig. Denn in jedem Falle verkleinert sich der Winkel γ, den die beiden punktverbindenden Geraden in der Abb. 59a einschließen.

Das heißt: drehen wir die 45⁰-Linie in den Abb. 59a und 60a — unser Bezugs-system — um ihren Halbierungspunkt (die „Wendemarke") entweder mit oder entgegen dem Uhrzeiger, so wird γ immer spitzer. In der Senkrechten und in der Waagerechten klappen seine beiden Schenkel völlig zusammen: der Winkel γ — die Schiebungsgröße! — wird zu Null und damit auch das Produkt $\gamma \cdot \Phi$, d. h. die Schubspannung σ_S. —

Wenn auch geometrisch nicht so genau und ausführlich, dafür aber einfacher und vielleicht auch anschaulicher, lassen sich die beschriebenen Verhältnisse folgendermaßen darstellen:

Beschreiben wir dem rechten, oberen Quadranten des Kreises in der Abb. 56 ein Quadrat ein, dessen Seiten den Koordinatenachsen parallel verlaufen

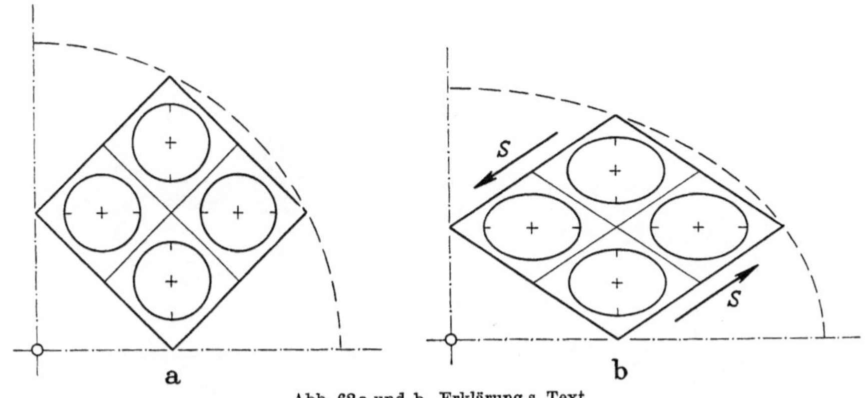

Abb. 62a und b. Erklärung s. Text

(Abb. 61a), und deformieren wir diesen Kreis zur inhaltsgleichen Ellipse, so wird aus dem Quadrat ein Rechteck (Abb. 61b). Abgesehen von den vier Deforma-tionsellipsen, die aus den vier Kreisen entstanden sind, ist von „Verschobensein" nichts zu sehen; denn alle Senkrechten und alle Waagerechten sind senkrecht und waagerecht geblieben, genau wie sich alle rechten Winkel unverändert erhalten haben. Auch stehen die Mittelpunkte der Verformungsellipsen genauso paarweise senkrecht übereinander und waagerecht nebeneinander, wie die Mittelpunkte der Kreise zuvor. Der Schub, als dessen Ergebnis man sich immer — wie bereits gesagt — etwas Schräges, Schiefwinkeliges vorstellt, ist nicht anschaulich (s. o. S. 135).

Er wird es aber sofort, wenn wir das Quadrat in den Kreisquadranten so hineinzeichnen, daß seine Seiten die Koordinatenachsen unter einem Winkel — in diesem Falle von 45⁰ — schneiden (Abb. 62a und b).

Zwar stehen auch jetzt nach der Deformation die Ellipsenmittelpunkte genauso paarweise senkrecht übereinander und waagerecht nebeneinander wie die Kreis-mittelpunkte zuvor; aber an der *äußeren* Figur, dem zum *schiefwinkeligen Par-allelogramm* (Rhombus) verformten Quadrat, wird die Wirkung des Schubes ohne weiteres deutlich. Und weil dieser Rhombus nichts anderes als das Spiegelbild der Abb. 1b ist, so gelten auch für ihn alle Überlegungen, die wir für diesen Verformungstyp angestellt hatten (s. S. 14).

Nach dieser umständlich-ausführlichen, für eine sachgerechte Vorstellung aber unentbehrlichen Ableitung des Schubes und der Schubspannung unter den

besonderen Verhältnissen, die in den Abb. 55 b und c dargestellt sind, kehren wir
zu Pauwels' Überlegungen zurück (s. S. 131 f.). Diese besagen:

Wird die Gestalt eines elastischen Körpers, dessen Elementarteilchen im Ruhe-
zustand Kugeln sind, von äußeren Einwirkungen verändert, so ändern sich zwangsläufig auch die Formen seiner Elementarteilchen. Gleichgültig ob diese Gestalts-

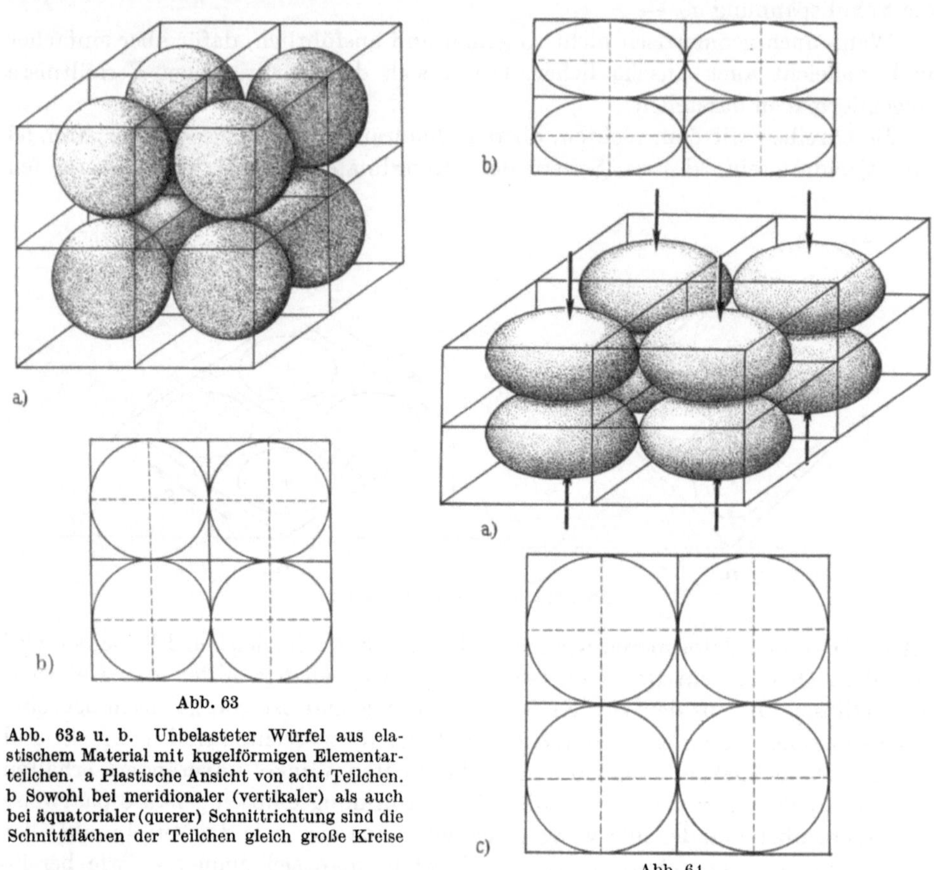

Abb. 63

Abb. 63a u. b. Unbelasteter Würfel aus elastischem Material mit kugelförmigen Elementarteilchen. a Plastische Ansicht von acht Teilchen.
b Sowohl bei meridionaler (vertikaler) als auch
bei äquatorialer (querer) Schnittrichtung sind die
Schnittflächen der Teilchen gleich große Kreise

Abb. 64

Abb. 64a—c. Der Würfel in Abb. 63 ist von einachsigen Druckkräften verformt worden. a Plastische Ansicht
der Verformungsellipsoide. Die Pfeile geben die Richtung der Druckkraft an. b Schnitt in Richtung der Druckkraft, vier Teilchen sind meridional getroffen. Die Schnittflächen sind Ellipsen, deren kurze Achsen die Richtung
der Kompression, und deren lange Achsen die Richtung der Dehnung angeben. c Schnitt in einer Ebene senkrecht
zur Druckrichtung. Die Schnittflächen der (äquatorial getroffenen) Elementarteilchen sind Kreise, deren
Durchmesser größer sind als in Abb. 63b

änderung von Druck-, Zug- oder Schubkräften hervorgerufen wird: die kugeligen Elementarpartikeln werden *in jedem Falle* zu Ellipsoiden verformt (s. Abb. 55b bis d).

Da Roux zweifellos richtig gesehen hat, daß dasselbe Gewebe — z. B. ein
mesenchymähnliches Blastem — sich unter verschiedenen äußeren Einwirkungen
auch recht verschieden differenziert, so ist die Frage: Machen diese verschiedenen
äußeren Einwirkungen nicht doch auf irgendeine Weise verschiedene Effekte —
trotz aller Ähnlichkeit der Verformung am einzelnen Elementarteilchen?

Es wird sich also darum handeln, die Unterschiede bei Druck-, Zug- und
Schubdeformation zu beschreiben.

1. Unterschied: Wird der Körper einachsigem *Druck* ausgesetzt, so stehen die langen Ellipsenachsen *senkrecht zur Kraftrichtung* (Abb. 55b); wird er einachsigem *Zug* unterworfen, so liegen die langen Ellipsenachsen *in der Kraftrichtung* (Abb. 55c); wird er von antiparallelen Kräftepaaren erfaßt (*Schub* oder *Scherung*), so stellen sich die langen Ellipsenachsen *schräg zur Kraftrichtung* ein (Abb. 55d).

2. Unterschied: Arbeitet man in allen drei Fällen mit gleich großen Kräften, d. h. ist das Verhältnis von Kraft/Fläche jedesmal dasselbe, so sind die langen Ellipsenachsen bei Druckwirkung am kleinsten, bei Zugwirkung haben sie einen Mittelwert, bei Schubwirkung sind sie am größten. Genauer: die Durchmesserzunahmen der Elementarkörper in Richtung ihrer größten Dehnung (lange Ellipsenachse) verhalten sich bei Druck-, Zug- und Schubwirkung wie 1:2:3 (s. PAUWELS 1960b, S. 492).

3. Unterschied: Dieser betrifft die einzelnen Ellipsoid*formen.* Im einfachsten Fall und bei zentrischer (axialer) Krafteinwirkung haben die Deformationsellipsoide nur zwei Hauptachsen; d. h. sie sind Rotationskörper, und zwar die Druckellipsoide um ihre kurze Achse (s. Abb. 64b), die Zugellipsoide um ihre lange Achse (s. Abb. 65b).

Dagegen sind die Verformungsellipsoide, die unter reiner Schubwirkung entstehen, keine Rotationskörper, weil sie drei verschieden lange Hauptachsen haben. Im Gegensatz zu den Abb. 64c und 65c gibt es daher keine Richtung, in der der Schnitt eines Schubellipsoids kreisförmig wäre. Denn hier sind alle Schnitte — man lege sie parallel oder quer zu den einzelnen Hauptachsen — elliptisch.

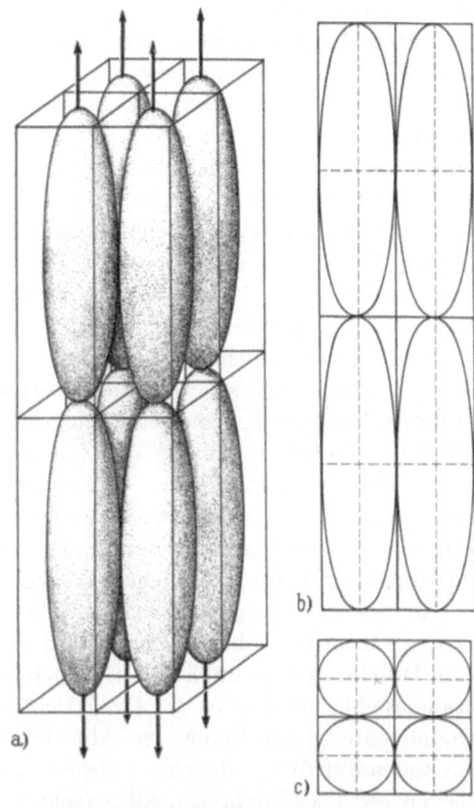

Abb. 65a—c. Der Würfel in Abb. 63a ist von einachsigen Zugkräften verformt worden. a Plastische Ansicht der Verformungsellipsoide. Die Pfeile geben die Richtung der Zugkraft an. b Schnitt in Richtung der Zugkraft, vier Teilchen sind meridional getroffen. Ihre Schnittflächen sind Ellipsen, deren lange Achsen die Richtung der Dehnung, und deren kurze Achsen die Richtung der Querkontraktion angeben. c Schnitt senkrecht zur Richtung der Zugkraft. Die Anschnitte der (äquatorial getroffenen) Elementarteilchen sind Kreise, die kleiner geworden sind als in Abb. 63b. Abb. 63—65 nach KUMMER (1959b)

Rotationskörper sind die Druck- und die Zugellipsoide allerdings — wie bereits angedeutet — nur im einfachsten, weil übersichtlichsten Falle; nämlich wenn die Querausdehnungswiderstände (bei Druck) oder wenn die Querkontraktionswiderstände (bei Zug) in allen queren Richtungen gleich groß sind. Im allgemeinen gilt das aber nicht, so daß selbst bei reinen Druck- oder Zugeinwirkungen die entsprechenden Verformungsellipsoide ebenfalls drei verschieden lange Hauptachsen haben (s. PAUWELS 1960a, S. 200ff.). Sie sind dann von den Schubellipsoiden nicht mehr zu unterscheiden.

Aus diesen Überlegungen und Vergleichen folgt also: Verschiedene äußere Kräfte machen in einem elastisch verformten Material allerdings nicht die genau gleichen, sondern erkennbar verschiedene Effekte. Jedoch erstrecken sich diese unterschiedlichen Wirkungen ausschließlich auf die Richtung und auf die Größe der Verformung, hingegen beim einzelnen Elementarteilchen *nicht auf die Gestaltsänderung als solche*.

Daraus folgt weiterhin: Wenn diese Unterschiede lediglich den Verformungs*grad* und die Verformungs*richtung*, nicht aber das Verformungs*prinzip* betreffen: wie sollen dann die durchaus ähnlichen, unter gewissen Bedingungen sogar identischen Effekte einen für die Zelle *spezifischen*, d. h. unverwechselbaren „funktionellen" Reiz abgeben ?

Wollten wir das der Zelle zugestehen, so müßten wir ihr notwendig zwei Sinnesqualitäten beilegen: nämlich einen Formsinn und einen Richtungssinn. Ob die Zelle etwas Derartiges hat, das läßt sich nun allerdings weder beweisen noch widerlegen. Man kann aber einer solchen Annahme nicht nur entraten. man muß sie sogar ablehnen, und zwar aus folgenden Gründen:

Ist z. B. ein Callusblastem reinen, einachsigen Druckkräften entsprechend der Abb. 2 b ausgesetzt, so erleiden alle seine Zellen die grundsätzlich gleiche Verformung: sie werden in der Druckrichtung abgeplattet und senkrecht dazu gedehnt. Trotzdem können die Zellen auf diesen durchaus gleichartigen Reiz ganz verschieden antworten: an den Auflagern (Bruchflächen und Stirnflächen der Spongiosakegel) bilden sie vorwiegend Hyalinknorpel, in der Ebene des Callusäquators dagegen entsteht häufig ein zunächst rein faseriges, in der Dehnungsrichtung angeordnetes Bindegewebe (vgl. Abb. 7a, 8 und 14).

Ein anderes Beispiel ist der Zwischencallus einer pseudarthrotisch verheilten Schrägfraktur (s. Abb. 4). Dieser wird von zwei Kräften zugleich erfaßt, nämlich von Druck- und Schubkräften. Auch hierbei werden alle Zellen gleichsinnig beansprucht: nämlich in der Druckrichtung (D) abgeplattet und von der Schubkomponente S im Sinne der Abb. 1b schubdeformiert. Trotzdem antworten die Zellen auf diesen durchaus gleichartigen Reiz in den einzelnen Querschnittsebenen des Pseudarthrosencallus recht verschieden: in der unmittelbaren Nachbarschaft der Bruchflächen entsteht Faserknorpel; in der übrigen, den ganzen Callus durchsetzenden Zwischenschicht dagegen entsteht ein rein faseriges, in der Schubrichtung angeordnetes Bindegewebe (s. Pauwels 1940 und 1960 b).

Daraus folgt: wenn ein von starken, rein axialen Druckkräften beanspruchter Zwischencallus (s. Abb. 7a und 8) den wesentlich gleichen Aufbau zeigen kann wie ein Zwischencallus, der grundsätzlich anders: nämlich von Druck- und Schubkräften zugleich beansprucht ist; dann kann die Zelle offenbar nicht unterscheiden. ob sie allein von reinen Druckkräften, oder ob sie von Druck- und Schubkräften zugleich verformt wird. Ebenso ist die Zelle sichtlich außerstande zu erkennen. aus welcher Richtung die „primäre" Wirkung (Roux) sie erfaßt.

Denn wenn die Zellen unter der *gleichen* äußeren Einwirkung (einachsiger Druck) und bei gleichsinniger Verformung (Abplattung in der Druckrichtung, Dehnung senkrecht dazu, s. Abb. 2 b) ganz *verschiedene* Differenzierungswege einschlagen (Faserbildung im mittleren Callusquerschnitt. Knorpelbildung oberund unterhalb davon); wenn andererseits die Zellen trotz *verschiedener* äußerer Einwirkungen in durchaus *gleicher* Weise, nämlich mit Fibrillenbildung reagieren

(Fibrillen unter *Druck*, s. Abb. 8 und 14; Fibrillen unter *Schub*, s. Abb. 4 und dazugehörigen Text): dann kann weder die Art der einwirkenden Kräfte, noch die Qualität oder die Richtung der im Einzelfalle auftretenden Spannungen den *spezifischen* Reiz abgegeben haben.

Auch aus den verschiedenen *Graden* der Verformung bei gleich großen, aber verschieden gerichteten Kräften (also bei Druck-, Zug- oder Schub-Kräften, s. S. 145) läßt sich ein Specificum nicht herleiten. Wohl werden die kugelig angenommenen Elementarkörper unter der Wirkung einer einachsigen Druckkraft K_D am wenigsten, unter der Wirkung einer gleich großen Schubkraft K_S am stärksten abgeplattet (s. Abb. 55b und d). Weil aber diese Abplattung eine Funktion nicht nur der Kraft*richtung*, sondern auch der Kraft*größe* ist, so können die verschiedensten äußeren Einwirkungen einen durchaus gleichartigen Verformungszustand an der Zelle hervorrufen. Oder anders ausgedrückt: aus einem gegebenen Abplattungszustand kann die verformte Zelle nicht herausfinden, ob z. B. eine „starke" Druckkraft, oder eine „mittelstarke" Zugkraft, oder eine „schwache" Schubkraft auf sie einwirkt; denn der Verformungstyp (Achsenverhältnisse der Verformungsellipsoide) kann jedesmal derselbe sein.

Es sind also mannigfache Gründe, die folgenden Schluß nahelegen: eine „spezifische" *Einwirkung* braucht für die Zelle durchaus nicht gleichbedeutend zusein mit einem spezifischen *Reiz*.

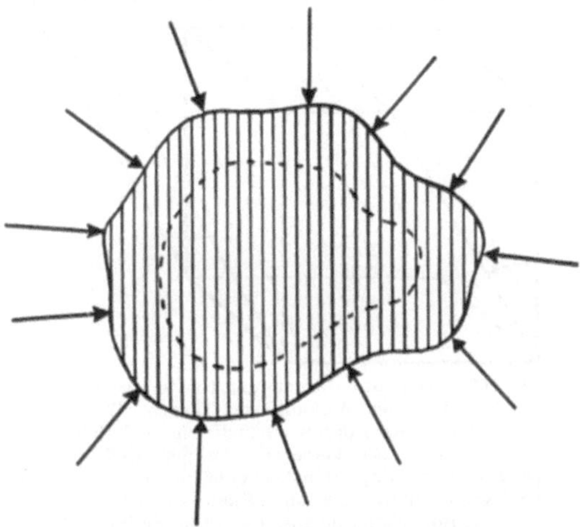

Abb. 66. Schnitt durch einen elastischen Körper von beliebiger Form, der von allseitig gleich großen Druckkräften (hydrostatischer Druck) verkleinert wird (gestrichelte Linie). Da hierbei die Mittelpunkte seiner (als stark volumveränderlich angenommenen) Materialteilchen lediglich näher zusammenrücken, ihre gegenseitigen Lagebeziehungen aber nach allen Richtungen hin beibehalten, so erfährt der Körper keine Gestaltsänderung. Er verliert nur an Volumen

So bleibt als Specificum nur das übrig, was *an der Zelle selber* vorgeht, weil nur das für die Zelle bemerkbar und unverwechselbar zugleich ist: nämlich die Verformung selber.

Verformt werden kann ein elastischer Körper auf die beiden folgenden, grundsätzlich verschiedenen Arten (vgl. PAUWELS 1960b):

1. Die Kräfte, die an dem Körper angreifen, sind an jedem Punkt seiner Oberfläche gleich groß, und ihre Richtungspfeile stehen auf allen Oberflächenelementen des Körpers senkrecht (Abb. 66).

Zeigen die Richtungspfeile der Kräfte zum Körper hin, so handelt es sich um allseitig gleich großen Druck; zeigen die Richtungspfeile von dem Körper weg, um allseitig gleich großen Zug.

Da diese Verhältnisse in Flüssigkeiten gegeben sind, so bezeichnet man diese beiden Einwirkungen als *hydrostatischen* Druck oder Zug.

Ihrer Allseitigkeit halber können sich hydrostatische Kräfte in einem Körper nur so auswirken, daß sie die Mittelpunkte seiner Elementarpartikeln ausschließlich einander zu nähern (Druck) oder ausschließlich voneinander zu entfernen trachten (Zug). Demzufolge werden die Elementarteilchen in keiner Richtung „senkrecht zur Verbindungslinie ihrer Mittelpunkte" gegeneinander verschoben, d. h. ihre relativen gegenseitigen Lagebeziehungen ändern sich nicht.

Infolgedessen ist der Effekt hydrostatischer Kräfte eine *reine Volumänderung*. Die Gestalt des Körpers bleibt sich dabei in allen Einzelheiten gleich.

Ob es im Organismus auch hydrostatische Zugwirkungen gibt, muß dahingestellt bleiben. Von der Hand zu weisen ist diese Möglichkeit freilich nicht. (Man denke z. B. an die allseitigen Zugwirkungen, denen das Lungen- oder das Mediastinalgewebe bei Erweiterungen des Thoraxraumes ausgesetzt ist.) Ein allgemein wirksamer „funktioneller" Reiz dürfte der hydrostatische Zug indessen kaum sein; und zwar deswegen, weil er eben nur unter sehr speziellen Verhältnissen angenommen werden kann. Wir lassen ihn daher im folgenden außer Betracht.

Der Widerstand, den ein elastisches Material der allseitigen Kompression (Volumverminderung) entgegensetzt, ist eine das Material kennzeichnende Größe; man nennt sie Kompressionsmodul. Die reversible Volumveränderlichkeit selber ist die *Volumelastizität*.

2. Die Kräfte, die den Körper elastisch verformen, sind tangentiale, antiparallele Kräftepaare, die an diametral einander gegenüberliegenden Oberflächenelementen des Körpers in entgegengesetzten Richtungen angreifen. Es handelt sich also um Tangential-, d. h. Scher- oder Schubkräfte (s. Abb. 1 b; Abb. 54, $S - S$ und $S' - S'$).

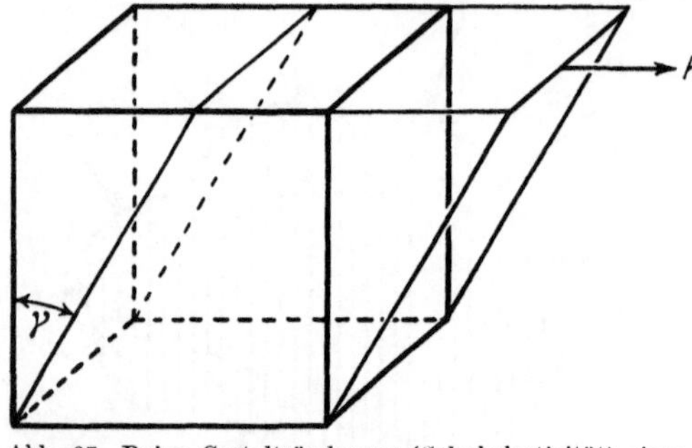

Abb. 67. Reine Gestaltsänderung (Schubelastizität) eines Würfels unter der Wirkung von Tangentialkräften (K). Das Volumen des Körpers (Grundfläche mal Höhe) bleibt dabei dasselbe. Die Verzerrung ist der Größe des Kippungswinkels γ proportional. Abb. 66 und 67 aus: Lehrbuch der Experimentalphysik von L. BERGMANN u. CL. SCHAEFER, I. Bd. Walter de Gruyter & Co., Berlin 1945

Man denke sich einen Würfel aus lauter Kartenblättern zusammengesetzt; er werde von reinen Schubkräften entsprechend der Abb. 67 verformt. Dabei bleiben Deck- und Bodenfläche Quadrate, die zur Kraftrichtung senkrechten Würfelflächen werden Rechtecke, die beiden übrigen Flächen werden Rhomben. Da sich an der Dicke der einzelnen Kartenblätter nichts geändert hat, ist auch das Produkt aus Grundfläche und Höhe, der Rauminhalt also, unverändert geblieben. Der Würfel hat eine *reine Gestaltsverzerrung* erlitten.

Am Volumen eines ausschließlich schubbeanspruchten Körpers ändert sich also nichts. Was die Art der Verformung kennzeichnet, ist ausschließlich die Gegeneinanderverschiebung der Elementarteilchen. Der Widerstand, den das Material dieser Verformung entgegensetzt, hängt davon ab, wie fest die Elementarpartikeln aneinander gebunden sind. Auch hier handelt es sich um eine das Material kennzeichnende Größe, nämlich den Schubmodul. Die reversible Gestaltsveränderlichkeit selber ist die *Gestaltselastizität*.

Volumelastizität und Gestaltselastizität sind zwei verschiedene, voneinander unabhängige Materialeigenschaften.

Beweis: Materialien, deren Elementarpartikeln frei gegeneinander verschieblich sind, widersetzen sich einer Gestaltsverformung nicht. Genauer: sie entwickeln keine Zwangskräfte, die die Gestaltsverformung rückgängig zu machen suchen. Hierher gehören alle Flüssigkeiten. Infolgedessen gibt es in Flüssigkeiten auch keine Schubspannungen, sondern nur Normalspannungen.

Der Widerstand, den eine Zelle einer *Gestaltsänderung* entgegensetzt, ist außerordentlich gering. Infolgedessen werden schon kleinste Kräfte, die auf die Zelle unmittelbar einwirken, beträchtliche Gestaltsänderungen dieses überaus weichen Gebildes hervorrufen. Ob es sich dabei um Druck-, Zug- oder Schubkräfte handelt, ist belanglos; der Effekt bleibt allemal derselbe — unter der einzigen Voraussetzung, daß die Druck- oder Zugkräfte an der Zelle nicht allseitig, sondern eben in einer bevorzugten Richtung angreifen.

Ist die Zelle aber gerichteten Druck- oder Zugkräften ausgesetzt, so wird sie entweder in der Druckrichtung abgeplattet oder in der Zugrichtung in die Länge gezogen (vgl. Abb. 64 und 65). Beide Einwirkungen bedingen eine Oberflächenvergrößerung, haben also Dehnung des Plasmalemms im Gefolge.

Stellt man sich nun vor, daß in das Plasmalemm Ketten- oder Fadenmolekeln ohne bestimmte Anordnung eingebaut sind, so werden diese fädigen Elementargebilde unter der Dehnung ausgerichtet, d. h. in die Dehnungsrichtung hineinverlagert. Dabei werden sie um so ausgesprochener parallel orientiert und sie lagern sich zu um so dichteren Aggregaten zusammen, je stärker die Dehnung und je mehr linear die Dehnungsrichtung ist.

Entstehung und Ausrichtung von Fibrillen kann man sich so viel besser vorstellen, als nach dem Rouxschen Denkschema, das einen „Zug *von außen her*" vorschreibt. In der Gewebekultur etwa gibt es keine äußeren Zugkräfte; trotzdem entstehen hier reichlich Fibrillen. Wie das ?

Vorausgesetzt, daß hierbei mechanische Ursachen überhaupt im Spiele sind, so braucht man sich nur vorzustellen, daß Zellen mit geringerem Wachstumsstreben oder daß Gewebsteile von schwächerem Turgor so zwischen stärker quellende und sich ausdehnende Nachbarn hineingeraten, daß sie „in die Klemme genommen" und so deformiert werden, wie etwa ein Weichmaterial zwischen der Handfläche und den eingekrümmten Fingern. Vorausgesetzt, daß dabei eine Ausweichmöglichkeit überhaupt besteht — wie z. B. bei der Hand nach der Zeige- oder Kleinfingerseite hin oder in beiden Richtungen —, so werden die Zellen nicht so sehr zusammengedrückt, als vielmehr *gedehnt*; und sie werden es um so kräftiger und die Dehnungsrichtung wird um so eindeutiger, je mehr die Ausweichmöglichkeiten aufs Lineare hin eingeschränkt sind.

Man sieht: der Reiz zur Fibrillenbildung braucht keineswegs „Zug" zu sein. Es kommt sogar sicherlich bei weitem häufiger vor, daß die Zellen unter „primärer Druckwirkung" Fibrillen bilden; denn der Reiz hierzu ist eben nicht Zug, sondern *Dehnung* (PAUWELS 1960b).

Die Beeinflussung der Zelle (oder eines zelligen Blastems) im Sinne[1] einer *reinen Volumverminderung* ist gegeben, wenn die Zelle entweder von allen Seiten her gleich stark komprimiert wird, oder — und das ist der Regelfall in der Wirklichkeit — wenn bei gerichteter (einachsiger) Druckkraft die Ausweichwiderstände nach allen Seiten hin gleich groß sind.

Das ist — um nur ein Beispiel anzuführen — dann der Fall, wenn Teile eines Frakturblastems in Resorptionslakunen der Stumpfenden oder in schlüsselförmige Vertiefungen der Spongiosakeile eingelassen sind. Werden solche Blastemteile nun von der Lakunenöffnung her unter Druck gesetzt, so kann das Material nach keiner Seite hin ausweichen, gerät also unter allseitig gleich großen (hydrostatischen) Druck.

---

[1] Die Kompressibilität des Zellplasmas und der halbflüssigen oder gallertigen Grundsubstanzen darf mit der Kompressibilität des Wassers etwa gleichgesetzt werden. Bei der geringen Kompressibilität des Wassers, dessen Volumen sich bei 1000 Atmosphären Druck nur um rund 5% verringert, darf das Zellplasma unter physiologischen Verhältnissen als inkompressibel betrachtet werden. Praktisch bedeutsame Volumverminderungen der Zelle gibt es also in Wirklichkeit nicht.

Im hydrostatischen Milieu kann einer Zelle nichts geschehen; weil ihre Kompressibilität verschwindend gering (oder ihr Kompressionsmodul sehr groß) ist, kann sie Drucke von beliebiger Größe aushalten.

Im allgemeinen ist die elastische Verformung eines Körpers zusammengesetzter Natur, so daß seine Gestalt und sein Volumen gleichzeitig verändert, d. h. Gestalts- und Volumelastizität miteinander beansprucht werden.

Für die Zelle ist nun ausschlaggebend, in welchem Mischungsverhältnis die beiden elastischen Verformungen zueinander stehen.

Ist z. B. ein vorwiegend zelliges Blastem in einen zugfesten und ziemlich prall gespannten Fasersack eingeschlossen, wie dies bei Frakturblastemen der Fall zu sein pflegt, so sind innerhalb dieses Sackes hydrostatische Verhältnisse gegeben. Wird das Ganze nun gerichteten Druckkräften unterworfen, so wird dem allseitigen Druck einachsiger Druck überlagert.

Gibt der Sack etwas nach — etwa auf Grund der Umstellung seines Maschengefüges — und beult er sich senkrecht zur Druckrichtung etwas vor, so werden die eingeschlossenen Zellen gleichsinnig, aber ganz minimal verformt: aus Kugeln werden Ellipsoide, deren lange und kurze Achsen nur wenig voneinander verschieden sind.

Stellt man sich vor, daß die Druckkraft nicht immer aus der gleichen Richtung kommt, sondern daß sie ihre Richtung wechselt, so werden die Zellen in derselben Weise verformt wie etwa ein Gummiballon, den man zwischen den Händen bald aus dieser, bald aus jener Richtung etwas zusammendrückt. Dabei wechseln die ringförmigen Zonen größter Dehnung fortwährend, so daß das Plasmalemm der Zelle ringsum und nacheinander etwa gleich großen Dehnungsreizen ausgesetzt wird. Dementsprechend umgibt sich die Zelle mit einem zugfesten Fibrillenmantel und wird so zur gekapselten Zelle.

Pauwels (1940) hat das folgendermaßen ausgedrückt: ⟨Das hydrostatische Milieu ... hat zur Folge, daß die jungen Keimgewebszellen, wenn sie auf Druck beansprucht werden, ... nur kleine Verformungen ... erleiden, die differenzierend wirken.⟩

Man darf also sagen: der spezifische *äußere* Reiz zur Knorpelbildung besteht darin, daß die Zelle unter hydrostatischen Druck gerät und dabei gleichzeitig kleine Verformungen erleidet.

Wie stark dieser hydrostatische Druck sein muß, um als Reiz zu wirken; bis zu welcher oberen Grenze die Zelle verformt werden darf, damit Hyalinknorpel entsteht; von welchem Verformungsgrad an die Zelle zwar noch gekapselt wird, die Grundsubstanz aber nicht mehr hyalinen, sondern vorwiegend faserigen Charakter annimmt; wo die Grenze liegt, jenseits deren die Zelle so stark abgeplattet und verzerrt wird, daß sie nur noch Fasern in der Dehnungsrichtung, aber keine Kapsel mehr ausbildet: das alles sind Fragen, die unbeantwortet bleiben müssen. Denn hierbei dreht es sich um rein quantitative Größen, die zu messen — sehr im Gegensatz zu den Materialien der Technik — alle Voraussetzungen fehlen.

Trotzdem läßt sich einwandfrei nachweisen, daß es feste kausale Beziehungen zwischen der Deformationsart und der Deformationsgröße einerseitts und der Differenzierung des Gewebes andererseits geben muß.

An Deformationen gibt es:

a) reine Dehnung, wenn das Gewebe reinen Zugkräften ausgesetzt ist;

b) Dehnung mit Druckkomponente, wenn das Gewebe entweder einachsigen Druckkräften („reiner" Druck) unterworfen ist, oder wenn es beansprucht wird von Schrägkräften, die eine Druckkomponente enthalten (s. Abb. 26d).

Die Deformations*größe* richtet sich in beiden Fällen danach, wie groß die Ausweichwiderstände sind, die sich der Querausdehnung (oder der Querkontraktion) des Gewebes oder der Zelle entgegenstellen.

Der Widerstand gegen die Querausdehnung (und damit gegen die Gestaltsverzerrung der Zelle) hängt ab

a) entweder von der Nachgiebigkeit der Blastemumhüllung, oder

b) von der Beschaffenheit der ungeformten Grundsubstanz, in die die Zelle eingebettet ist (halbflüssige oder festere Gallerte).

Zunächst einige praktische Beispiele, die eine bestimmte Regel- oder Gesetzmäßigkeit der Differenzierung und der Anordnung der Differenzierungsprodukte deutlich erkennen lassen: Wird ein Gewebe reinen, einachsigen Zugkräften entsprechend den Abb. 55c oder 65a ausgesetzt, so wird es ausschließlich *gedehnt*. Die hierbei maßgebliche elastische Eigenschaft der Zelle ist ihre Gestaltselastizität. Dementsprechend ist z. B. das Regenerat einer Tenotomiewunde stets rein faserig, Knorpelbildung wird nicht beobachtet (LEVI 1904).

Gerät ein Bindegewebe oder ein bindegewebiges Blastem unter hydrostatischen Druck, dem einachsiger Druck überlagert ist (wie z. B. bei der Querfraktur; vgl. Abb. 13 und 14 mit Abb. 2b), so beginnt die Verknorpelung von den pressenden Flächen her und nicht von der Blastemmitte aus. Es kommt daher nicht vor, daß ein Callusblastem in der Ebene seiner stärksten passiven Querdehnung (Callusäquator) bereits knorpelig sein könnte, während es in den Ebenen geringster passiver Querdehnung (Basen der Spongiosakegel) noch undifferenziert wäre.

Auch einer scheinbaren Selbstverständlichkeit sei hier ausdrücklich gedacht. Der Frakturcallus wird nicht selten an seiner freien Oberfläche von einer Knochenschale überzogen, die sich im allgemeinen von den Spongiosakegeln her in Richtung auf die Callusmitte zu vorschiebt (s. Abb. 14, über der konvexen Bruchseite; Abb. 15, links. Bei WURMBACH 1928 findet man weitere, dementsprechende Belege).

Dabei braucht der Callus noch keineswegs durch und durch verknorpelt zu sein. Daß aber ein entsprechend der Abb. 13 belasteter Frakturcallus von seiner Peripherie her verknorpelt, während er in seinem Innern noch undifferenziert ist, das habe ich noch nie gesehen. Stets schreitet die Verknorpelung von innen nach außen vor und nicht etwa umgekehrt.

Kommt es in einem Frakturblastem, das unter Längsdruck steht (vgl. Abb. 13), zu ausgiebigerer Bildung von unmaskierten Kollagenfasern, so liegen diese vorzugsweise im Bereiche des Callusäquators, d. h. in der Ebene stärkster Querdehnung. Die Fasern selber sind stets senkrecht zur „primären" Druckrichtung angeordnet (s. Abb. 8 und 14), sie verlaufen ihr nicht parallel.

Hierzu steht folgendes in Gegensatz: Bei den knorpeligen Epiphysenscheiben und den Gelenkknorpeln stehen die elliptischen Chondrone oder die Zellsäulen mit ihrer Längsachse auf den druckaufnehmenden Flächen (Knochen) senkrecht. Infolgedessen müssen auch die zwischen die Zellsäulen eingebauten Faserbündel senkrecht in die Knochenoberfläche einstrahlen, d. h. also *in der Druckrichtung* verlaufen — und das erscheint nicht gerade sinnvoll. Denn ein nur zugfestes Material in einen Körper so einzubauen, daß es bei der „spezifischen" Beanspruchung (Kompression) dieses Körpers gestaucht, d. h. also entspannt wird, widerspräche doch jeder Zweckmäßigkeit.

GEBHARD (1903) und BENNINGHOFF (1925) haben versucht, diese „paradoxe" Anordnung ausschließlich zugfester Baubestandteile trotzdem „funktionell" zu erklären: ⟨Die Region des Säulenknorpels — so BENNINGHOFF — erleide bei der Belastung einen Querdruck…⟩ Die Frage ist auch hier wieder einmal, wie die mehrdeutige Bezeichnung „Druck" verstanden werden soll.

Gehen wir von der Abb. 2a und b aus, so ergibt sich: die Abplattung des Körpers ist nur die vergrößerte Wiedergabe der Abplattung seiner Elementarteilchen. Soll sich aber eine einzelne Elementarpartikel zum Ellipsoid verformen, d. h. in der Quere an Durchmesser zunehmen, so kann sie das nur gegen den Verformungswiderstand ihrer Nachbarn tun. Sie muß die ihr vorgelagerten Teilchen vor sich herschieben, d. h. ein Stück weit in der Quere wegdrücken. Der Widerstand, der dabei überwunden werden muß, äußert sich in querer Druck*spannung*.

Insofern hätte BENNINGHOFF also durchaus recht, wenn er von „Querdruck" in einem axial komprimierten Körper spricht (vgl. PAUWELS 1960a und b). Freilich ist dieser Querdruck, oder genauer: die quere Druckspannung, die Erscheinungsform des Widerstandes, den das Material der Querausbauchung (s. Abb. 2b) entgegengesetzt oder — anders ausgedrückt — das Zeichen dafür, daß das Material sich gegen diese Querverformung wehrt. Demnach wird der „Querdruck" nicht „erlitten" (BENNINGHOFF, s. o.), sondern im Gegenteil aktiv hervorgebracht.

In Wirklichkeit hat BENNINGHOFF das auch ganz anders gemeint; denn er schreibt (l. c. S. 16): Bei der Belastung des Säulenknorpels ⟨werden die Grundsubstanzzüge zwischen den Säulen auf Querdruck *beansprucht und dabei in der Längsrichtung gedehnt*⟩[1].

„In der Längsrichtung gedehnt", d. h. also in der Skeletachse aufgerichtet, könnten die Grundsubstanzzüge nur dann werden, wenn der ganze Knorpel senkrecht zur Skeletachse, und zwar rings herum von seiner Mantelfläche her, zusammengedrückt würde: nämlich von einer äußeren, radiären Druck*kraft*.

Diese Radialkompression — nach ROUX also ein „primärer" Radialdruck — hätte dann — ebenfalls nach ROUX — „sekundären" Axialzug im Gefolge. So — und nur so — könnte es zur Dehnung in der Längsrichtung kommen.

In Wirklichkeit liegen die Verhältnisse genau umgekehrt. Denn der „primäre" Druck wirkt bei den Gelenk- und Fugenknorpeln doch stets parallel der Skeletachse und damit auch *in der Richtung* der Grundsubstanzzüge. Wird daher der Knorpel abgeplattet (d. h. also das Gegenteil von „längs gedehnt"), so werden die Grundsubstanzzüge radiär-zentrifugal ausgebaucht (s. Abb. 2a und b), keinesfalls aber aufgerichtet.

BENNINGHOFF (1925) hält die Vorstellung, nach der die Grundsubstanzzüge unter „Querdruck" axial gestreckt werden — sie stammt von GEBHARD (1903) und verwechselt offenkundig quere Druck*spannung* mit querer Druck*kraft* — allerdings ⟨für erwiesen⟩ (l. c. S. 16).

Im übrigen scheint es beiden — BENNINGHOFF und GEBHARD — nicht in den Sinn gekommen zu sein, daß sie sich mit dieser Vorstellung nicht nur abseits der Gesetze der Mechanik, sondern auch in Widerspruch zu ihrem Gewährsmann ROUX gestellt hatten. Denn ROUX (vgl. oben S. 12) hatte vom „primären" Druck das genaue Gegenteil hergeleitet: nämlich „sekundären" Quer*zug*.

Daß es in einem „primär" zusammengedrückten Körper diesen Rouxschen „sekundären" Zug allerdings auch nicht gibt — worauf PAUWELS (1960a und b) ausdrücklich aufmerksam gemacht hat —, sei nur nebenbei erwähnt.

Mit „Funktionsarchitekturen" in dem Sinne, daß die zwischen den Zellsäulen verlaufenden Grundsubstanzzüge *unter der Belastung* entstanden wären, haben jene in der Druckrichtung angeordneten Faserbündel nicht das geringste zu tun — genausowenig wie die Zellsäulen selber. Beim Säulenknorpel — er mag auftreten wo er will — handelt es sich vielmehr stets um eine rein wachstumsbedingte Ausrichtung, wie ich in einer besonderen Arbeit und anhand experimenteller Ergebnisse noch zeigen werde. Einstweilen genügt es, auf die Abb. 22 hinzuweisen, in welcher der neugebildete Knorpel deutliche Säulenarchitektur besitzt, obwohl er ganz ohne „funktionelle" Belastung entstanden ist (s. S. 71f.).

Soll nun begründet werden, *warum* beim Frakturcallus — als übersichtlichstem und am besten analysierbarem Beispiel — die Verknorpelung stets von den

---

[1] Im Original nicht hervorgehoben.

knöchernen Auflagern her beginnt, und *warum* die Faserbildung in der Ebene des Callusäquators am stärksten ausgeprägt zu sein und am längsten erhalten zu bleiben pflegt, so muß man ausgehen von einem Modell aus homogenem Material, das dem Frakturcallus analog belastet und verformt wird. Denn nur auf diese Weise ist es möglich, eine Anschauung von der Verformungsart und der Verformungsgröße der Elementarteilchen zu erhalten; meßbare Größen also, deren Verteilung und deren gegenseitige Beziehungen auf das biologische Analogon im grundsätzlichen übertragbar sein müssen, wenn die Theorie richtig sein soll. Das ist nun tatsächlich der Fall.

Betrachten wir den Frakturcallus als ein elastisch verformbares Material, das zwischen die Bruchenden und zwischen die Stirnflächen der angebauten Spongiosakegel eingefügt ist (vgl. Abb. 13), so ergeben sich aus der Druckbelastung des Callus die grundsätzlich gleichen Verhältnisse wie bei einem analog belasteten Vergleichskörper (s. Abb. 2b): das Blastem wird in der Druckrichtung abgeplattet und senkrecht dazu gedehnt.

Weil nun das Blastem mit seinen knöchernen Auflagern unverschieblich verbunden ist; weil weiterhin das Periost der Spongiosakeile in den Blastemsack unmittelbar übergeht (s. Abb. 14, unten, und Abb. 17), so kann das Blastem an der Knochengrenze entweder gar nicht oder nur ganz minimal nach der Seite hin ausweichen, wenn die Bruchenden sich einander nähern (Druckwirkung). Infolgedessen können hier auch die Zellen nur ganz wenig oder gar nicht verformt werden; was also beansprucht wird, ist fast ausschließlich ihre Volumelastizität.

Je weiter dagegen die Zellen von den pressenden Flächen entfernt sind, d. h. je näher sie dem Callusäquator liegen, desto stärker werden sie unter der Druckwirkung abgeplattet und desto ausgesprochener wird ihre Gestaltsverzerrung.

Aus der Abb. 2b, in die allerdings nur drei Reihen von Verformungsellipsen schematisch eingezeichnet sind, ist das ablesbar; die langen Ellipsenachsen sind in der mittleren Reihe größer als in der oberen und in der unteren Reihe.

Ob die Zellen eines Frakturcallus mehr in Richtung ihrer Volumelastizität oder stärker in Richtung ihrer Gestaltselastizität beansprucht werden, hängt selbstverständlich von zwei Momenten ab; nämlich von der Größe des einachsigen Druckes und von der Festigkeit der Blastemumhüllung. Je höher der Druck und je nachgiebiger der Blastemsack ist, desto ausgeprägter wird seine Querausbauchung und damit die Querdehnung (Gestaltsverzerrung) der eingeschlossenen Blastemzellen sein.

Im ersten Stadium der Frakturheilung (etwa bis Mitte oder Ende der 2. Woche) ist die Blastemumhüllung noch wenig widerstandsfähig, so daß die Blastemzellen bei den Bewegungen an der Frakturstelle und bei den Verformungen des Callus vorwiegend gestaltsverzerrt werden. Infolgedessen steht in diesem Stadium der Frakturheilung die Faserbildung ganz im Vordergrund; die erste Verbindung zwischen den Bruchstümpfen ist fast rein faserig (Bindegewebscallus). Je widerstandsfähiger aber der Blastemsack wird, desto weniger gibt er den deformierenden Einwirkungen (Wiedereinsetzen der Muskeltätigkeit, s. S. 50f.) nach. Der hydrostatische Binnendruck steigt mehr und mehr an, die Spannung des Blastemsackes wird immer praller, so daß die eingeschlossenen Zellen immer weniger verformt, d. h. immer ausgeprägter im Sinne einer reinen Volumenverminderung (Volumelastizität) beansprucht werden. Am frühesten ist dieser Zustand an den pressenden

Flächen erreicht, so daß hier die erste Verknorpelung einsetzt. Von hier aus schreitet sie dann allmählich gegen die Querschnittsebene stärkster Querdehnung (Gestaltsverzerrung) vor. Die Kapselung der Zellen und die vollständige Maskierung der Fibrillen erfolgt hier zuletzt. In der Abb. 14 ist — bezeichnenderweise in der mittleren Querschnittsebene des Callus — noch ein schmaler Querstreifen zu sehen, der bei stärkerer Vergrößerung noch Reste unvollständig hyalinisierter, also faseriger Grundsubstanz erkennen läßt (s. WURMBACH 1928, Abb. 7, oder PAUWELS 1960b, Abb. 17).

Ist bei zunehmender Dicke und Festigkeit der Callusumhüllung, die inzwischen zum Perichondrium des Callusknorpels geworden ist, der Deformationswiderstand so groß geworden wie die verformende Kraft, so ist jener Gleichgewichtszustand erreicht, den PAUWELS (1940) als aktiven Verspannungs- und Stabilisierungsmechanismus bei der Frakturheilung beschrieben hat. Die Bruchstümpfe sind nun so fest gegeneinander verstrebt, daß wechselnde Verformungen des Knorpelcallus nicht mehr stattfinden: die Knorpelgrundsubstanz verkalkt, die enchondrale Verknöcherung kann beginnen.

Wird dieser Gleichgewichtszustand zwischen verformenden Kräften und Verformungswiderstand dagegen nicht erreicht; sind insbesondere dem allseitigen Druck intermittierende, quere Schubkräfte überlagert, wie dies bei Schrägbrüchen besonders gern vorkommt und bei der „geführten Biegung" (s. Abb. 20) regelmäßig der Fall ist, so werden die Zellen des Callus viel ausgiebiger gestaltsverzerrt (abgeplattet), als unter der Wirkung reiner Druckkräfte. Weil unter der Schubwirkung die Abplattung dreimal so groß ist wie bei der Einwirkung gleich großer Druckkräfte (s. S. 145), wird die einzelne Calluszelle eindeutig hinsichtlich ihrer Gestaltselastizität beansprucht. Sie wird also ganz vorwiegend gedehnt und bildet infolgedessen keinen hyalinen, sondern allenfalls Faserknorpel oder gar — bei entsprechend starker Schubwirkung (s. Abb. 4 und dazugehörigen Text) — reines kollagenfaseriges Bindegewebe.

Setzt man also an die Stelle der „spezifischen Einwirkungen" (Druck-, Zug- oder Schubkräfte) oder an die Stelle der spezifischen Spannungsqualitäten (ROUX) die *spezifische Verformung der Zelle* (PAUWELS 1940 und 1960b), so lösen sich alle Schwierigkeiten der kausalen Binde- und Stützsubstanzdifferenzierungen, soweit äußere Kräfte dafür ursächlich in Betracht kommen. Denn nun ist es nicht mehr ein Gemisch verschiedener Einwirkungen und verschiedener Spannungen, unter denen die Zelle auszuwählen hätte, sondern ein Reiz, der die Zelle unmittelbar trifft und der deshalb für die Zelle unmißverständlich ist: nämlich der Angriff auf *ihr Volumen* oder der Angriff auf *ihre Gestalt* als äußerste Pole einer langen, kontinuierlichen Kombinationsreihe.

Bleibt noch eine letzte Frage: nämlich aus welchen Ursachen ein Blastem sich in knorpeliger Richtung differenziert, obwohl seine Zellen allen äußeren mechanischen Einwirkungen entzogen sind.

ROUX hatte die Antwort darauf nicht geben können. Er hatte sich beholfen, indem er „Selbstdifferenzierung" sagte. Was damit gemeint sein soll, umschreibt ROUX (1895, Bd. II, S. 821) folgendermaßen: ⟨Unter „*Selbstdifferenzirung*" in der Entwickelung eines „Organismus" resp. eines „Theiles" desselben verstehe ich, daß eine Veränderung oder eine ganze Folge von Veränderungen dieses Organismus, resp. dieses Theiles desselben, sich *durch gestaltende oder qualitativ differenzirende* Energien vollzieht, welche in dem „veränderten Ganzen", resp. in dem „veränderten Theile" selber gelegen sind.⟩ Oder an anderer Stelle: ⟨Selbstdifferenzierung [ROUX 1881], Autodifferentiatio, gestaltliche Selbstveränderung eines … Gebildes … ist die Differenzierung desselben durch in ihm selber gelegene „determinierende", heißt die „Art", die „Qualität" der Veränderung bestimmende *Faktoren.*⟩ (ROUX 1912, S. 365f.)

Was für ⟨gestaltende⟩ oder ⟨qualitativ differenzierende Energien⟩ das sein sollen oder welcher Natur diese ⟨determinierenden Faktoren⟩ sind, das hat ROUX allerdings niemals auch nur andeutungsweise festgesetzt. Man muß sie offenbar als „gegeben" hinnehmen. Früher, d. h. vor ROUX, hatte man sich in ähnlicher Weise beholfen; nur hatte man ganz schlicht „Nisus formativus" gesagt.

Mit ROUXs „gestaltenden Energien" hat sich O. HERTWIG (1897) ausführlich auseinandergesetzt, und ROUX (1897) hat darauf sofort und sehr heftig entgegnet. Wer es sich ersparen will, ROUXs Definitionen der „Selbstdifferenzierung" und der „abhängigen Differenzierung", der „typischen" und der „atypischen Entwickelung" zusammenzusuchen und einander gegenüberzustellen — es ist nicht weniger mühsam als herauszufinden, was „Abscherung" bedeutet —, der sei auf O. HERTWIGs Schrift über „Mechanik und Biologie" (1897) ausdrücklich verwiesen.

Zu dieser literarischen Fehde, bei der O. HERTWIG allerdings mit besseren Gründen (und mit sympathischeren Waffen) focht, sei noch folgendes bemerkt: Mit welchem Spott bereits L. FICK (1857!) die „gestaltenden Kräfte" und den „Nisus formativus" als wissenschaftlich unbrauchbare Scheinerklärungen verätzt hatte, das scheint O. HERTWIG nicht bekannt gewesen und ROUX entgangen zu sein. Bei ROUX ist das um so erstaunlicher, als er in seiner Erwiderung an O. HERTWIG gerade L. FICK, und zwar gewissermaßen als Eideshelfer für die eigene Partei, benennt (ROUX 1897, S. 274f.). L. FICK spricht nämlich schlichtweg und ganz unmißverständlich vom ⟨gespenstigen Erlkönig Bildungstrieb und seinen dämonischen Töchtern, den typischen Kräften⟩, die es zu verscheuchen gelte.

Ob man nun „typische Kräfte" sagt oder „gestaltende Kräfte" (ROUX 1897) oder „gestaltende, qualitativ differenzierende Energien": das ist doch alles dasselbe, und erklärt ist damit gar nichts. Soll es sich dabei etwa um mechanische, um chemische, um hormonale oder um Stoffwechsel-„Wirkungen" handeln? Man weiß es nicht; es ist noch nicht einmal die Richtung bezeichnet, in der man diese „Energien" oder „Wirkungen" zu suchen hätte.

Die „Selbstdifferenzierung" spielt nun — nach ROUX — bei der „typischen Entwickelung" eines Organismus (oder „eines Theiles desselben") fraglos eine gewichtige Rolle. Die typische Entwicklung selber charakterisiert ROUX (1895, Bd. II, S. 814) folgendermaßen: ⟨Die „typische Entwickelung" ist … Bildung von Geordnetem aus einem in sich Geordneten aber atypisch Begrenzten, und zwar eines typischen Ganzen aus einem atypisch begrenzten (also auch atypisch gelegenen) Theile eines solchen, und zwar sowohl aus dem Theile eines bereits auf der Endstufe formaler Complication angekommenen oder erst auf dem Wege dazu begriffenen Gebildes.⟩

Das ist nun höchst „analytisch" ausgedrückt und nicht eben leicht zu verstehen. Versuchen wir es mit einer praktischen Anwendung?

Der zusammengesetzte Frakturcallus (knöcherne Spongiosakegel, Zwischenknorpel, perichondrale Faserhülle) entsteht „aus einem in sich Geordneten, aber atypisch Begrenzten", nämlich aus dem zellig-faserigen Frakturblastem, und dieses ist durchaus „atypisch" gelegen: weil es beim normalen Knochen etwas Derartiges nicht gibt. Aus diesem „atypisch begrenzten" Frakturblastem entwickeln sich zuerst die Spongiosakegel, die — wenigstens vorläufig — als Gebilde betrachtet werden können, die „auf der Endstufe formaler Complication angelangt" sind (spongiöser Knochen mit primären Markräumen und periostaler Außenhülle).

Der Zwischencallus dagegen muß sich erst noch knorpelig ausdifferenzieren. Er ist daher — und erst recht im Hinblick auf seine noch ausstehende enchondrale Verknöcherung — als ein „erst auf dem Wege zur Endstufe formaler Complication begriffenes Gebilde" anzusehen.

Der Frakturcallus ist also tatsächlich ein „typisches Ganzes und typisch Begrenztes“ (und dazu noch typisch Geformtes, s. S. 52 und Abb. 12), entstanden aus einem „atypisch Gelegenen und atypisch Begrenzten“.

Seltsamerweise entsteht nun ein solch typischer Frakturcallus keineswegs nur unter der mechanischen Belastung der Fragmente und des Zwischenblastems, d. h. als „funktionelle Anpassung“ an eine „spezifische Beanspruchung“; er kann genausogut auch afunktionell, aber nicht weniger „typisch“ aus einem mechanisch unbehelligten Zwischenblastem hervorgehen: WEHNER (1920) hatte gebrochene Knochen frei in Weichteile transplantiert und trotzdem ganz typische Frakturheilungen erhalten. Wir brauchen auf das in Abb. 17 beschriebene (und noch extremere) Beispiel also nicht erst zurückzugreifen.

Für solche „funktionellen“ Anpassungen, die sich ganz von selbst (d. h. ohne ersichtlichen Anpassungszwang) einstellen, paßt nun genau, was ROUX (l. c. S. 814) geschrieben hat: ⟨Aus der atypischen Begrenzung des sich zum typischen Ganzen umbildenden Theiles folgt, daß diese Umbildung sich im Speciellen auf *einem jedem Einzelfalle angepaßten Wege* vollziehen muß. Diese Anpassung ist es, die, sofern sie eine directe ist, den Anschein des *Wunderbaren, Metaphysischen*[1] hat⟩ — womit wir geradewegs bei DRIESCHs transzendentem Ingenieur, der Entelechie, angelangt wären (vgl. v. BERTALANFFY 1928).

Zwar werden wir von ROUX (l. c. S. 815) gleich darüber belehrt, ⟨daß hier (sc. bei der Regeneration) doch nichts Metaphysisches vorliegt⟩, weil bei den höheren Organismen ⟨die Leistungsfähigkeit dieses anscheinend wunderbaren Vermögens auf bestimmte Mechanismen⟩ beschränkt, d. h. auf erkennbare Zusammenhänge eingeengt werde. Über die Natur dieser „Mechanismen“ erfahren wir von ROUX allerdings genausowenig wie über die Beschaffenheit der „gestaltenden Kräfte“ oder der „gestaltenden, qualitativ differenzierenden Energien“ (s. o. S. 154 f.).

Wollen wir aber bei der Gewebedifferenzierung von *Mechanismen* — und zwar ganz im Sinne ROUXs! — sprechen, so kann es sich allemal nur um „Material“, um Kraft, um Verformung und um Spannung handeln. Nichts sonst. Das sind wohldefinierte Angelegenheiten, die weder etwas „Wunderbares“ noch etwas „Metaphysisches“ an sich haben. Freilich: hat man sich bei der Knorpelbildung auf die „Abscherung“, und bei dieser letzteren auf *äußere Kräfte* als alleinige Differenzierungsursache festgelegt (ROUX, s. o. S. 41), so mag es schon wunderbar erscheinen, wenn z. B. bei der Heilung einer unbelasteten Fraktur (s. o. S. 60 ff.) ein knorpeliger Callus herauskommt, der durchaus „funktionell angepaßt“ aussieht, der aber erwiesenermaßen ohne jede Funktion entstanden ist. Denn dann weiß man in der Tat nicht, woher man die „gestaltenden Kräfte“ nehmen soll.

J. SCHULTZ[2] hat sich über den Begriff des „Zweckmäßigen“, der gleichzeitig ⟨jeden Gedanken an ein Zwecke setzendes Bewußtsein verbannen will⟩, spöttisch genug geäußert. Man könnte seinen Ausspruch folgendermaßen abwandeln: Wer „funktionelle Anpassung“ sagt, ohne die Funktion genau zu benennen und als tatsächliche Differenzierungsursache exakt zu beweisen; wer „Mechanismus“ sagt, ohne den mechanischen Vorgang selber genau zu beschreiben: ⟨der sagt ein Wort ohne Sinn in die blaue Luft. Und umschreibt mit toten Buchstaben, statt zu erklären.⟩ (J. SCHULTZ, l. c. S. 32.)

W. HIS hatte unvoreingenommen und unbeirrt eine klare Frage gestellt: nämlich ⟨warum denn hier das eine, dort das andere Gewebe entsteht⟩. Diese Frage war nicht zu beantworten, indem man lediglich die ungestörte Embryonalentwicklung beobachtete, um aus dem örtlichen Nebeneinander und dem zeitlichen Nacheinander der Differenzierungsvorgänge seine Schlüsse zu ziehen. ROUX hatte richtig gesehen, ⟨daß die reine Beobachtung nur bis zur Fragestellung führt, während die sichere Antwort dem Experiment vorbehalten bleibt⟩ (H. SPEMANN 1936). Außerdem entstehen beim Embryo ja nicht nur verschiedene Gewebe, sondern auch immer ganz bestimmte, artspezifische Formen; und eben diese letzteren sind von der reinen Mechanik her ursächlich nicht zu erklären (s. S. 110 f.). Wie sollte man es z. B. „mechanisch“ deuten, daß in der Ontogenese

---

[1] Im Original nicht hervorgehoben.
[2] „Die Maschinen — Theorie des Lebens.“ Göttingen 1909.

hier ein Knorpel*stab* (lange Skeletstücke), dort ein Knorpel*ring* (Cricoid); das eine Mal ein Knorpel*polyeder* (Hand- und Fußwurzel), das andere Mal eine Knorpel-*platte* (Cartilago septi nasi) aus dem Mesenchym herausmodelliert wird?

Wo das Problem der „spezifischen Differenzierung" mit dem Problem der „typischen Formbildung" so eng verquickt ist wie hier; wo das eine undenkbar erscheint ohne das andere, so daß man für beide einen „Ganzheitsfaktor" oder ein „ganzheitliches Moment" (v. BERTALANFFY 1928) annehmen zu müssen glaubt: da ist es mit der Mechanik genauso aus wie es mit der Kausalität vorbei ist. Denn „Ganzheit" ist eine Idee — aber niemals eine Ursache. Mit Ganzheit kann kein Experimentator arbeiten. Und einen neuen, „positivistischen Teleologiebegriff" aufzustellen, indem man von ⟨gesetzmäßiger Abhängigkeit eines gegenwärtigen A von einem zukünftigen (!) B⟩ redet — wie dies v. BERTALANFFY (1928, S. 81) allen Ernstes vorgeschlagen hat —, das wäre reine Phantasie.

Wollen wir also in dem sicheren Bereiche des *Mechanisch*-Kausalen bleiben, so müssen wir alles beiseite lassen, was mit „Ganzheit" zu tun hat. Hierher gehört die gesamte embryonale Formentwicklung, genauso aber auch die Regeneration ganzer Glieder (z. B. bei Triton) oder die Wiederherstellung des Ganzen aus Bruch-stücken (z. B. bei Hydra oder bei DRIESCHs Seeigelversuch).

Wir müssen einen fertigenOrganismus befragen, der sein Ganzheitsproblem gelöst und der seine Formbildung bereits abgeschlossen hat; einen Organismus, der einen umschriebenen Defekt ergänzt, und zwar unter Verhältnissen, bei denen die Frage nach örtlichen mechanischen Wirkungen überhaupt einen Sinn hat: nämlich insofern, als diese mechanischen Wirkungen erweislich sind. Mit anderen Worten: die Frage nach der Ursächlichkeit mechanischer Faktoren muß so gezielt sein, daß sie den Ansatz zu experimenteller Prüfung wirklich in sich trägt.

Ein besonders günstiges Versuchsobjekt ist hier abermals der verletzte Knochen. Der Frakturcallus eines erwachsenen Tieres liefert Differenzierungen von einer so bezeichnenden Örtlichkeit, daß sich die Frage nach den Ursachen dieser örtlich typischen Gewebscharaktere von selber stellt. Im Falle eines me-chanisch belasteten Frakturblastems konnte sie befriedigend beantwortet werden (PAUWELS, s. o. S. 45ff.). Nun entstehen aber z. B. die Kollagenfibrillen, die im Frakturcallus gar nicht selten zu finden sind, dann aber stets an typischer Stelle (Callusäquator) und stets in typischer Ausrichtung (senkrecht zur Knochen-längsachse) vorliegen, keineswegs nur unter einer äußeren, das Blastem abplatten-den Druckwirkung. Man findet sie nämlich an der gleichen Stelle und in derselben Ausrichtung auch dann, wenn die Annäherung der Bruchstümpfe (Druckwirkung) oder eine seitliche Verschiebung der Bruchflächen (Querschub) ursächlich gar nicht in Betracht kommen (s. Abb. 17 und Legende).

Hieraus darf man zumindest folgenden Schluß ziehen: wenn ein mesenchym-ähnliches Blastem, das doch das ganze Spektrum binde- und stützgewebiger Differenzierungsmöglichkeiten enthält, von seiner Pluripotenz durchaus keinen regellosen Gebrauch macht; wenn z. B. ein von äußeren mechanischen Einwir-kungen unbeeinflußtes Frakturgewebe an bestimmten Stellen eine ganz bestimmte Differenzierungsrichtung einschlägt; wenn schließlich ein derart künstlich funktionslos gemachter Frakturcallus gegenüber einem „funktionell beanspruch-ten" nicht nur keine grundsätzlichen Verschiedenheiten, sondern im Gegenteil grundsätzliche Übereinstimmung zeigt (vgl. Abb. 14 mit Abb. 17): dann dürfte es doch näher liegen, nach einem allgemein gültigen Differenzierungsprinzip des Knorpels zu suchen, anstatt zwischen „funktioneller" und „afunktioneller" Chondrogenese grundsätzlich zu unterscheiden.

Bei der Fraktur — als Spezialfall — ist die Wahrscheinlichkeit, daß die wachsenden und sich vermehrenden Zellen auf allseitigen Widerstand stoßen, besonders hoch. Die knöchernen Bruchflächen, die Stirnflächen der angebauten Spongiosakegel, der zunehmend sich verstärkende faserige Blastemsack: das alles bildet nach kurzer Zeit ein Gehäuse, in welchem den Zellen die Ausdehnungsmöglichkeit mehr und mehr beschnitten wird. Schreiten Zellvermehrung und Zellvergrößerung weiterhin fort, so kann dies nur entgegen dem sich steigernden Widerstand der Umgebung geschehen, so daß die Zellen schließlich unter allseitigen (hydrostatischen) Druck geraten.

Damit sind aber die grundsätzlich gleichen Verhältnisse gegeben wie bei einer Fraktur, deren Bruchstücke infolge der wiedereinsetzenden Muskeltätigkeit zunehmend gegeneinander abgewinkelt werden (s. S. 50ff.). Während aber im letzteren Falle die allseitige Zellkompression zum wesentlichen Teil von äußeren Kräften verursacht ist, entsteht der hydrostatische Zustand in einem mechanisch nicht beeinflußten Blastem (vgl. den Callus in der Abb. 17 und dazugehörigen Text) auf Grund rein innerer Kräfte, nämlich infolge des Wachstums- und Quellungsdruckes der eingesperrten Zellen.

Hierauf gründete PAUWELS seine Überlegung, indem er sich sagte: Hydrostatischer Druck kann jederzeit und ganz ohne äußere mechanische Einwirkung entstehen, wenn die einzelne Zelle (oder ein Zellkomplex) sich rascher auszudehnen. d. h. zu wachsen oder zu quellen strebt, als die Umhüllung nachzugeben vermag.

Diese Idee, welche die Erklärungsschwierigkeiten der „afunktionellen" Chondrogenese aufhebt und eine mechanische Erklärung in allen Fällen — also sehr im Gegensatz zu ROUX auch in der Embryonalentwicklung! — gestattet, hat PAUWELS (1960b) zum Gegenstand einer neuen Theorie gemacht und im einzelnen ausführlich begründet. Es genügt daher, auf diese Arbeit zu verweisen. In Wirklichkeit findet man diesen Gedankengang bereits in PAUWELS' Abhandlung von 1940; nur eben: versteckt in einen knappen Nebensatz, den man allzu leicht überliest. Es heißt dort (l. c. S. 72): ⟨Das hydrostatische Milieu, in dessen Bereich sich das erste Blastem (sc. bei der Fraktur) entwickelt *oder das durch dieses selbst gebildet wird*[1], hat zur Folge, daß die jungen Keimgewebszellen ... vor grober Verformung geschützt sind ... und nur kleine Verformungen von tragbarer Größe erleiden, die differenzierend wirken.⟩

Mit dieser Theorie, die *im Quellungs- und Wachstumsdruck gegen allseitigen Widerstand*, also in einer durchaus mechanischen Voraussetzung, die Ursache der Knorpelbildung sieht, lassen sich alle die Beispiele zwanglos ursächlich deuten, von denen im experimentellen Teil dieser Abhandlung die Rede war und für welche ROUXs Hypothese die zutreffende kausale Erklärung nicht geben konnte.

Hier könnte man allerdings — und zwar mit Recht — folgendermaßen entgegnen: mit Zellwachstum und Zellquellung wird ein Faktor zur Ursache gemacht, der sich — sehr zum Unterschied von äußeren mechanischen Einflüssen — experimentell nicht ohne weiteres verwirklichen und der sich erst recht nicht an einer

---

[1] Im Original nicht hervorgehoben.

bestimmten Stelle mit Sicherheit erzwingen läßt; denn ⟨der Wachstumstrieb embryonaler Zellen ist mechanisch nicht ableitbar⟩ (W. His 1865). Ist also hier — so könnte man fragen — nicht etwas zum bildenden Prinzip erhoben, was im Grunde genausowenig faßbar und auflösbar ist, wie Rouxs „Selbstdifferenzierung" (als Ausdruck „vererbter Entwickelungsfähigkeit"), so daß das Problem — genau wie bei Roux — in Wirklichkeit nur auf eine andere und genauso unzugängliche Ebene verlagert wird?

Wachstum und Volumvermehrung als unmittelbare Tätigkeiten der lebendigen Zelle sind in der Tat unberechenbar. Ob ein Blastem wächst; wie stark dieses Wachstum und damit die Expansion sein wird; ob dieses Ausdehnungsstreben auf allseitigen Widerstand stoßen und wo dies der Fall sein wird: all das sind Dinge, die sich nicht vorhersagen lassen. Nehmen wir noch hinzu, daß alle Beispiele, die im vorigen gegen Rouxs Hypothese ins Feld geführt wurden, Zufallsbefunde sind, so könnte man abermals fragen: Ist der hydrostatische Druck als Differenzierungsursache nicht nachträglich in diese Knorpelgebilde hineinprojiziert, so daß seine ursächliche Bedeutung aus den histologischen Gegebenheiten lediglich abgeleitet, aber keineswegs bewiesen ist?

Die Antwort konnte nur das Experiment geben; und zwar — wie Roux sagen würde — ein „kausal-analytisches" Experiment. Seine Verwirklichung sieht folgendermaßen aus: Das Regenerationsblastem einer Fraktur wird gegen alle äußeren mechanischen Einflüsse abgeschirmt, so daß als mechanische Faktoren ausschließlich die Vermehrung oder die Volumzunahme der Einzelzellen (oder beides zugleich) übrigbleiben. Dem Blastem wird von Anfang an ein unnachgiebiges, glattwandiges Gehäuse als Entwicklungsraum angeboten (s. Abb. 47 und dazugehörigen Text).

Glatte Wände gehören zu den Versuchsbedingungen, und zwar aus folgendem Grund: Können sich die Zellen der peripherischen Blastemteile an Rauhigkeiten oder Vertiefungen der Wand anheften, so müssen sie äußeren Dehnungs- oder gar Schubeinwirkungen ausgesetzt werden, sobald die weiter zentral gelegenen Zellmassen sich in der Richtung der Hülsenkuppel an den peripherischen Gewebsschichten vorbeischieben. Eben das mußte vermieden werden.

Dehnt sich das Blastem nun aus, so muß es über kurz oder lang auf die umschließenden Wände, d. h. auf allseitigen Ausdehnungswiderstand stoßen. Und hängt die Knorpelbildung tatsächlich mit dem hydrostatischen Druck ursächlich zusammen, so darf bei dieser Versuchsanordnung die Verknorpelung des Blastems kein reines Zufallsergebnis mehr sein. Jetzt muß sie mit signifikanter Häufigkeit eintreten, so daß sie mit statistisch großer Wahrscheinlichkeit vorausgesagt werden kann.

Das ist nun tatsächlich der Fall. Eine größere Serie von Versuchen, die entsprechend dieser Anordnung durchgeführt wurden, lieferte so regelmäßig knorpelpositive Ergebnisse, daß Pauwels' Theorie als experimentell gesichert bezeichnet werden darf.

Aus dieser Versuchsserie, über die in einer besonderen Arbeit ausführlich berichtet werden soll, sei vorwegnehmend folgende Einzelbeobachtung herausgegriffen: Die Abb. 68 entstammt den wandnahen Teilen eines Frakturblastems, das innerhalb einer Plexiglas-Hülse (s. Abb. 47) 9 Wochen lang gewachsen war. In der oberen Bildhälfte liegen die Anschnitte ziemlich kugeliger Zellen, die von Kapseln unterschiedlicher Wandstärke und von verschieden breiten Höfen einer basophilen Grundsubstanz umgeben sind. In der unteren Bildhälfte dagegen liegen Zellen von eindeutig mesenchymalem Charakter. Sie haben teils groblappige, teils schmale oder zipfelförmige Ausläufer, mit denen sie untereinander zusammenhängen.

Und nun ist die Frage: Wie können — nach ROUX — in einem Gewebe, das äußeren Kräften („Druck mit Verschiebung") sicher nicht ausgesetzt ist, knorpe-

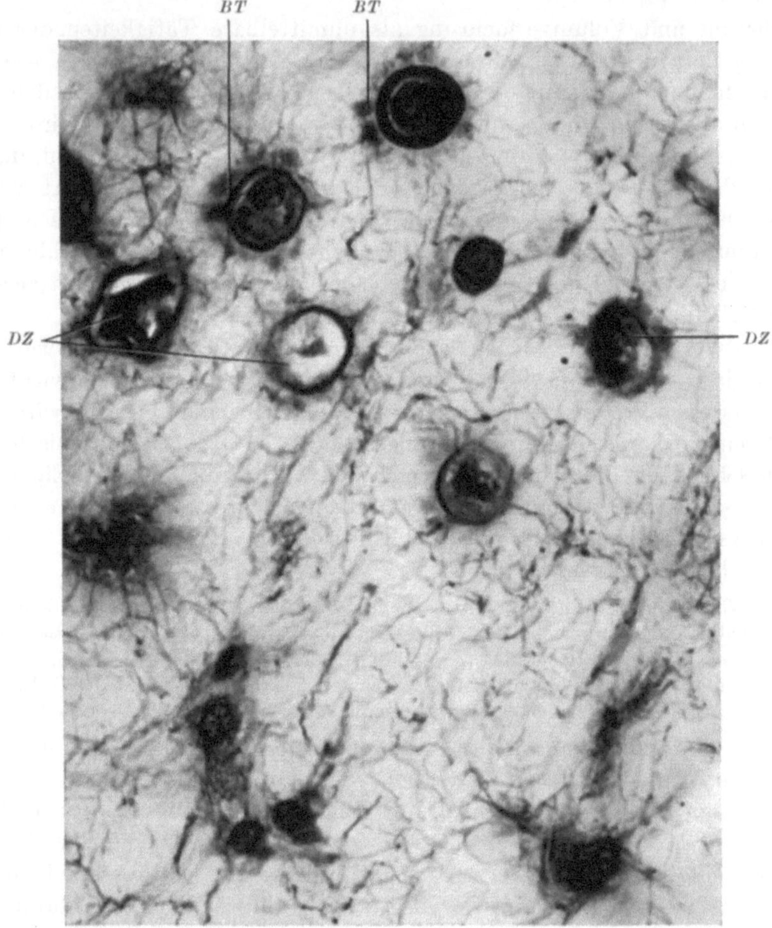

Abb. 68. Ausschnitt aus dem Regenerat eines Frakturstumpfes, der in eine Plexiglas-Hülse (s. Abb. 47) eingeschlossen war. Versuchsdauer 9 Wochen. — Obere Bildhälfte: die weit auseinanderliegenden Zellen haben sich mit verschieden dicken und verschieden stark basophilen Kapseln umgeben. Untere Bildhälfte: mesenchymähnliche und undifferenziert gebliebene Zellen, links unten mit ihren Ausläufern zusammenhängend. Das Gewebe erinnert an das gallertige Bindegewebe des Nabelstrangs. *BT* basophile Tüpfelung der pericellulären Grundsubstanz (wahrscheinlich Kalkniederschläge); *DZ* degenerierte Zellen. Abbildungsmaßstab 640:1. Färbung Hämatoxylin-Delafield — Chromotrop

lige oder doch sehr knorpelähnliche Differenzierungen entstehen? Wie können vollends in einem Gewebe, das überall und an jedem Raumpunkt unter genau denselben äußeren Bedingungen steht, hier die Zellen verknorpeln, während sie dort, in engster Nachbarschaft und bei Abständen von mikroskopischer Größenordnung, in indifferentem Zustande verharren?

Die Ursache hierfür kann nur in den einzelnen Zellen selber gesucht werden; und wenn man für ihr unterschiedliches Verhalten in der Abb. 68 überhaupt eine Erklärung geben will, so muß man wohl sagen: an den einen Stellen sind die Zellen gewachsen und aufgequollen, an anderen Stellen dagegen nicht. Warum aber die Wachstumsreize — wenn wir schon „Reize" annehmen wollen — die Zellen „hier" ergriffen haben, während sie an den Zellen „dort" vorübergegangen sind, das muß ganz offenbleiben. Mit den rein äußeren Bedingungen, d. h. mit den experimentell gesetzten mechanischen Gegebenheiten ist das jedenfalls nicht zu erklären. Daß ⟨der Wachstumstrieb embryonaler Zellen mechanisch nicht ableitbar⟩ ist, zeigt sich in diesem Falle besonders deutlich.

Man könnte nun einwenden, daß zwischen W. His' nicht weiter erklärbarem Wachstumstrieb und W. Rouxs nicht weiter auflösbarer „Selbstdifferenzierung" kein eben großer Unterschied ist. Denn ob wir das eine oder das andere zur „Ursache" machen: unerklärlich sind sie beide — und deshalb auch gleich dunkel.

Ein Unterschied besteht aber doch, und ein grundsätzlicher dazu. Denn während bei Roux zwischen embryonaler Selbstdifferenzierung und abhängiger, also mechanisch-kausal bedingter Differenzierung in der Zeit des „funktionellen Reizlebens" ein deutlicher Schnitt klafft, der mit keiner wie auch immer gearteten „mechanischen" Erklärung zu überbrücken ist, gibt uns Pauwels das erste greifbare Glied einer Kausalkette in die Hand: weil nämlich dieses Wachstum bestimmte Folgen nach sich zieht, die nun rein mechanischer Natur und deswegen — wenigstens ihrer Beschaffenheit nach — anschaulich und experimentell erfaßbar sind.

Allerdings kommt hier ein Faktor hinzu, der in der Elastizitätslehre keine Bedeutung hat und deshalb auch in keine ihrer Gleichungen eingeht: nämlich die Zeit.

Quellungsdrucke lassen sich auch in einem rein technischen Modell ohne weiteres erzeugen, z. B. indem man ein quellbares Material in eine Hülle einschließt und danach erst den Quellungsvorgang eintreten läßt. Ob nun die Flüssigkeit schnell oder langsam aufgenommen wird; ob die Quellung stetig oder in einzelnen Schüben erfolgt; ob die Zeitintervalle zwischen den einzelnen Quellungsstufen groß oder klein sind (um nur ein paar Variationsmöglichkeiten zu nennen): stets ist bei einem Gleichgewichtszustand zwischen Ausdehnungsstreben und Ausdehnungswiderstand der Druck allein von der Zugfestigkeit der Hülle, d. h. von der von Anfang an gegebenen elastischen Eigenschaft eben des Hüllmaterials abhängig.

Ganz anders ist dies bei der Zelle. Denn hier ist die Hülle — das Plasmalemm — lebendig und deshalb in seinen elastischen Eigenschaften wandelbar, also anpassungsfähig.

Bei der Zelle ist es deshalb keineswegs dasselbe, ob die Quellung rasch oder langsam vor sich geht. Denn: erfolgt die Volumzunahme des Zelleibes langsam und stetig, so haben die Plasmamoleküle genügend Zeit, sich aus dem Inneren ins Plasmalemm hineinzuschieben, so daß der Volumzunahme des Zellkörpers die Flächenzunahme der Zellmembran durchaus proportional sein kann. Vermehrte Spannung des Plasmalemms und damit Erhöhung des Binnendruckes brauchen also keineswegs notwendige Folgen eines derartigen Quellungsvorganges zu sein.

Ähnlich verhält es sich mit der nichtplasmatischen Umhüllung der Zelle. Während im Modellversuch die Oberflächengröße und die elastischen Eigenschaften der Hülle von vornherein gegeben und deswegen Maximalvolumen und Maximaldruck Funktionen der Oberfläche und des elastischen Widerstandes eben dieser Hülle sind, liegen bei der lebendigen Zelle die Dinge gerade umgekehrt; denn hier entstehen die umhüllenden Fasern doch erst auf den Dehnungsreiz hin, so daß nun umgekehrt die Struktur und die Dichte der Faserhülle Funktionen der Zellexpansion sind.

Auch hierbei ist es keineswegs dasselbe, ob die Volumzunahme der Zelle (oder eines Blastems) langsam oder rapide vor sich geht. Denn: bei langsamem Wachstum können die anliegenden Fasern der Oberflächenzunahme nachgeben, indem sie in die Länge wachsen; und eine Netzstruktur kann sich anpassen, etwa indem vorhandene Faserverbindungen gelöst und dafür neue geknüpft werden. Der Binnendruck braucht also keineswegs merklich anzusteigen, er kann sogar unverändert bleiben.

Nimmt dagegen das Volumen einer Zelle (oder eines Zellkomplexes) sehr rasch zu, so kann das Längenwachstum der Kapselfasern damit nicht mehr Schritt halten; die Hülle wird zunehmend gespannt, so daß bei anhaltender Quellung der Binnendruck immer stärker ansteigt. Und nun setzt offenbar ein ganz anderer Vorgang von Anpassung ein. Denn nun nimmt die Hülle nicht mehr an Fläche zu, sondern an Dicke: die Fibrillen wachsen nicht mehr in die Länge (was einer langsamen Dehnung gleichkäme), sondern sie aggregieren sich zu dickeren Bündeln oder zu mehrschichtigen Netzhüllen. Mit anderen Worten: gemächliche Volumzunahme hat Flächenwachstum, rapide Volumzunahme und große Quellungsintensität haben Dickenwachstum der Hülle im Gefolge. In dem einen Falle bleibt der Binnendruck niedrig, in dem anderen Falle dagegen steigt er auf beträchtliche Werte an.

Das ist zunächst eine Hypothese. Sie hat aber für sich, daß sie mit der Beobachtung gut übereinstimmt. Hierfür zwei Beispiele:

Fettzellen können zu beträchtlicher Größe anschwellen; zur massiven Kapselung der Einzelzelle oder zur Hyalinisierung der Grundsubstanz kommt es indessen nie. Auch bleiben die Zellen stets angenähert kugelig und gegeneinander verschieblich. Nie wird der Expansionsdruck innerhalb einer Fettkammer so groß, daß er den Blutdruck dauernd übersteigen und die Blutgefäße zum Veröden bringen könnte.

Ganz anders verhält sich dies bei einem Keimgewebe, das sich in knorpeliger Richtung entwickelt. Hier wachsen und quellen die Zellen so stark, daß das Längenwachstum der Fasern, die um das Blastem herum auf den Dehnungsreiz hin entstehen, mit der Volumzunahme nicht mehr Schritt halten kann. Infolgedessen werden die Fibrillenbündel in kugelschalenförmige Schichten gedrängt und nach kurzer Zeit hohen Dehnungsbeanspruchungen ausgesetzt, dem Reiz zur Fibrillenaggregation und damit zur Kapselverdickung. Den eingeschlossenen Zellen ist die Möglichkeit zu weiterer Volumzunahme um so stärker beschnitten, je praller die Kapselspannung wird. Quellen die Zellen trotzdem weiter, so müssen sie die Interzellularsubstanz des Kapselraumes auf ein dünnwandiges Wabenwerk zusammendrängen und sich gegenseitig zu polyedrischen Gebilden verformen: es entsteht das Bild des grundsubstanzarmen Zellknorpels, wie es in Diaphysenmitte vor der Anlage der perichondralen Kuschenmanschette regelmäßig zu beobachten ist.

Es kommt nicht von ungefähr, daß derartige Zentren von Zellknorpelbildung Kugelform annehmen (vgl. SCHAFFER 1933, Abb. 202). Denn ehe das expansive Quellungswachstum sich in reine Binnendrucksteigerung umsetzen kann, muß die umgebende Hülle bei gegebener Oberflächengröße ein Maximum an Inhalt einschließen; und das ist eben erst dann der Fall, wenn die Kugelform erreicht ist. Dasselbe gilt auch für die Einzelzelle. Aus der Abb. 68 ist denn auch tatsächlich zu entnehmen, daß die deutlich gekapselten Zellen (von der einen Degenerationsform abgesehen) allesamt kugelig sind.

PAUWELS' Theorie, die das wesentliche Bildungsmoment des Knorpels im hydrostatischen Druck erblickt, und PAUWELS' Idee, die Entstehungsursache des hydrostatischen Druckes in Wachstums- und Quellungsvorgängen *im Gewebe selbst* zu suchen, erlaubt uns also tatsächlich, mechanische Zusammenhänge zu erkennen und kausale Beziehungen abzuleiten in Bereichen, die ROUXs Hypothese nicht zu durchleuchten vermochte: nämlich bei der afunktionellen Fibrillo- und Chondrogenese, wofür der zuletzt beschriebene Befund (Abb. 68) ein extremes Beispiel bietet.

In streng naturwissenschaftlichem Sinne exakt beweisen läßt sich diese Theorie freilich nicht. Denn hierzu müßte man voraussetzen, daß die Frage nach den Ursachen des Wachstums (oder des Nichtwachsens) selber beantwortet wäre. Man müßte auf der einen Seite das Wachstum (etwa eines mesenchymalen Keimgewebes) hintanhalten können (was mit bedenklichen Eingriffen in den Zellstoffwechsel vielleicht möglich ist), um zu „beweisen“, daß ohne Substanzvermehrung oder daß unterhalb einer bestimmten Wachstumsgeschwindigkeit Knorpel niemals gebildet wird. Die Frage wäre dann allerdings, ob man es noch mit „normalen“ Bedingungen zu tun hat.

Auf der anderen Seite müßte es möglich sein, an einer ganz bestimmten Stelle das Wachstum oder die Quellung der Zellen so gesteuert anzureizen oder zu beschleunigen, daß man mit Sicherheit sagen könnte: an dieser Stelle werden hydrostatische Quellungsdrucke von der und der Größe und damit Knorpelzellen entstehen. Ob eine solche Wachstumspeitsche (z. B. Hormone) allein die Zelle träfe, alle anderen Bedingungen (z. B. Zusammensetzung und elastische Eigenschaften der Grundsubstanz) aber unverändert ließe, das wäre allerdings genauso fraglich.

So bleibt nichts anderes, als im Experiment die Lebensbedingungen des Gewebes so wenig wie möglich zu stören und das Wachstum selber, genauer gesagt: *die Wahrscheinlichkeit* des Wachstums in die experimentelle Gleichung einzusetzen als eine Größe, die zwar selber ⟨mechanisch nicht ableitbar ist⟩, mit deren qualitativ-mechanischen Auswirkungen aber durchaus gerechnet werden kann. Und das dürfte denn doch etwas grundsätzlich anderes sein als ROUXs „Selbstdifferenzierung“, die auf die Frage, ⟨warum denn hier das eine, dort das andere Gewebe entsteht⟩ (W. HIS), keine Antwort zu geben vermag.

Um ihrer späten Rechtfertigung willen sei abschließend noch dreier Vorgänger ROUXs gedacht, deren Überlegungen viel eher die Grundlage einer brauchbaren Knorpelbildungstheorie hätten abgeben können, als ROUXs Druck- und Abscherungshypothese. Diese Vorgänger hat ROUX (1895, Bd. II, S. 229, Anm.) zwar erwähnt; aber ganz so, als ob ihre Beobachtungen und ihre Gedanken mit seiner eigenen — ROUXs — Theorie aufs beste übereinstimmten. In Wirklichkeit waren sie davon grundverschieden.

Was W. HIS (1868 und 1875), H. STRASSER (1879) und M. KASSOWITZ (1879 und 1881) über die Umstände und die Voraussetzungen der Knorpelbildung geschrieben haben, zeigt nämlich ein ganz anderes Gesicht — und eine in vielem erstaunliche Ähnlichkeit mit dem, was F. PAUWELS fast ein Jahrhundert später zur kausalen Histogenese des Knorpels beigetragen hat.

Allerdings knüpfte PAUWELS nicht an diese alten Autoren an. Er ging einen ganz anderen Weg: indem er ROUXs Lehre Stück um Stück mit den Gesetzen der Elastizitätstheorie verglich; indem er ROUXs Ableitungen nacheinander an der experimentellen Wirklichkeit und an der klinischen Erfahrung prüfte, sah er sich genötigt, von ROUX immer weiter abzurücken.

Wenn daher GOERTTLER (1958) meint, PAUWELS' ,,Beiträge zur kausalen Morphologie" seien ⟨die konsequente Weiterführung der von ROUX entwickelten Vorstellungen⟩, so kann dies nur auf den Grundgedanken selber zutreffen: nämlich daß die unterschiedliche mechanische Wertigkeit der einzelnen Mesenchymabkömmlinge nicht zufällig sein kann, sondern eine Ursache haben muß.

Diese Ursache konnte — logischerweise — nur die Verschiedenheit der einzelnen mechanischen Umstände selber sein, unter denen das Mesenchym sich entweder in dieser oder in jener Richtung differenzierte.

Ansatzpunkt für beide — für ROUX wie für PAUWELS — war die Beobachtung, daß im Organismus die Species eines belasteten Binde- oder Stützgewebes sowie die Anordnung und die Dichte seiner geformten Strukturbestandteile (z. B. Fibrillen, Spongiosabälkchen) stets genau abgestimmt zu sein scheint auf die Art und die Größe gerade der mechanischen Beanspruchung, der diese Binde- oder Stützgewebe in einem speziellen Falle ausgesetzt ist.

Beide gingen von der Vorstellung aus, daß es sich hierbei üm Anpassung handeln müsse, und beide stellten die gleiche Frage: Welche Wege führen zurück zum Vorgang des Anpassungsgeschehens, und also zur Ursache der Anpassung selber ?

Die Antworten sind grundsätzlich verschieden. Infolgedessen konnte PAUWELS zu seiner eigenen Theorie eben nicht dadurch gelangt sein, daß er ROUXs Vorstellungen ,,konsequent weiterführte" (GOERTTLER); sondern im Gegenteil deshalb, weil er mit diesen Vorstellungen ROUXs konsequent brach. Das darf man nicht übersehen.

Um wieviel näher ROUXs Vorgänger der richtigen Lösung gekommen waren, kann aus ihren folgend angeführten Originaltexten abgelesen werden. Ein Vergleich wird genügen, ihren Gegensatz zu ROUX (und ihre Übereinstimmung mit PAUWELS) deutlich werden zu lassen.

Es heißt bei W. HIS (1868, S. 202): ⟨Für den Knorpel ... sind zwei Punkte von unzweifelhafter Bedeutung. Die weiche parablastische Gewebsanlage muß, damit sie zu Knorpel werde, in einer gewissen Reichlichkeit angehäuft sein, und sie darf während der Zeit der Consolidation *keine inneren Verschiebungen*[1] erfahren.⟩

ROUX: Druck *mit starker Verschiebung der Substanzschichten gegeneinander* (Abscherung).

PAUWELS: allseitig gleich großer (hydrostatischer) Druck, infolgedessen keine Verschiebung von Blastemteilen gegeneinander, keine oder nur minimale Gestaltsverzerrung der Einzelzellen.

Bei STRASSER (1879, S. 260f.) heißt es: ⟨Ich habe schon oben (sc. l. c. S. 252f.) darauf hingewiesen, daß mit der Bildung einer geschlossenen Alveolenwand rings um das Protoplasma eine einseitige Compression (d. h. eine Deformation, d. Ref.), welche die Form der Alveole von derjenigen einer Kugel weiter entfernt, nothwendig mit *Dehnung der Wand*[1] verbunden sein muß. Dasselbe ist natürlich der Fall, *wenn der Inhalt der Alveole sich vermehrt*[1]. Da beide Ursachen unzweifelhaft wirksam sind, so wird schon dadurch wahrscheinlich, daß die knorpeligen Alveolenwände sich sehr oft wie gespannte Membranen verhalten müssen; einmal ändern sich die mechanischen Wechselbeziehungen zwischen einem Complex von Alveolen und ihrer Umgebung fortwährend; sodann zeigen ganz allgemein die jungen Alveolen vor und nach dem Auftreten der Verknorpelung *eine Tendenz zur Vergrößerung*[1]. ... *Diese Vergrößerung ist schon früh ein sehr wesentlicher Factor bei dem Druck der Gewebstheile gegeneinander* und sie wird es immer mehr.⟩

Nachdem STRASSER die beiden Möglichkeiten erörtert hat, wie die Wandspannung der Knorpelalveolen erhöht werden kann (Dehnung infolge passiver Verformung oder Dehnung infolge aktiver Expansion), fährt er fort: ⟨... erklärt sich die Beobachtung, ... daß da, wo einzelne Alveolen stärker wachsen (sic!) die Wände in die am Ausweichen gehinderte Nachbarschaft kugelig vorgetrieben werden, daß da, wo ein Complex von Alveolen sich stärker entwickelt, umgebende Alveolen comprimirt erscheinen, daß Theile ihrer Wände gedehnt werden und sich zu concentrischen Flächen um jenes wachsende Centrum zusammenfügen. Sehr schön zeigt sich letzteres z. B. im Carpus (sc. bei Salamandern und Tritonen), wo an einem ursprünglich continuirlichen und fast gleichmäßig entwickelten Alveolenwerke *in einzelnen Centren das Wachstum durch Alveolenvergrößerung rascher fortschreitet*[1]; hier bilden die dem Centrum zugekehrten Wandflächen der peripheren Alveolen mehr und minder deutlich zusammenhängende größere, gekrümmte Flächen, die concentrisch zu jenen Centren verlaufen.

Wir sehen also in zahlreichen Verhältnissen Beweise für das Bestehen eines *Druckes des Alveoleninhaltes gegen die Alveolenwand*[1], und für die *Fähigkeit der Knorpelscheidewände, der Dehnung Widerstand zu leisten.*⟩

Wonach ROUX niemals gefragt hatte: nämlich was an der einzelnen Zelle geschieht oder gar, was die einzelne Zelle von sich aus tut, das ist bei STRASSER der eigentliche Gegenstand der Überlegung. Wenn ROUX z. B. von „Zug" spricht, so hat er dabei ausschließlich die Wirkung äußerer Zugkräfte im Auge. Dagegen spricht STRASSER — genau wie PAUWELS — von *Dehnung*. Daß aber diese Dehnung des Plasmalemms (oder der Alveolenwand) beim Knorpelblastem gar nicht auf Zugkräfte zurückgeführt werden kann, sondern ganz im Gegenteil auf Druckwirkungen zurückgeführt werden **muß**; daß diese Dehnung infolge einer Gestaltsverzerrung, genausogut aber auch infolge einer Volumzunahme des Zellinhaltes erfolgen kann; daß der Druck, von dem STRASSER spricht, nicht von außen auf die Zelle einwirkt, sondern von innen heraus, dank der „Tendenz zur Vergrößerung" *in der Zelle oder in dem Gewebe selber* entsteht: das alles geht aus STRASSERs Originaltext so eindeutig hervor, daß eine andere Lesart gar nicht möglich ist. Wie hatte ROUX (1895, Bd. II, S. 229) daraus eine Übereinstimmung mit seiner eigenen Theorie auch nur im entfernten herleiten können?

---

[1] Im Original nicht hervorgehoben.

Inwieweit nämlich die Zelle selber Objekt ist; d. h. aus welchen Ursachen sie dazu veranlaßt wird, etwa anzuschwellen oder knorpelige Grundsubstanz abzuscheiden, davon ist bei Strasser nirgends die Rede; und erst recht nicht, daß es sich dabei um eine Reaktion auf *äußere* mechanische Einflüsse handle.

Ausgegangen war Strasser von der „Anordnung des Alveolenwerkes". Er hatte sich danach gefragt, wovon die Form dieses unregelmäßigen, polyedrischen Wabengerüstes aus Interzellularsubstanz bedingt sein könne.

Die Ursache hierfür in der örtlich verschiedenen Wachstumsaktivität der Zellen und nicht in einer passiven Verformung von außen her, d. h. eben nicht in einer „funktionellen Beanspruchung" gesehen zu haben: das macht den grundsätzlichen Unterschied gegenüber Rouxs Hypothese (und die Ähnlichkeit mit Pauwels' neuer Theorie) aus.

Kassowitz (1879 und 1881) hatte als erster versucht, die Frage nach den Ursachen der Knorpelbildung von der mechanischen Seite her bündig zu beantworten, indem er auf die Faktoren „Druck und Reibung" hinwies. Daß diese Erklärung nicht für alle Fälle gelten konnte, das hatte er selber eingesehen und auch ausdrücklich eingestanden (s. o. S. 39 f.). Die knorpelige Geweihanlage, die sich ohne alle „funktionellen" Reize und die sich außerdem nicht nur ein Mal (in der Ontogenese), sondern alljährlich von neuem entwickelt, war ein Einwand, den man keinesfalls übersehen durfte.

Nachdem hierbei die „Reibung" als mechanisches Moment nicht in Frage kam, blieb nur noch der Druck übrig; und zwar ein Druck, der nicht von äußeren Einwirkungen herrühren konnte, sondern der in der Geweihanlage selber entstanden sein mußte. So schrieb Kassowitz (in Fortsetzung jener auf S. 41 angeführten Textstelle): ⟨Aber ein energischer Druck auf das Bildungsgewebe ist dennoch vorhanden, und zwar in Folge der ganz *außerordentlichen Wachsthumsenergie dieses Gewebes selbst*, welche an dem straffen periostalen Überzuge einen kräftigen Widerhalt findet. ... Wenn man nun sieht, daß an den Geweihspitzen innerhalb mehrerer Wochen eine Auflagerung von neuem Knochengewebe stattfindet, die selbst jene auf mehrere Jahre vertheilte Leistung (sc. des Periosts beim Dickenwachstum der Knochen) um ein Vielfaches an Mächtigkeit übertrifft, so kann man, ohne zu übertreiben, von einem 100- und selbst 1000fach erhöhten *Wachsthumsdruck* sprechen und diesen — vermuthungsweise — als Ursache der Knorpelbildung ansprechen.⟩

W. His, H. Strasser und M. Kassowitz haben mit ihren Ideen keine Schule gemacht. Und nachdem erst einmal W. Roux seine Lehre verkündet hatte, scheinen sie vollends vergessen worden zu sein. Die spätere Literatur greift darauf nicht mehr zurück.

Mit Wilhelm His hatten wir unsere Betrachtung begonnen. Wir beschließen sie mit einer Rückschau zum Standort dieses Mannes.

Er war — nach heutigen Begriffen — ein Vertreter der klassischen deskriptiven Morphologie. Sein Gegenstand war die Form, wie die normale Entwicklung sie bot. Trotzdem hatte er sich mit deren alleiniger „Beschreibung" niemals begnügt. So hat er in seiner Abhandlung „Über unsere Körperform" (1875) — deutlicher noch als in seinem „Akademischen Programm" von 1865 — weit hinausgesehen über die bloße „Gestalt“, indem er nach dem ⟨physiologischen Problem ihrer Entstehung⟩ griff.

W. His' Arbeiten waren gegen Ende des 19. Jahrhunderts jedermann zugänglich. Die Ansichten, die darin ausgesprochen waren und die Schlüsse, die ihr Verfasser aus seinen Beobachtungen gezogen hatte, dürften allen, die sie angehen mußten, bekannt gewesen sein. Sie ⟨auf ihre Richtigkeit zu prüfen⟩: das wäre eine überaus dankbare Aufgabe für die damals noch ⟨junge Richtung in der Biologie⟩ (Roux)[1] gewesen. Ihre Vertreter hätten sich zu dieser Prüfung nachgerade herausgefordert fühlen müssen, nachdem derselbe W. His — als habe er es vorausgesehen — das ureigene Programm eben dieser „causalen Forscher“ deutlich genug angesprochen hatte (s. o. S. 7).

Es war 1892, als W. His in seinem 62. Lebensjahre stand, und als der um fast 20 Jahre jüngere W. Roux folgendermaßen schrieb: ⟨Die causalen Forscher würden einen Umweg einschlagen und sich selber ein Armuthszeugnis ausstellen, wenn sie ihr Werk damit anfangen wollten, die mannigfachen nicht bewiesenen Aussprüche descriptiver Forscher auf ihre Richtigkeit zu prüfen.⟩

So steht es in den „Gesammelten Abhandlungen“, im II. Band auf S. 75. Man scheint sich an diesen Satz in den folgenden Jahrzehnten nur allzu wörtlich gehalten zu haben.

---

[1] Arch. Entwickl.-Mech. Org. **4**, 41 (1897).